SHUXUE JIANMO JINGSAI
YOUXIU LUNWEN JINGXUAN

数学建模竞赛
优秀论文 精 选

彭蓝婷　黄冠佳　著

中山大學出版社
SUN YAT-SEN UNIVERSITY PRESS
·广州·

图书在版编目（CIP）数据

数学建模竞赛优秀论文精选/彭蓝婷，黄冠佳著．
广州：中山大学出版社，2024.12. ——ISBN 978 -7 -306 -
08132 -2

Ⅰ. O141. 4 -53

中国国家版本馆 CIP 数据核字第 2024XY9541 号

出 版 人：王天琪
策划编辑：曾育林
责任编辑：梁嘉璐
封面设计：曾　斌
责任校对：王百臻
责任技编：靳晓虹
出版发行：中山大学出版社
电　　话：编辑部 020 - 84113349，84110776，84111997，84110779，84110283
　　　　　发行部 020 - 84111998，84111981，84111160
地　　址：广州市新港西路 135 号
邮　　编：510275　传　　真：020 - 84036565
网　　址：http://www.zsup.com.cn　E-mail：zdcbs@ mail. sysu. edu. cn
印 刷 者：广东虎彩云印刷有限公司
规　　格：787mm×1092mm　1/16　16.25 印张　318 千字
版次印次：2024 年 12 月第 1 版　2024 年 12 月第 1 次印刷
定　　价：68.00 元

如发现本书因印装质量影响阅读，请与出版社发行部联系调换

　　本书的出版受到广东海洋大学科研启动经费
资助项目（项目号：R19051）的资助。

目　　录

2012 年全国大学生数学建模竞赛

A 题 葡萄酒的评价

确定葡萄酒的质量，一般通过聘请一批有资质的评酒员进行品评。每个评酒员在对葡萄酒进行品尝后对其分类指标打分，然后求和得到其总分，从而确定葡萄酒的质量。酿酒葡萄的好坏与所酿葡萄酒的质量有直接的关系，葡萄酒和酿酒葡萄检测的理化指标会在一定程度上反映葡萄酒和酿酒葡萄的质量。附件 1 给出了某一年份一些葡萄酒的评价结果，附件 2 和附件 3 分别给出了该年份这些葡萄酒的和酿酒葡萄的成分数据。[①] 请尝试建立数学模型，讨论下列问题：

（1）分析附件 1 中两组评酒员的评价结果有无显著性差异，并指出哪一组结果更可信。

（2）根据酿酒葡萄的理化指标和葡萄酒的质量对这些酿酒葡萄进行分级。

（3）分析酿酒葡萄与葡萄酒的理化指标之间的联系。

（4）分析酿酒葡萄和葡萄酒的理化指标对葡萄酒质量的影响，并论证能否用酿酒葡萄和葡萄酒的理化指标来评价葡萄酒的质量。

附件 1：葡萄酒品尝评分表（含 4 个表格）

附件 2：酿酒葡萄和葡萄酒的理化指标（含 2 个表格）

附件 3：酿酒葡萄和葡萄酒的芳香物质（含 4 个表格）

摘　　要

本文基于葡萄酒的评分指标和理化指标，选取酿酒葡萄与葡萄酒的质量这一侧面，首先通过使用秩和检验来分析两组评酒员评价结果的显著性差异，然后建立主成分分析模型来对红、白两种酿酒葡萄进行分级，接着建立相关系数模型探讨酿酒葡萄与葡萄酒的理化指标之间的关联度，最后使用逐步回归法量化酿酒葡萄和葡萄酒的理化指标对葡萄酒质量的影响，并分析回

---

① 附件可自行上网下载，此书相关附件不再赘述。

归模型的合理性。

模型 Ⅰ——显著性差异检验模型。对于问题（1），首先分析葡萄酒样品的澄清度、色调等 10 个二级指标得分和总得分的数据的独立性、正态性和方差齐性。因为这些数据不满足正态性，所以应使用秩和检验的方法对这些数据进行检验。结果表明，无论是红葡萄酒还是白葡萄酒，两组评酒员对葡萄酒总得分的评价结果均存在显著性差异。然后，根据样本方差和置信区间这两个指标，分析评价结果的可信度。对于两种葡萄酒，因为第二组评分的方差较小，置信区间较窄，所以他们对葡萄酒的评价较为可信。

模型 Ⅱ——基于主成分分析的分级模型。对于问题（2），首先使用主成分分析将酿酒葡萄的大量理化指标进行降维，接着构造综合评价函数，算出每一个酿酒葡萄样品的综合得分，进而根据所定的标准进行分级。结果显示，对于红葡萄，1 号、2 号、3 号、9 号、11 号、21 号样品可判为甲级，8 号、14 号、16 号、22 号、23 号样品可判为乙级，4 号、5 号、6 号、7 号、10 号、12 号、13 号、15 号、17 号、18 号、19 号、20 号、24 号、25 号、26 号、27 号样品可判为丙级。对于白葡萄，24 号、27 号、28 号样品可判为甲级，3 号、5 号、6 号、7 号、9 号、10 号、12 号、15 号、20 号、23 号、25 号、26 号样品可判为乙级，1 号、2 号、4 号、8 号、11 号、13 号、14 号、16 号、17 号、18 号、19 号、21 号、22 号样品可判为丙级。最后，用葡萄酒的等级来检验酿酒葡萄分类的合理性，结果说明上述分类判定是合理的。

模型 Ⅲ——相关系数模型。对于问题（3），可以使用相关系数来量化酿酒葡萄与葡萄酒的理化指标之间的关联度。结果表明，对于红葡萄和红葡萄酒，与葡萄酒的理化指标呈高度相关的酿酒葡萄的理化指标主要有花色苷、DPPH 自由基、总酚、单宁、葡萄总黄酮、黄酮醇、果皮颜色 a（ - ）（表示负相关）；对于白葡萄和白葡萄酒，与葡萄酒的理化指标呈高度相关的酿酒葡萄的理化指标主要有总糖、总酚、果穗质量、果梗比（ - ）。

模型 Ⅳ——基于逐步回归法的理化指标影响模型。对于问题（4），首先使用逐步回归法分别建立红白葡萄酒总得分关于酿酒葡萄和葡萄酒的理化指标的回归方程，可以看出，影响红葡萄酒质量的理化指标有蛋白质、酒的色泽 b、多酚氧化酶活力、酸固比、果皮质量，影响白葡萄酒质量的理化指标有果皮质量和酒的芳香物质总量。接着，对模型进行方差分析并求出其决定系数 R^2，结果显示，虽然两种酒的回归模型都通过了方差分析，但是 $R^2_{红} = 0.805, R^2_{白} = 0.469$，说明白葡萄酒的回归方程拟合得不好，不能用白葡萄和白葡萄酒的理化指标来评价白葡萄酒的质量，但可以用红葡萄和红葡萄酒的理化指标来评价红葡萄酒的质量。

关键词：秩和检验、显著性检验、主成分分析、相关系数、逐步回归

1 问题的重述

1.1 问题的背景

确定葡萄酒的质量，一般通过聘请一批有资质的评酒员进行品评。每个评酒员在对葡萄酒进行品尝后对其分类指标进行打分，然后求和得到其总分，从而确定葡萄酒的质量。酿酒葡萄的好坏与所酿葡萄酒的质量有直接的关系，葡萄酒和酿酒葡萄检测的理化指标会在一定程度上反映葡萄酒和酿酒葡萄的质量。附件 1 给出了某一年份一些葡萄酒的评价结果，附件 2 和附件 3 分别给出了该年份这些葡萄酒的和酿酒葡萄的成分数据。

1.2 要解决的问题

（1）分析附件 1 中两组评酒员的评价结果有无显著性差异，并指出哪一组结果更可信。

（2）根据酿酒葡萄的理化指标和葡萄酒的质量对这些酿酒葡萄进行分级。

（3）分析酿酒葡萄与葡萄酒的理化指标之间的联系。

（4）分析酿酒葡萄和葡萄酒的理化指标对葡萄酒质量的影响，并论证能否用酿酒葡萄和葡萄酒的理化指标来评价葡萄酒的质量。

2 问题的分析

2.1 问题（1）的分析

分析两组评酒员的评价结果有无显著性差异，实际是要对两个独立样本进行假设检验。这必须首先对样本的独立性、正态性和方差齐性进行检验，只有满足这三个性质的样本，才能使用独立样本 t 检验，否则需要使用秩和检验来分析两组评酒员的评价结果有无显著性差异。为了更全面地分析评价结果有无显著性差异，我们对澄清度、色调、香气纯正度、香气浓度、香气质量、口感纯正度、口感浓度、持久性、口感质量、整体评价等 10 个红白葡萄酒的二级指标，以及葡萄酒的总得分进行显著性差异分析。最后，以样本方差和置信区间作为指标来评判两组品酒师的评分的可信度，方差较小、置信区间较窄的组别，说明评酒员的给分较一致，随机因素较少，因此评价结果也更加可信。

2.2 问题（2）的分析

要根据酿酒葡萄的理化指标对这些酿酒葡萄进行分级，由于指标较多，首先使用主成分分析法对其降维，用少数的几个主成分概括所有的指标，然后构造综合评价函数，分别求出红、白两类酿酒葡萄的综合得分，再设定酿酒葡萄分级的标准：得分为负的酿酒葡萄判为丙级，品质最劣；得分在 [0，50) 的葡萄判为乙级，品质居中；得分大于等于 50 的酿酒葡萄判为甲级，品质最优。根据该标准，可以把所有的样本分类。一般而言，酿酒葡萄的质量会决定葡萄酒的质量，葡萄酒的质量反映酿酒葡萄的质量。最后，通过葡萄酒样品的等级，粗略检验之前分级的合理性。

2.3 问题（3）的分析

31 个酿酒葡萄的理化指标（包括芳香物质）与 10 个葡萄酒的理化指标之间的联系，可以使用相关系数来体现。相关性从性质来说可分为正相关和负相关，从强度来说可分为强相关、弱相关和不相关，我们首先找出强相关关系，再从中区分正相关和负相关。

2.4 问题（4）的分析

为了分析酿酒葡萄和葡萄酒的理化指标对葡萄酒质量的影响，考虑到酿酒葡萄与葡萄酒的理化指标的个数比较多，使用逐步回归法，以酿酒葡萄与葡萄酒各理化指标作为自变量，葡萄酒质量的总评分作为因变量，建立逐步回归方程。之后考虑得出的回归方程的拟合优度，判断回归方程的拟合效果是否良好。若不好，则证明该回归方程不能有效评价葡萄酒的质量，即不能用酿酒葡萄和葡萄酒的理化指标来评价葡萄酒的质量；若拟合效果良好，则再判断逐步回归方程的显著性，如果通过显著性检验，证明该逐步回归方程各自变量对因变量有效，可以用酿酒葡萄和葡萄酒的理化指标来评价葡萄酒的质量。

3 模型的假设

（1）每位品酒师打分是独立进行的，即相互间不受影响。

（2）酿酒葡萄和葡萄酒的理化指标具有一定的关系。

（3）酿酒葡萄和葡萄酒不会变质。

（4）不考虑变量间的交互影响。

4 符号的说明

由于本文使用的符号数量较多，故表 1 只给出了部分比较重要的符号，在行文中出现其他符号时会加以说明。

表 1 符号的说明

符号	说明
R	相关矩阵
F	综合评价函数
S	样本协方差矩阵
r_{ij}	第 i 和第 j 个指标的相关系数
$\hat{R}$	样本相关矩阵
x_i	酿酒葡萄与葡萄酒各理化指标
$y_{红}$	红葡萄酒的评分
$y_{白}$	白葡萄酒的评分

5 模型的建立与求解

5.1 模型 I——显著性差异检验模型

5.1.1 模型的分析

首先，我们把酒样品的澄清度、色调等 10 个二级指标作为葡萄酒的评价指标，进而比较评价结果有无显著性差异。因为对两组独立样本使用 t 检验的前提是样本满足独立性、正态性和方差齐性，所以在分析评价结果有无显著性差异前必须对样本的这三个性质进行检验。若正态性得不到满足，则需要使用秩和检验来分析两组评酒员的评价结果有无显著性差异；若方差齐性得不到满足，则可以使用秩和检验或者修正 t 检验来分析两组酒员的评价结果有无显著性差异。方法的选择如图 1 所示。

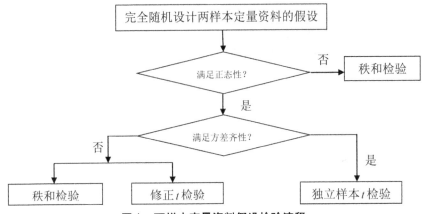

图 1　两样本定量资料假设检验流程

5.1.2　独立性、正态性和方差齐性的检验

因为每个品酒师的评分是分开进行的，所以样本的独立性得到满足。首先我们对数据进行正态性检验。正态性检验的 W 检验法的步骤如下：

（1）提出检验假设。H_0：总体服从正态分布；H_1：总体不服从正态分布。

（2）计算统计量 W 值。

$$W = \frac{\left\{ \sum\limits_{i=1}^{n} (a_i - \overline{a})[x_{(i)} - \overline{x}] \right\}^2}{\sum\limits_{i=1}^{n} (a_i - \overline{a})^2 \sum\limits_{i=1}^{n} [x_{(i)} - \overline{x}]^2} \tag{1}$$

式中，$x_{(1)}, x_{(2)}, \cdots, x_{(n)}$ 为 n 个独立样本观测值按非降次序排列，$\overline{x}$ 是它们的均值；n 为样本容量；a_i 是在样本容量为 n 时的特定的值，可以查表得出，$\overline{a}$ 是它们的均值。

（3）计算相应的 p 值，作出结论。当 $p < \alpha$ 时，拒绝原假设。

按照以上步骤，对红、白两种葡萄酒的澄清度、色调等 10 个二级指标对应的样本进行正态性检验，其结果见表 2。

表 2　正态性检验结果（p 值）

葡萄酒	澄清度	色调	香气纯正度	香气浓度	香气质量	口感纯正度	口感浓度	持久性	口感质量	整体评价
红葡萄酒 1	0.001	0.001	0.001	0.001	0.001	0.001	0.001	0.001	0.001	0.001
白葡萄酒 1	0.001	0.001	0.001	0.001	0.001	0.001	0.001	0.001	0.001	0.001

续表 2

葡萄酒	澄清度	色调	香气纯正度	香气浓度	香气质量	口感纯正度	口感浓度	持久性	口感质量	整体评价
红葡萄酒 2	0.001	0.001	0.001	0.001	0.001	0.001	0.001	0.001	0.001	0.001
白葡萄酒 2	0.001	0.001	0.001	0.001	0.001	0.001	0.001	0.001	0.001	0.001

由表 2 可以看出，在 $\alpha = 0.05$ 的置信水平下，红、白两组葡萄酒样本的 10 个指标的正态性检验结果的 $p < 0.05$，均不满足正态性，可以考虑使用秩和检验来分析评价结果有无显著性差异。

接着，我们对各指标样本进行方差齐性检验。方差齐性检验的步骤如下：

（1）提出检验假设。$H_0 : \sigma_1^2 = \sigma_2^2$ ；$H_1 : \sigma_1^2 \neq \sigma_2^2$。

（2）计算统计量 F 值。

$$F = \frac{S_1^2}{S_2^2} \tag{2}$$

式中，S_1^2 为较大的样本方差，S_2^2 为较小的样本方差。

（3）计算相应的 p 值，作出结论。当 $p < \alpha$ 时，拒绝原假设。

对于红、白两种葡萄酒的澄清度、色调等 10 个二级指标，其样本的方差齐性检验结果见表 3。

表 3　葡萄酒各指标方差齐性检验结果（p 值）

葡萄酒	澄清度	色调	香气纯正度	香气浓度	香气质量	口感纯正度	口感浓度	持久性	口感质量	整体评价
红葡萄酒	0.005	0.011	0.095	0.125	0.389	0.439	0.545	0.732	0.596	0.947
白葡萄酒	0.996	0.079	0.304	0.631	0.562	0.961	0.187	0.0002	0.685	0.785

由表 3 可以看出，在 $\alpha = 0.05$ 的置信水平下，红葡萄酒的澄清度、色调这两组数据及白葡萄酒的持久性这组数据不满足方差齐性，可以考虑使用非参数秩和检验，其余数据可以使用独立样本 t 检验。但因为这些样本均不满足正态性，所以在分析两组评酒员的评价结果有无显著性差异时，应使用秩和检验。

5.1.3　秩和检验的检验结果及分析

秩和检验的步骤如下：

（1）建立检验假设与确定检验水准。H_0：两组评酒员的评价结果无显著性差异；H_1：两组评酒员的评价结果有显著性差异；检验水平 $\alpha = 0.05$。

（2）对红、白两种葡萄酒的 10 个二级指标进行显著性差异分析，其检验结果见表 4 和表 5。

表 4　红葡萄酒的显著性差异分析

二级指标	澄清度	色调	香气纯正度	香气浓度	香气质量	口感纯正度	口感浓度	持久性	口感质量	整体评价
统计量	74405	82267	78953	79704	81160	75215	78461	75330	75369	73636
p 值	0.412	<0.0001	0.001	<0.0001	<0.0001	0.197	0.001	0.176	0.167	0.722
是否显著	否	是	是	是	是	否	是	否	否	否

表 5　白葡萄酒的显著性差异分析

二级指标	澄清度	色调	香气纯正度	香气浓度	香气质量	口感纯正度	口感浓度	持久性	口感质量	整体评价
统计量	76222	79738	81265	80385	81185	68886	75952	71734	69872	73038
p 值	0.200	0.502	0.121	0.302	0.137	<0.0001	0.148	<0.0001	<0.0001	0.002
是否显著	否	否	否	否	否	是	否	是	是	是

由表 4 和表 5 可以看出，对于红葡萄酒，两组评酒员对色调、香气纯正度、香气浓度、香气质量及口感浓度的评价有显著性差异，对澄清度、口感纯正度、持久性、口感质量及整体评价的评价无显著性差异；对于白葡萄酒，两组评酒员对口感纯正度、持久性、口感质量及整体评价的评价有显著性差异，对澄清度、色调、香气纯正度、香气浓度、香气质量、口感浓度的评价无显著性差异。

用相同的方法，对红白两种葡萄酒的总得分进行显著性差异分析，结果表明，红葡萄酒的总得分有显著性差异，白葡萄酒的总得分也有显著性差异。综上所述，两组评酒员的评价结果有显著性差异。

5.1.4　评价结果可信度分析

为了分析哪一组评酒员的评价更加可信，还需要进一步对红、白葡萄酒的总分的统计量进行比对。由样本总分的方差、置信区间可以看出得分的离散程度，这可以反映出评酒员给分的稳定性。方差较小、置信区间较窄，说明评酒员的给分较一致，因此评价结果也更加可信。

通过计算可以知道，对于红葡萄酒，第一组的评酒员给分的方差为106.4，总分的置信区间为 $[71.86, 74.31]$，第二组的评酒员给分的方差为45.0，总分的置信区间为 $[69.62, 71.23]$；对于白葡萄酒而言，第一组的评酒员给分的方差为 110.3，总分的置信区间为 [72.7，74.0]，第二组的评酒员给分的方差为 60.4，总分的置信区间为 [75.6，76.5]。无论是红葡萄酒还是白葡萄酒，第二组的方差较小，置信区间较窄，因此他们对葡萄酒的评价较为可信。

5.2 模型Ⅱ——基于主成分分析的分级模型

5.2.1 模型的分析

要从酿酒葡萄的理化指标对其进行分级，由于指标较多，可以先用主成分分析进行降维，即用少数的几个新指标概括原来所有的指标，然后构造综合评价函数，求出每个酿酒葡萄样品的综合得分，从而将其分级。最后根据《葡萄酒质量分级标准》，对给出的酒样品进行分级，从而大致验证酿酒葡萄分级的准确性。

5.2.2 主成分分析基本思想及其步骤

主成分分析（principal component analysis）又称为主分量分析，由皮尔逊（Pearson，1901）首先引入，后来被霍特林（Hotelling，1933）发展。主成分分析是一种通过降维技术把多个变量化为少数几个主成分（综合变量）的统计分析方法。这些主成分能够反映原始变量的绝大部分信息，它们通常表示为原始变量的某种线性组合。主成分分析的具体步骤如下：

（1）对原始数据进行标准化处理，以消除不同量纲的影响，最常用的标准化变换公式如下：

$$x_i^* = \frac{x_i - \mu_i}{\sqrt{\sigma_{ii}}}, i = 1,2,\cdots,p \tag{3}$$

（2）通过 x 的相关矩阵 $\boldsymbol{R}$，算出 $\boldsymbol{R}$ 的特征值 $\lambda_1,\lambda_2,\cdots,\lambda_p$，进一步算出这 p 个特征值的特征向量，记为 $\boldsymbol{t}_1,\boldsymbol{t}_2,\cdots,\boldsymbol{t}_p$。

（3）选择较小的 m，使累计贡献率 $\sum_{i=1}^{m} \lambda_i / \sum_{i=1}^{p} \lambda_i$ 达到一个较高的值（75%～90%），就用这 m 个主成分 $y_1,y_2,\cdots,y_m$ 代替 p 维原始信息。

（4）写出这 m 个主成分的线性表达式，并对其进行解释。

（5）以每个主成分的特征值 λ_i 作为权数，构造综合评价函数 $F = \lambda_1 y_1 + \lambda_2 y_2 + \cdots + \lambda_m y_m$，计算出每个样品的综合得分，然后依样品综合得分的大小对所有样品进行综合排名。

5.2.3 酿酒红葡萄的实例分析

根据上述步骤对红葡萄进行分析，结果见表 6。

表6　主成分选取

主成分	特征值	贡献率/%	累计贡献率/%
1	6.966	23.221	23.221
2	4.940	16.467	39.688
3	3.737	12.457	52.145
4	2.840	9.467	61.612
5	1.999	6.663	68.275
6	1.742	5.808	74.083
7	1.418	4.728	78.811
8	1.270	4.234	83.045
9	0.961	3.203	86.248
10	0.738	2.461	88.709

由表6可以看出，前8个主成分的特征值大于1，它们的累计贡献率达到83.045%，已经可以较为完整地承载原始信息了。接下来，计算这8个特征值对应的特征向量，结果见表7。表7中的变量 $x_1, \cdots, x_{30}$ 分别为氨基酸总量、蛋白质、VC含量、花色苷（100 g鲜重）、酒石酸、苹果酸、柠檬酸、多酚氧化酶活力、褐变度、DPPH自由基、总酚、单宁、葡萄总黄酮、白藜芦醇、黄酮醇、总糖、还原糖、可溶性固形物、pH、可滴定酸、固酸比、干物质含量、果穗质量、百粒质量、果梗比、出汁率、果皮质量、果皮颜色1、果皮颜色a、果皮颜色b。

表7　成分矩阵

变量	主成分1	主成分2	主成分3	主成分4	主成分5	主成分6	主成分7	主成分8
x_1	0.375	0.543	0.016	0.455	-0.241	-0.297	0.167	-0.009
x_2	0.614	-0.499	0.181	0.272	0.193	-0.129	0.081	-0.126
x_3	-0.142	-0.397	0.094	-0.009	-0.546	0.132	-0.022	0.160
x_4	0.847	-0.106	-0.106	-0.302	0.097	0.196	-0.093	0.063
x_5	0.381	0.099	0.367	0.386	0.312	-0.145	0.202	-0.516
x_6	0.391	0.321	0.166	-0.661	0.087	0.367	-0.114	0.117
x_7	0.305	0.190	0.400	-0.367	0.356	-0.072	0.292	-0.428
x_8	0.313	0.087	-0.214	-0.594	0.235	-0.339	-0.007	0.165
x_9	0.597	-0.090	0.054	-0.707	-0.020	-0.057	-0.081	0.110

续表7

变量	主成分1	主成分2	主成分3	主成分4	主成分5	主成分6	主成分7	主成分8
x_{10}	0.756	−0.461	−0.013	0.215	−0.023	0.114	0.212	0.114
x_{11}	0.863	−0.171	−0.177	0.224	−0.018	0.184	−0.011	0.088
x_{12}	0.756	−0.152	−0.280	−0.068	−0.166	0.246	0.243	−0.057
x_{13}	0.719	−0.286	−0.197	0.284	0.031	0.297	0.124	0.057
x_{14}	0.064	−0.060	0.818	0.075	−0.217	0.165	0.293	0.294
x_{15}	0.558	0.022	0.028	−0.070	−0.173	−0.501	0.476	0.216
x_{16}	0.256	0.785	−0.150	0.261	0.103	−0.040	−0.072	0.297
x_{17}	0.079	0.769	−0.113	0.128	0.116	−0.108	−0.050	0.073
x_{18}	0.246	0.760	−0.316	0.147	0.121	−0.048	−0.025	0.266
x_{19}	0.270	−0.280	0.184	0.696	0.130	−0.115	−0.286	0.240
x_{20}	−0.302	0.458	−0.596	−0.004	−0.330	0.220	0.296	−0.138
x_{21}	0.396	−0.052	0.431	−0.002	0.534	−0.104	−0.317	0.223
x_{22}	0.375	0.856	−0.189	0.094	0.095	−0.024	0.054	0.034
x_{23}	−0.343	−0.460	−0.220	0.067	0.598	0.044	0.227	0.093
x_{24}	−0.534	−0.355	−0.472	0.079	0.269	0.149	0.222	0.194
x_{25}	0.583	−0.212	0.172	−0.215	−0.411	−0.405	0.088	0.040
x_{26}	0.545	−0.181	−0.271	0.169	0.016	0.398	−0.144	0.015
x_{27}	−0.257	−0.247	−0.613	−0.112	0.325	−0.080	0.477	0.221
x_{28}	−0.564	−0.330	0.305	−0.038	0.050	−0.307	0.076	0.345
x_{29}	−0.332	0.278	0.738	0.052	−0.020	0.294	0.257	0.213
x_{30}	−0.138	0.488	0.601	−0.023	0.191	0.455	0.295	0.090

由表7可以看出，主成分1中，花色苷、DPPH自由基、总酚、单宁、葡萄总黄酮的载荷因子较大，可以看作酚酮主成分；主成分2中，总糖、还原糖、可溶性固形物、干物质含量的载荷因子较大，可以看作糖类主成分；主成分3中，白梨芦醇的载荷因子较大，可以看作醇类主成分；主成分4中，褐变度、pH的载荷因子较大，可以看作酸度主成分；其余的主成分的载荷因子较为平均，可以看作综合主成分。

将表7的每个主成分的载荷因子记为列向量 $\boldsymbol{t}_i(i=1,2,\cdots,8)$，则 $y_i = \boldsymbol{x}\cdot\boldsymbol{t}_i$，从而构造综合评价函数：

$$F = 6.966y_1 + 4.94y_2 + 3.737y_3 + 2.84y_4 + 1.999y_5 +$$
$$1.742y_6 + 1.418y_7 + 1.27y_8 \qquad (4)$$

将27个酿酒红葡萄样品的数据依次代入式（4），结果见表8。

表8　综合评价指标值

样品	得分	样品	得分	样品	得分	样品	得分
1	85.7944	8	29.7288	15	−28.1572	22	23.3219
2	78.2264	9	90.6276	16	9.9719	23	26.0975
3	120.8306	10	−90.4105	17	−16.9683	24	−22.2759
4	−43.2086	11	50.1074	18	−23.6764	25	−109.9557
5	−18.1933	12	−4.6454	19	−10.6956	26	−80.8896
6	−5.5605	13	−17.8117	20	−53.3751	27	−58.7019
7	−14.8142	14	14.2559	21	70.3773		

我们规定：得分为负的葡萄判为丙级，品质最劣；得分在 [0，50) 的葡萄判为乙级，品质居中；得分大于等于50的葡萄判为甲级，品质最优。下一小节对白葡萄的分级依然使用此标准。

因此，1 号、2 号、3 号、9 号、11 号、21 号样品的酿酒红葡萄可判为甲级，8 号、14 号、16 号、22 号、23 号样品的酿酒红葡萄可判为乙级，4 号、5 号、6 号、7 号、10 号、12 号、13 号、15 号、17 号、18 号、19 号、20 号、24 号、25 号、26 号、27 号样品的酿酒红葡萄可判为丙级。其比例分布如图2所示，图例中的1代表甲级，2代表乙级，3代表丙级。

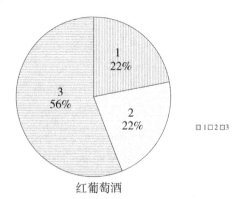

红葡萄酒

图2　各等级酿酒红葡萄比例示意

5.2.4　酿酒白葡萄的实例分析

根据5.2.2小节的步骤对白葡萄进行分析，结果见表9。

表 9　主成分选取

主成分	特征值	贡献率/%	累计贡献率/%
1	5.872	19.575	19.575
2	5.108	17.026	36.601
3	3.667	12.224	48.825
4	2.096	6.988	55.813
5	1.898	6.326	62.139
6	1.595	5.318	67.457
7	1.508	5.027	72.484
8	1.325	4.418	76.902
9	1.193	3.975	80.877
10	1.045	3.482	84.359
11	0.937	3.124	87.483
12	0.806	2.687	90.170

由表 9 可以看出，前 10 个主成分的特征值大于 1，它们的累计贡献率达到 84.359%，已经可以较为完整地承载原始信息了。接下来，计算这 10 个特征值对应的特征向量，结果见表 10，表中变量同表 7。

表 10　成分矩阵

变量	主成分 1	主成分 2	主成分 3	主成分 4	主成分 5	主成分 6	主成分 7	主成分 8	主成分 9	主成分 10
x_1	0.541	0.236	0.228	0.517	0.224	0.041	-0.092	0.172	-0.098	0.020
x_2	0.103	0.686	0.169	-0.308	-0.078	-0.316	0.189	0.029	-0.073	-0.150
x_3	-0.208	-0.116	-0.578	-0.362	0.113	0.328	-0.257	-0.064	0.230	-0.040
x_4	-0.331	-0.458	0.135	0.224	0.274	0.251	-0.064	-0.299	-0.246	0.385
x_5	0.414	-0.427	0.101	0.155	0.517	0.269	-0.089	0.272	0.273	-0.048
x_6	0.075	0.392	0.034	0.473	0.607	-0.056	0.246	-0.042	-0.084	-0.235
x_7	0.218	-0.050	0.301	-0.009	0.415	0.124	0.485	0.070	0.108	0.219
x_8	-0.352	-0.475	-0.054	-0.188	0.023	0.198	0.454	-0.180	-0.212	-0.025
x_9	0.205	0.162	-0.138	-0.623	0.119	-0.379	0.259	0.189	0.254	0.157
x_{10}	0.373	0.503	-0.137	-0.075	-0.201	0.336	-0.224	0.008	-0.027	0.288
x_{11}	-0.083	0.793	0.347	-0.230	0.257	0.180	-0.116	-0.085	0.003	-0.130
x_{12}	0.397	0.457	0.222	-0.114	-0.126	0.387	-0.177	-0.393	-0.028	-0.267

续表10

变量	主成分1	主成分2	主成分3	主成分4	主成分5	主成分6	主成分7	主成分8	主成分9	主成分10
x_{13}	-0.157	0.789	0.385	-0.124	0.202	0.240	-0.115	-0.143	-0.077	-0.021
x_{14}	0.017	0.107	0.222	0.350	0.087	-0.598	-0.472	-0.177	0.150	0.144
x_{15}	0.193	0.358	0.458	-0.463	0.415	-0.106	-0.005	-0.139	0.296	0.140
x_{16}	0.775	-0.057	0.013	0.122	-0.324	0.058	0.105	0.064	0.191	-0.130
x_{17}	0.707	0.061	0.080	0.233	-0.257	-0.209	0.247	-0.232	0.097	0.156
x_{18}	0.846	-0.163	0.099	0.045	-0.189	0.272	0.137	0.082	0.188	-0.050
x_{19}	0.296	-0.302	0.422	-0.103	-0.085	0.029	-0.428	0.463	-0.044	-0.272
x_{20}	-0.062	0.554	-0.602	0.309	-0.070	0.049	0.109	-0.181	0.301	-0.116
x_{21}	0.196	-0.536	0.655	-0.229	0.086	-0.008	-0.044	0.200	-0.231	0.065
x_{22}	0.843	-0.030	0.182	0.164	-0.009	-0.120	0.089	-0.263	-0.096	-0.036
x_{23}	-0.678	0.418	0.187	0.211	0.009	-0.158	-0.102	0.137	-0.039	0.134
x_{24}	-0.564	0.481	0.220	0.169	-0.306	0.046	0.017	0.249	0.149	0.245
x_{25}	-0.066	-0.461	-0.453	0.064	0.315	0.009	-0.245	-0.125	0.436	0.089
x_{26}	-0.585	0.078	-0.323	0.147	0.210	-0.089	0.172	0.221	-0.033	-0.448
x_{27}	-0.364	0.385	0.352	0.292	-0.179	0.329	0.222	0.343	0.320	0.147
x_{28}	0.492	0.393	-0.517	-0.126	0.244	-0.008	-0.195	0.151	-0.264	0.123
x_{29}	-0.241	-0.483	0.602	-0.021	-0.017	-0.158	-0.061	-0.263	0.303	-0.250
x_{30}	0.666	0.190	-0.589	-0.026	0.185	-0.146	-0.011	0.210	-0.168	0.085

由表10以看出，主成分1中，总糖、还原糖、可溶性固形物、干物质含量、果穗质量的载荷因子较大，可以看作糖类主成分；主成分2中，蛋白质、总酚、葡萄总黄酮的载荷因子较大，可以看作酚酮类主成分；主成分3中，可滴定酸、酸固比的载荷因子较大，可以看作酸类主成分；主成分4中，褐变度的载荷因子较大，可以看作氧化性主成分；其余的主成分的载荷因子较为平均，可以看作综合主成分。

将表10的每一个主成分的载荷因子记为列向量 $t_i(i = 1,2,\cdots,10)$，则 $y_i = x \cdot t_i$，从而构造综合评价函数：

$$F = 5.872y_1 + 5.108y_2 + 3.667y_3 + 2.096y_4 + 1.898y_5 + 1.595y_6 +$$
$$1.508y_7 + 1.325y_8 + 1.193y_9 + 1.045y_{10} \tag{5}$$

将28个酿酒白葡萄样品的数据依次代入式（5），结果见表11。

表 11　综合评价指标值

样品	得分	样品	得分	样品	得分	样品	得分
1	- 62. 3061	8	- 76. 5856	15	2. 6346	22	- 32. 542
2	- 7. 378	9	18. 0412	16	- 90. 7265	23	13. 4213
3	34. 3771	10	24. 2439	17	- 65. 6985	24	80. 751
4	- 10. 543	11	- 26. 3238	18	- 9. 2532	25	17. 2507
5	49. 448	12	17. 7944	19	- 41. 9423	26	29. 4974
6	10. 4818	13	- 46. 0269	20	19. 8782	27	110. 4699
7	16. 3012	14	- 10. 9558	21	- 14. 3739	28	50. 0649

　　根据前面所述标准，由表 11 可知，24 号、27 号、28 号样品的酿酒白葡萄可判为甲级，3 号、5 号、6 号、7 号、9 号、10 号、12 号、15 号、20 号、23 号、25 号、26 号样品的酿酒白葡萄可判为乙级，1 号、2 号、4 号、8 号、11 号、13 号、14 号、16 号、17 号、18 号、19 号、21 号、22 号样品的酿酒白葡萄可判为丙级。其比例分布如图 3 所示，图例中的 1 代表甲级，2 代表乙级，3 代表丙级。

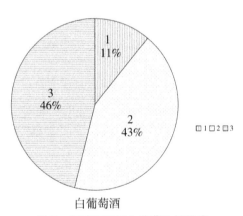

白葡萄酒

图 3　各等级酿酒白葡萄比例示意

5.2.5　对葡萄酒的探讨

　　为了尽量避免分级的主观性，我们对前面的分级结果进行检验。一般而言，质量好的酿酒葡萄酿制的酒也会比较好，两者之间有较强的相关性，因此可以根据葡萄酒的质量评价来评估酿酒葡萄分级的合理性。葡萄酒质量分级标准见表 12。

表12 葡萄酒质量分级标准

葡萄酒等级	酿酒葡萄的含糖量/(g·L⁻¹)	评酒员的评分
1 特等酒	≥ 200	90 分以上
2 优级酒	≥ 170	80～89 分
3 佐餐酒	≥ 150	60～79 分

根据附件1品酒师的评分和附件2的葡萄含糖量数据，对于红葡萄酒，从评酒员的评分角度而言，23号样品的红葡萄酿制的酒的等级达到优级酒标准，其余样品的红葡萄酿制的酒的等级达到佐餐酒标准；从酿酒葡萄的含糖量而言，1号、2号、3号、5号、6号、7号、11号、12号、16号、17号、18号、19号、21号、22号、23号、24号样品的红葡萄酿制的酒的等级达到特级酒标准，5号、8号、9号、13号、14号、15号、20号、26号、27号样品的红葡萄酿制的酒的等级达到优级酒标准，10号、25号样品的红葡萄酿制的酒的等级达到佐餐酒标准。对于白葡萄酒，从评酒员的评分角度而言，28号样品的白葡萄酿制的酒的等级达到优级酒标准，其余样品的白葡萄酿制的酒的等级达到佐餐酒标准；从酿酒葡萄的含糖量而言，2号、4号、5号、9号、10号、12号、20号、21号、24号、25号、26号、28号样品的白葡萄酿制的酒的等级达到特等酒标准，1号、3号、6号、14号、16号、17号、18号、19号、23号、27号样品的白葡萄酿制的酒的等级达到优等酒标准，7号、8号、11号、13号、15号、22号样品的白葡萄酿制的酒的等级达到佐餐酒标准。

可以认为，到达特等酒和优级酒标准的酿酒葡萄的质量是较优的，这里的分析结果和前两小节的结论高度吻合，说明之前对酿酒葡萄的分级较合理。

5.3 模型Ⅲ——相关系数模型

5.3.1 模型的建立

根据附件2，酿酒葡萄有30项理化指标，葡萄酒有9项理化指标，加上附件3的芳香物质，需要分析酿酒葡萄的31项理化指标和葡萄酒的10项理化指标之间的关联度。为达到这一目的，最直接的方法是使用相关系数来分析它们之间的联系。但因为无法得知总体的信息，所以无法求出相关系数 ρ_{ij}，但它的极大似然估计具有无偏性，可以用来估计相关系数 ρ_{ij}。

相关系数 ρ_{ij} 的极大似然估计为

$$r_{ij} = \frac{\hat{\sigma}_{ij}}{\sqrt{\hat{\sigma}_{ii}\hat{\sigma}_{jj}}} = \frac{\sum\limits_{k=1}^{n}(x_{ki}-\overline{x}_i)(x_{kj}-\overline{x}_j)}{\sqrt{\sum\limits_{k=1}^{n}(x_{ki}-\overline{x}_i)^2\sum\limits_{k=1}^{n}(x_{kj}-\overline{x}_j)^2}} \tag{6}$$

5.3.2 模型的求解及分析

将附件 2、附件 3 的红葡萄酒和红葡萄数据代入式（6），通过 SPSS 统计软件可算得结果，具体见表 13。

表 13 红葡萄与红葡萄酒理化指标相关系数

理化指标	酒中花色苷	酒中单宁	酒中总酚	酒中总黄酮	酒中白藜芦醇	DPPH 半抑制体积	酒的色泽 1	酒的色泽 a	酒的色泽 b	酒中的芳香物质
氨基酸总量	- 0.052	0.335	0.288	0.313	0.224	0.314	0.026	- 0.361	0.371	0.030
蛋白质	0.524 **	0.362	0.338	0.313	0.038	0.369	- 0.576 **	- 0.042	0.056	- 0.297
VC 含量	0.043	0.070	- 0.016	0.066	0.053	- 0.013	- 0.134	- 0.222	- 0.042	- 0.186
花色苷(100 g 鲜重)	0.937 **	0.639 **	0.761 **	0.664 **	0.419 *	0.727 **	- 0.893 **	- 0.125	0.136	0.179
酒石酸	0.235	0.065	0.099	- 0.043	0.182	0.068	- 0.233	- 0.075	0.391 *	0.062
苹果酸	0.170	0.120	0.160	0.112	- 0.216	0.096	- 0.169	- 0.320	0.060	0.085
柠檬酸	0.288	0.053	0.071	- 0.145	- 0.289	- 0.071	- 0.271	- 0.206	- 0.048	0.028
多酚氧化酶活力	0.277	0.184	0.206	0.158	0.038	0.173	- 0.396 *	- 0.006	0.197	0.214
褐变度	0.507 **	0.319	0.307	0.281	0.161	0.282	- 0.388 *	- 0.335	- 0.148	0.063
DPPH 自由基	0.827 **	0.672 **	0.746 **	0.707 **	0.375	0.773 **	- 0.805 **	- 0.181	- 0.032	- 0.005
总酚	0.772 **	0.768 **	0.820 **	0.740 **	0.366	0.824 **	- 0.749 **	- 0.266	0.164	0.223
单宁	0.684 **	0.593 **	0.672 **	0.589 **	0.297	0.612 **	- 0.594 **	- 0.228	- 0.170	0.328
葡萄总黄酮	0.778 **	0.643 **	0.763 **	0.720 **	0.387 *	0.763 **	- 0.669 **	- 0.190	- 0.071	0.226
白藜芦醇	0.424 *	0.416 *	0.338	0.324	0.168	0.354	- 0.366	- 0.223	- 0.026	- 0.310
黄酮醇	0.620 **	0.570 **	0.509 **	0.457 *	0.234	0.542 **	- 0.588 **	- 0.150	0.127	- 0.264
总糖	0.020	0.302	0.239	0.266	0.164	0.294	- 0.003	- 0.324	0.344	0.269
还原糖	- 0.098	0.148	0.048	0.087	- 0.005	0.073	0.090	- 0.314	0.532 **	0.001
可溶性固形物	0.082	0.432 *	0.345	0.374	0.025	0.367	- 0.109	- 0.407 *	0.213	0.345
pH	0.307	0.272	0.252	0.316	0.311	0.304	- 0.296	- 0.066	0.064	- 0.049
可滴定酸	- 0.252	- 0.034	- 0.036	- 0.074	0.163	- 0.013	0.288	0.143	0.102	0.296
固酸比	0.306	0.242	0.229	0.222	0.010	0.190	- 0.371	- 0.371	0.126	- 0.170
干物质含量	0.123	0.380	0.308	0.284	0.090	0.308	- 0.148	- 0.381 *	0.438 *	0.231
果穗质量	- 0.079	- 0.208	- 0.052	- 0.117	0.056	- 0.125	0.074	0.209	- 0.294	- 0.034
百粒质量	- 0.292	- 0.358	- 0.188	- 0.193	- 0.107	- 0.240	0.260	0.339	- 0.211	- 0.031

续表13

理化指标	酒中花色苷	酒中单宁	酒中总酚	酒中总黄酮	酒中白藜芦醇	DPPH半抑制体积	酒的色泽l	酒的色泽a	酒的色泽b	酒中的芳香物质
果梗比	0.498 **	0.348	0.265	0.268	0.194	0.327	− 0.438 *	− 0.156	− 0.008	− 0.343
出汁率	0.428 *	0.290	0.292	0.349	0.236	0.327	− 0.405 *	− 0.125	− 0.026	0.245
果皮质量	0.068	− 0.026	0.071	− 0.040	0.011	− 0.008	− 0.064	0.257	− 0.007	0.059
果皮颜色l	− 0.333	− 0.421 *	− 0.444 *	− 0.398 *	− 0.115	− 0.418 *	0.384 *	0.192	− 0.347	− 0.192
果皮颜色a	− 0.806 **	− 0.474 *	− 0.573 **	− 0.501 **	− 0.307	− 0.582 **	0.774 **	− 0.125	− 0.004	− 0.221
果皮颜色b	− 0.183	− 0.059	0.021	− 0.090	− 0.215	− 0.087	0.114	− 0.258	0.107	0.167
芳香物质总量	− 0.374	− 0.125	− 0.223	− 0.247	− 0.078	− 0.295	0.227	− 0.004	0.168	− 0.170

注：右上角标有 * 的表示在0.05水平（双侧）上显著相关，右上角标有 ** 的表示在0.01水平（双侧）上显著相关。

这里我们选取高度相关的理化指标进行分析，于是取 $\alpha = 0.01$。由表13可知，红葡萄酒中，与花色苷高度相关的酿酒葡萄的理化指标有蛋白质、花色苷、果皮颜色a(−)、褐变度、DPPH自由基、总酚、单宁、葡萄总黄酮、果梗比、黄酮醇，与单宁高度相关的酿酒葡萄的理化指标有花色苷、DPPH自由基、总酚、单宁、葡萄总黄酮、黄酮醇，与总酚高度相关的酿酒葡萄的理化指标有花色苷、DPPH自由基、总酚、单宁、葡萄总黄酮、黄酮醇、果皮颜色a(−)，与总黄酮高度相关的酿酒葡萄的理化指标有花色苷、DPPH自由基、总酚、单宁、葡萄总黄酮、果皮颜色a(−)，与白藜芦醇高度相关的酿酒葡萄的理化指标不存在，与DPPH半抑制体积高度相关的酿酒葡萄的理化指标有花色苷、DPPH自由基、总酚、单宁、葡萄总黄酮、黄酮醇、果皮颜色a(−)，与酒的色泽l高度相关的酿酒葡萄的理化指标有蛋白质(−)、花色苷(−)、DPPH自由基(−)、总酚(−)、单宁(−)、葡萄总黄酮(−)、黄酮醇(−)、果皮颜色a，与酒的色泽a高度相关的酿酒葡萄的理化指标有可溶性固形物(−)和干物质含量(−)，与酒的色泽b高度相关的酿酒葡萄的理化指标有还原糖，与芳香物质高度相关的酿酒葡萄的理化指标不存在。

接着，将附件2、附件3的白葡萄酒和白葡萄数据代入式（6），通过SPSS统计软件可算得结果，具体见表14。

表14 白葡萄与白葡萄酒相关系数

理化指标	酒中单宁	酒中总酚	酒中总黄酮	酒中白藜芦醇	DPPH 半抑制体积	酒的色泽 l	酒的色泽 a	酒的色泽 b	酒中的芳香物质
氨基酸总量	0.524 **	0.529 **	0.275	− 0.268	0.392 *	− 0.441 *	0.139	0.382 *	0.230
蛋白质	− 0.182	− 0.120	0.463 *	− 0.077	− 0.030	0.096	0.532 **	− 0.192	0.049
VC 含量	− 0.142	0.011	0.030	0.230	0.253	0.097	− 0.066	0.004	0.029
花色苷（100 g 鲜重）	− 0.020	− 0.201	− 0.239	0.059	− 0.041	− 0.057	− 0.185	− 0.016	− 0.061
酒石酸	0.300	0.036	− 0.410 *	− 0.373	0.102	− 0.318	− 0.331	0.394 *	0.572 **
苹果酸	0.123	0.315	0.350	− 0.180	0.071	0.038	0.385 *	− 0.135	0.207
柠檬酸	0.214	0.196	− 0.015	0.020	− 0.075	− 0.129	− 0.230	0.203	− 0.133
多酚氧化酶活力	− 0.093	− 0.170	− 0.198	− 0.025	− 0.350	0.066	− 0.188	− 0.036	− 0.007
褐变度	− 0.262	− 0.221	0.160	− 0.011	− 0.115	0.333	0.138	− 0.171	0.123
DPPH 自由基	0.399 *	0.363	0.107	0.087	0.623 **	− 0.064	− 0.039	0.041	0.201
总酚	0.319	0.491 **	0.501 **	− 0.012	0.414 *	0.159	0.509 **	− 0.291	− 0.109
单宁	0.407 *	0.309	0.141	− 0.180	0.365	− 0.301	0.094	0.159	0.109
葡萄总黄酮	0.249	0.373	0.482 **	0.100	0.270	0.115	0.466 *	− 0.278	− 0.234
白藜芦醇	− 0.171	0.023	− 0.117	− 0.213	− 0.140	− 0.320	0.091	0.254	− 0.331
黄酮醇	0.192	0.186	− 0.033	0.056	0.265	− 0.326	− 0.163	0.381 *	0.036
总糖	0.313	0.187	− 0.106	− 0.329	0.204	− 0.525 **	− 0.139	0.546 **	0.222
还原糖	0.080	0.148	0.134	0.147	0.171	− 0.452 *	− 0.176	0.492 **	0.071
可溶性固形物	0.358	0.257	− 0.119	− 0.243	0.142	− 0.658 **	− 0.280	0.687 **	0.432 *
pH	0.200	0.148	− 0.189	− 0.111	− 0.116	− 0.424 *	− 0.191	0.362	0.075
可滴定酸	0.062	− 0.024	− 0.048	0.182	0.281	0.442 *	0.253	− 0.335	− 0.021
固酸比	0.045	0.066	− 0.030	− 0.271	− 0.269	− 0.568 **	− 0.285	0.461 *	0.134
干物质含量	0.252	0.324	0.067	− 0.118	0.158	− 0.728 **	− 0.239	0.692 **	0.317
果穗质量	0.001	0.064	0.296	0.136	− 0.118	0.535 **	0.481 **	− 0.643 **	− 0.245
百粒质量	0.093	0.061	0.409 *	0.111	0.005	0.501 **	0.592 **	− 0.595 **	− 0.329
果梗比	− 0.271	− 0.499 **	− 0.634 **	0.049	− 0.195	0.098	− 0.596 **	0.143	0.210
出汁率	− 0.298	− 0.150	0.107	0.235	− 0.168	0.731 **	0.225	− 0.652 **	0.026
果皮质量	0.340	0.399 *	0.400 *	0.074	0.074	0.242	0.425 *	− 0.279	− 0.111
果皮颜色 l	0.059	0.024	0.139	− 0.351	0.377 *	− 0.173	− 0.220	0.213	0.025
果皮颜色 a	0.071	0.073	− 0.016	0.031	− 0.288	− 0.200	− 0.028	0.129	0.132
果皮颜色 b	− 0.150	− 0.186	− 0.096	− 0.212	0.129	− 0.197	− 0.332	0.309	0.171
芳香物质总量	− 0.164	− 0.183	− 0.282	− 0.015	− 0.144	− 0.157	− 0.284	0.156	− 0.190

注：右上角标有 * 的表示在 0.05 水平（双侧）上显著相关，右上角标有 * * 的表示在 0.01 水平（双侧）上显著相关。

由表14可知，在白葡萄酒中，与单宁高度相关的酿酒葡萄的理化指标有氨基酸总量，与总酚高度相关的酿酒葡萄的理化指标有氨基酸总量、总酚、果梗比（−），与总黄酮高度相关的酿酒葡萄的理化指标有总酚、葡萄总黄酮、果梗比（−），与白藜芦醇高度相关的酿酒葡萄的理化指标不存在，与DPPH半抑制体积高度相关的酿酒葡萄的理化指标有DPPH自由基，与酒的色泽l高度相关的酿酒葡萄的理化指标有总糖（−）、可溶性固形物（−）、固酸比（−）、干物质含量（−）、果穗质量、百粒质量、出汁率，与酒的色泽a高度相关的酿酒葡萄的理化指标有蛋白质、总酚、果穗质量、百粒质量、果梗比（−），与酒的色泽b高度相关的酿酒葡萄的理化指标有总糖、还原糖、可溶性固形物、干物质含量、果穗质量（−）、百粒质量（−）、出汁率（−），与芳香物质高度相关的酿酒葡萄的理化指标有酒石酸。

5.4 模型Ⅳ——基于逐步回归法的理化指标影响模型

5.4.1 模型的分析

根据题意，酿酒葡萄的好坏与所酿葡萄酒的质量有直接的关系，葡萄酒和酿酒葡萄检测的理化指标会在一定程度上反映葡萄酒和葡萄的质量。尽管如此，每一项酿酒葡萄和葡萄酒的理化指标对葡萄酒的影响必定是不尽相同的，因此，对于题目要求的分析酿酒葡萄和葡萄酒的理化指标对葡萄酒质量的影响，我们对附件1中葡萄酒的各评价指标的得分分别进行关于酿酒葡萄和葡萄酒的理化指标的逐步回归，求出葡萄酒的质量关于酿酒葡萄和葡萄酒各理化指标的回归方程，进而论证能否用酿酒葡萄和葡萄酒的理化指标来评价葡萄酒的质量。

5.4.2 逐步回归的思想及其步骤

逐步回归的基本思想是，从当前在圈外的全部变量中，挑选偏回归平方和贡献最大的变量，用方差比进行显著性检验，判别是否选入；当前在圈内的全部变量中，寻找偏回归平方和贡献最小的变量，用方差比进行显著性检验，判别是否从回归方程中剔除。选入和剔除循环反复进行，直至圈外无符合条件的选入项，圈内无符合条件的剔除项为止。逐步回归的步骤如图4所示。

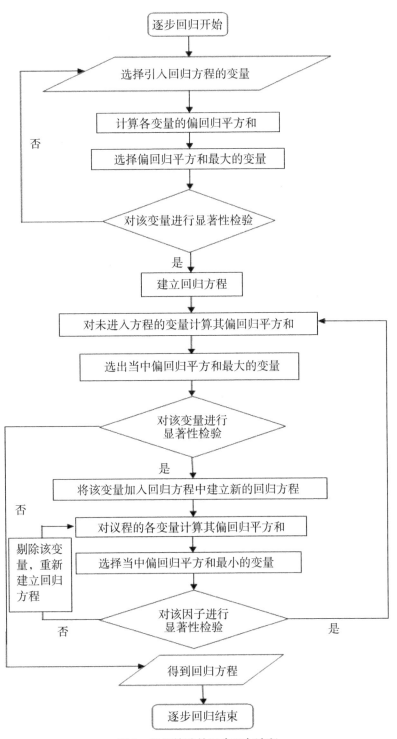

图4 双侧检验的逐步回归流程

逐步回归法由于在过程中剔除了不重要的变量，因此无须求解一个很大阶数的回归方程，显著提高了计算效率；又由于其忽略了不重要的变量，从而避免了回归方程中出现系数很小的变量而导致回归方程计算时出现"病态"，得不到正确的解。在解决实际问题时，逐步回归法是常用的行之有效的数学方法。

5.4.3 模型的建立与求解

酿酒葡萄的理化指标有 30 个，再加上附件 3 中的芳香物质（由于其成分较多，我们求其总和作为一个指标）；而对于葡萄酒，红葡萄酒有 10 个理化指标，白葡萄酒有 9 个（白葡萄中无花色苷）。把这 41 个理化指标当作自变量 x_i，葡萄酒质量评分的指标（共 10 个）当作因变量 y_{ij}，红葡萄酒的总评分为 $y_红$，白葡萄酒的总评分为 $y_白$，分别用逐步回归法求出其方程，由回归方程的系数我们可知指标对总评分的影响。

对附件 1 的数据进行处理，求出红葡萄酒和白葡萄酒的总评分。由于在问题（1）中，我们已经论证了哪一组品酒师的评分更可信，因此只需取评分的标准差较小的一组的平均值作为该样本指标的得分值。

设自变量 $x_i(i = 1,2,\cdots,41)$ 为酿酒葡萄和葡萄酒各理化指标（表 15），因变量 $y_i(i = 1,2,\cdots,10)$ 为葡萄酒各评价指标的品尝得分。

表 15　酿酒葡萄与葡萄酒各理化指标

自变量	理化指标	自变量	理化指标
x_1	氨基酸总量	x_{16}	总糖
x_2	蛋白质	x_{17}	还原糖
x_3	VC 含量	x_{18}	可溶性固形物
x_4	花色苷（100 g 鲜重）	x_{19}	pH
x_5	酒石酸	x_{20}	可滴定酸
x_6	苹果酸	x_{21}	固酸比
x_7	柠檬酸	x_{22}	干物质含量
x_8	多酚氧化酶活力	x_{23}	果穗质量
x_9	褐变度	x_{24}	百粒质量
x_{10}	DPPH 自由基	x_{25}	果梗比
x_{11}	总酚	x_{26}	出汁率
x_{12}	单宁	x_{27}	果皮质量
x_{13}	葡萄总黄酮	x_{28}	果皮颜色 l
x_{14}	白藜芦醇	x_{29}	果皮颜色 a
x_{15}	黄酮醇	x_{30}	果皮颜色 b

续表 15

自变量	理化指标	自变量	理化指标
x_{31}	芳香物质总量	x_{37}	DPPH 半抑制体积
x_{32}	酒中花色苷	x_{38}	酒的色泽 l
x_{33}	酒中单宁	x_{39}	酒的色泽 a
x_{34}	酒中总酚	x_{40}	酒的色泽 b
x_{35}	酒总黄酮	x_{41}	芳香物质总量
x_{36}	酒中白藜芦醇		

现在考察酿酒葡萄与葡萄酒各理化指标对葡萄酒质量的影响。

首先，对红葡萄与红葡萄酒各理化指标对红葡萄酒质量的影响进行分析。按照逐步回归的步骤，运用 SPSS 得到逐步回归模型，见表 16。

表 16　红葡萄酒质量逐步回归系数

模型		非标准化系数	标准系数	t	显著性水平
1	（常量）	5.536	—	6.039	0.000
	蛋白质	0.006	0.574	3.503	0.002
2	（常量）	5.057	—	6.348	0.000
	蛋白质	0.006	0.553	3.950	0.001
	酒的色泽 b	0.027	0.449	3.211	0.004
3	（常量）	5.331	—	7.078	0.000
	蛋白质	0.005	0.493	3.698	0.001
	酒的色泽 b	0.028	0.459	3.520	0.002
	果皮颜色 b	-0.134	-0.287	-2.153	0.042
4	（常量）	5.497	—	8.019	0.000
	蛋白质	0.005	0.514	4.244	0.000
	酒的色泽 b	0.029	0.490	4.124	0.000
	果皮颜色 b	-0.158	-0.338	-2.762	0.011
	多酚氧化酶活力	-0.014	-0.298	-2.458	0.022

续表 16

模型		非标准化系数	标准系数	t	显著性水平
5	（常量）	5.509	—	8.649	0.000
	蛋白质	0.004	0.403	3.253	0.004
	酒的色泽 b	0.029	0.483	4.372	0.000
	果皮颜色 b	−0.195	−0.416	−3.480	0.002
	多酚氧化酶活力	−0.015	−0.333	−2.928	0.008
	固酸比	0.020	0.264	2.117	0.046
6	（常量）	4.916	—	7.894	0.000
	蛋白质	0.004	0.432	3.847	0.001
	酒的色泽 b	0.028	0.467	4.688	0.000
	果皮颜色 b	−0.163	−0.350	−3.148	0.005
	多酚氧化酶活力	−0.017	−0.371	−3.580	0.002
	固酸比	0.023	0.308	2.706	0.014
	果皮质量	2.097	0.261	2.435	0.024

根据表 16，逐步回归的选元过程为：第一步引入 x_2，第二步引入 x_{40}，第三步引入 x_{30}，第四步引入 x_8，第五步引入 x_{21}，第六步引入 x_{27}。由于各引入的自变量的 p 值均小于 0.05，因此没有剔除步骤。由最后的模型 6 得出红葡萄酒质量关于酿酒葡萄和葡萄酒的理化指标的回归方程（系数为非标准系数）：

$$y_{红} = 0.004x_2 + 0.028x_{40} - 0.163x_{30} - 0.017x_8 + 0.023x_{21} + 2.097x_{27} + 4.916$$

$$(7)$$

然后，对白葡萄酒，同样按照逐步回归的步骤，运用 SPSS 得到逐步回归模型（这里定义置信水平 $\alpha = 0.1$），见表 17。

表 17　白葡萄酒质量逐步回归系数

模型		非标准化系数	标准系数	t	显著性水平
1	（常量）	69.446	—	37.746	0.000
	果皮颜色 b	0.532	0.617	4.002	0.000
2	（常量）	70.931	—	37.626	0.000
	果皮颜色 b	0.506	0.587	4.009	0.000
	芳香物质总量	−0.003	−0.298	−2.034	0.053

根据表 17，逐步回归的选元过程为：第一步引入 x_{30}，第二步引入 x_{41}。由

于各引入的自变量的 p 值均小于 0.1，因此没有剔除步骤，由最后的模型 2 得出白葡萄酒质量关于酿酒葡萄和葡萄酒的理化指标的回归方程（系数为非标准系数）：

$$y_白 = 0.506x_{30} - 0.003x_{41} + 70.931 \qquad (8)$$

5.4.4 逐步回归方程的显著性检验

本小节对两种葡萄酒的回归模型进行显著性检验。首先，对红葡萄酒回归模型进行分析，结果见表18、表19。

表18 红葡萄酒逐步回归模型汇总

模型	R	R^2	调整 R^2	标准估计的误差
1	0.574	0.329	0.302	0.38072
2	0.729	0.531	0.492	0.32500
3	0.781	0.609	0.559	0.30288
4	0.833	0.694	0.638	0.27431
5	0.865	0.748	0.687	0.25488
6	0.897	0.805	0.747	0.22937

表19 红葡萄酒逐步回归模型的显著性检验

模型		平方和	自由度	均方	F	显著性水平
1	回归	1.779	1	1.779	12.274	0.002
	残差	3.624	25	0.145	—	—
	总计	5.403	26	—	—	—
2	回归	2.868	2	1.434	13.576	0.000
	残差	2.535	24	0.106	—	—
	总计	5.403	26	—	—	—
3	回归	3.293	3	1.098	11.965	0.000
	残差	2.110	23	0.092	—	—
	总计	5.403	26	—	—	—
4	回归	3.748	4	0.937	12.451	0.000
	残差	1.655	22	0.075	—	—
	总计	5.403	26	—	—	—

续表19

模型		平方和	自由度	均方	F	显著性水平
5	回归	4.039	5	0.808	12.434	0.000
	残差	1.364	21	0.065	—	—
	总计	5.403	26	—	—	—
6	回归	4.351	6	0.725	13.783	0.000
	残差	1.052	20	0.053	—	—
	总计	5.403	26	—	—	—

表18中的 R^2 是拟合优度，即 $R^2 = \dfrac{SSR}{SST}$ （ SSR 是回归平方，SST 是总体平方和），其取值在区间 $[0,1]$ 区间内。R^2 越接近1，表明回归拟合的效果越好；R^2 就接近0，表明回归拟合的效果越差。与 F 检验相比，R^2 可以更清楚直观地反映回归拟合的效果，但是不能作为严格的显著性检验。

由表18可以看到，R^2 为0.805（靠近1），因此回归拟合的效果较好，又由表19回归模型的显著性检验知，到第6个模型时，p 值已远小于0.05，甚至小于0.005，显然回归方程通过了显著性检验，因此可以用该回归方程对红葡萄酒的香气质量这一评估指标进行估计，即可以用酿酒红葡萄和红葡萄酒的理化指标来评价红葡萄酒的质量。

根据式（8）表示的回归方程进行结构性分析，在其他自变量不变的条件下，每增加1个单位的蛋白质，可以增加0.004个单位的红葡萄酒总得分；每增加1个单位的酒的色泽b，可以增加0.028个单位的红葡萄酒总得分；每增加1个单位的多酚氧化酶活力，可以减少0.017个单位的红葡萄酒总得分；每增加1个单位的固酸比，可以增加0.023个单位的红葡萄酒总得分；每增加1个单位的果皮质量，可以增加2.097个单位的红葡萄酒总得分。

接着，对白葡萄酒回归模型进行分析，结果见表20、表21。

表20　白葡萄酒逐步回归模型汇总

模型	R	R^2	调整 R^2	标准估计的误差
1	0.617[a]	0.381	0.357	2.91558
2	0.685[b]	0.469	0.427	2.75416

表 21　白葡萄酒逐步回归模型的显著性检验

模型		平方和	自由度	均方	F	显著性水平
1	回归	136.161	1	136.161	16.018	0.000[a]
	残差	221.016	26	8.501	—	—
	总计	357.177	27	—	—	—
2	回归	167.542	2	83.771	11.044	0.000
	残差	189.635	25	7.585	—	—
	总计	357.177	27	—	—	—

　　由表 21 回归模型的显著性检验知，到第 2 个模型时，p 值已远小于 0.05，甚至小于 0.005，显然回归方程通过了显著性检验；但是由表 20 可以看到，R^2 为 0.469，回归拟合的效果很不好。因此，不能用该回归方程对白葡萄酒的香气质量这一评估指标进行估计，即不可以用酿酒白葡萄和白葡萄酒的理化指标来评价白葡萄酒的质量。

6　模型的评价

6.1　模型的优点

　　（1）模型 I 在分析数据结构之后再选用显著性检验的方法，使检验结果更合理、准确。

　　（2）模型 II 使用定量的方法对酿酒葡萄进行分级，具有较高的精确性，而且通过葡萄酒的等级来测试之前葡萄的分级，使分级结果更具合理性。

　　（3）模型 III 使用相关系数来量化酿酒葡萄与葡萄酒的理化指标之间的联系，不仅数理简单，而且具有较高的准确性。

　　（4）模型 IV 运用了逐步回归法，由于逐步回归法剔除了不重要的变量，因此无须求解一个很大阶数的回归方程，显著提高了计算效率；又由于忽略了不重要的变量，避免了回归方程中出现系数很小的变量而导致回归方程计算时出现病态，得不到正确的解。

6.2　模型的缺点

　　（1）模型 I 由于在置信水平 α 的选择没有一个标准，在不同的置信水平会产生不同的结果。

（2）模型Ⅱ在构造综合评价模型时，权数的确定值得商榷，而且模型的稳健性得不到检验。

（3）模型Ⅲ相关系数只能体现两两指标间的联系，不能反映一个指标和多个指标之间的关系。

（4）模型Ⅳ虽然可以找到系数显著的变量，但有可能排除系数不显著却有价值的变量。

参考文献

[1] 方积乾. 生物医学研究的统计方法 ［M］. 北京：高等教育出版社，2009.

[2] 姜启源，谢金星，叶俊. 数学模型 ［M］. 4 版. 北京：高等教育出版，2011.

[3] 黄燕，吴平. SAS 统计分析及应用 ［M］. 北京：机械工业出版社，2007.

[4] 何晓群，刘文卿. 应用回归分析 ［M］. 2 版. 北京：中国人民大学出版社，2007.

[5] 王学民. 应用多元分析 ［M］. 3 版. 上海：上海财经大学出版社，2009.

[6] 茆诗松，程依明，濮晓龙. 概率论与数理统计教程 ［M］. 北京：高等教育出版，2004.

[7] 郭其昌，郭松泉. 葡萄酒的质量等级法 ［J］. 中外葡萄与葡萄酒，1999（4）：64－67.

2013 年全国研究生数学建模竞赛

D 题　空气中 $PM_{2.5}$ 问题的研究

大气为地球上生命的繁衍与人类的发展提供了理想的环境。它的状态和变化，直接影响着人类的生产、生活和生存。空气质量问题始终是政府、环境保护部门和全国人民关注的热点问题。

2013 年 7 月 12 日中国新闻网记者周锐报道："2013 年初以来，中国发生大范围持续雾霾天气。据统计，受影响雾霾区域包括华北平原、黄淮、江淮、江汉、江南、华南北部等地区，受影响面积约占国土面积的 1/4，受影响人口约 6 亿人。"

对空气质量监测、预报和控制等问题，国家和地方政府均制定了相应政策、法规和管理办法。2012 年 2 月 29 日，环境保护部公布了新修订的《环境空气质量标准》（GB 3095—2012），本次修订的主要内容有：调整了环境空气功能区分类，将三类区并入二类区；增设了颗粒物（粒径小于等于 2.5 μm）浓度限值和臭氧 8 h 平均浓度限值；调整了颗粒物（粒径小于等于 10 μm）、二氧化氮、铅和苯并[a]芘等的浓度限值；调整了数据统计的有效性规定。还与新标准同步实施了《环境空气质量指数（AQI）技术规定（试行）》（HJ 633—2012）。

新标准将分期实施：京津冀、长三角、珠三角等重点区域以及直辖市和省会城市已率先开始实施并发布空气质量指数（air quality index，AQI）；2012 年，113 个环境保护重点城市和国家环保模范城市也已经实施；到 2015 年，所有地级以上城市将开始实施；2016 年 1 月 1 日，将在全国实施新标准。

上述规定中，启用 AQI 作为空气质量监测指标，以代替原来的空气质量监测指标——空气污染指数（air pollution index，API）。原监测指标 API 为无量纲指数，它的分项监测指标为 3 个基本指标（二氧化硫、二氧化氮和可吸入颗粒物 PM_{10}）。AQI 也是无量纲指数，它的分项监测指标为 6 个基本监测指标（二氧化硫、二氧化氮、可吸入颗粒物 PM_{10}、细颗粒物 $PM_{2.5}$、臭氧和一氧化碳）。新标准中，首次将产生灰霾的主要因素——对人类健康危害极大的细颗粒物 $PM_{2.5}$ 的浓度指标作为空气质量监测指标。新监测标准的发布和实施，将会对空气质量的监测及改善生存环境起到重要的作用。

细颗粒物 $PM_{2.5}$ 进入公众视线的时间还很短，在学术界也是新课题，尤其是对细颗粒物 $PM_{2.5}$ 及其形成的相关的因素的统计数据还太少，对细颗粒物 $PM_{2.5}$ 的客观规律也了解得很不够。但是，相关研究人员绝不能因此而放慢前进的脚步，不能"等"数据，因为全国人民等不起。我们必须千方百计地利用现有的数据开展研究，同时新课题、探索性研究、"灰箱问题"也有可能成为数学建模爱好者的用武之地。请研究以下问题。

一、$PM_{2.5}$ 的相关因素分析

$PM_{2.5}$ 的形成机理和过程比较复杂，主要来源有自然源（植物花粉和孢子、土壤扬尘、海盐、森林火灾、火山爆发等）和人为源（燃烧燃料、工业生产过程排放、交通运输排放等），可以分为一次颗粒物（由排放源直接排放到大气中的颗粒物）和二次颗粒物（通过与大气组成成分发生化学反应后生成的颗粒物）。$PM_{2.5}$ 的成分主要为水溶性离子、颗粒有机物和微量元素等。有一种研究认为，AQI 监测指标中的二氧化硫、二氧化氮、一氧化碳是在一定环境条件下形成 $PM_{2.5}$ 前的主要气态物体。请依据附件 1 或附件 2 中的数据或自行采集数据，利用或建立适当的数学模型，对 AQI 中 6 个基本监测指标的相关与独立性进行定量分析，尤其是对其中 $PM_{2.5}$（含量）与其他 5 项分指标及其对应污染物（含量）之间的相关性及其关系进行分析。如果你们还发现 AQI 基本监测指标以外的、与 $PM_{2.5}$ 强相关的（可监测的）成分要素，请陈述你们的方法、定量分析结果、数据及来源。

二、$PM_{2.5}$ 的分布与演变及应急处理

请依据附件 2、附件 3 中的数据或自行采集某地区的数据，通过数学建模探索完成以下研究：

（1）描述该地区内 $PM_{2.5}$ 的时空分布及其规律，并结合环境保护部新修订的《环境空气质量标准》分区进行污染评估。

（2）建立能够刻画该地区 $PM_{2.5}$ 的发生和演变（扩散与衰减等）规律的数学模型，合理考虑风力、湿度等天气和季节因素的影响，并利用该地区的数据进行定量与定性分析。

（3）假设该地区某监测点处的 $PM_{2.5}$ 的浓度突然增至数倍，且延续数小时，请建立针对这种突发情形的污染扩散预测与评估方法。另外，以该地区 $PM_{2.5}$ 监测数据最高的一天为例，在全地区 $PM_{2.5}$ 浓度最高点处的浓度增至

2 倍，持续 2 h，利用你们的模型进行预测评估，给出重度污染和可能安全的区域。

（4）采用适当方法检验你们的模型和方法的合理性，并根据已有研究成果探索 $PM_{2.5}$ 的成因、演变等一般性规律。

注：有关 $PM_{2.5}$ 的监测数据目前还很不充分。附件2、附件3 中的数据是我们迄今为止找到的唯一大型城市的连续一段时间且比较齐全的 $PM_{2.5}$ 的相关数据，非常珍贵。有可能的话，希望你们能够自行收集更充分的数据，研究相关问题。

三、空气质量的控制管理

地方环境管理部门关心的重要问题之一是，为建设良好的人居环境，利用有限财力，制订本地区空气质量首要污染物 $PM_{2.5}$ 的减排治污可行规划。数据1 所在地区的环境保护部门考虑治污达标的紧迫性和可行性，在未来 5 年内，拟采取综合治理和专项治理相结合的逐年达到治理目标的方案。请考虑以下问题：

（1）该地区目前 $PM_{2.5}$ 的年平均浓度估计为 280 $\mu g/m^3$，要求未来五年内逐年减少 $PM_{2.5}$ 的年平均浓度，最终达到年终平均浓度统计指标 35 $\mu g/m^3$，请给出合理的治理计划，即给出每年的全年年终平均治理指标。

（2）据估算，综合治理费用，每减少一个 $PM_{2.5}$ 浓度单位，当年需投入一个费用单位（百万元），专项治理投入费用（百万元）是当年所减少 $PM_{2.5}$ 浓度平方的 0.005 倍。请你为数据1 所在地区设计有效的专项治理计划，既能达到预定的 $PM_{2.5}$ 减排计划，又能使经费投入较为合理，要求你给出 5 年投入总经费和逐年经费投入预算计划，并论述该方案的合理性。

附件 1. 数据 1（武汉市一个监测点数据：2013.01.01—2013.08.26）

附件 2. 数据 2（西安市 13 个监测点数据：2013.01.01—2013.04.26）

附件 3. 数据 3.1 ［西安地区气象数据 1（2013.4.1 – 2013.8.28）］
数据 3.2 ［西安地区气象数据 2（2011.1.1 – 2013.4.28）］

附件 4. AQI 与 API 的空气质量指数检测标准

附件 5. 使用谷歌地图测量两点之间的平面距离的方法

附件 6. 西安市 13 个监测点位置的平面示意图

摘　　要

本文主要研究空气污染中的 $PM_{2.5}$ 扩散问题，首先使用相关分析探讨了 $PM_{2.5}$ 与二氧化硫、二氧化氮、一氧化碳、PM_{10}、臭氧的相关性，并建立了回归方程；然后通过建立一维的反应扩散方程，预测了 $PM_{2.5}$ 的浓度变化，定量与定性分析了西安市的空气污染状况；接着建立高斯烟羽模型，拟合了持续高浓度 $PM_{2.5}$ 扩散的情形，预测了污染物扩散的范围，得到了重度污染和可能安全的区域；最后通过建立规划模型，得到了经费较为合理而又有效的空气治理方案，同时对模型进行检验，结果提示模型是合理的。

问题一主要探讨 $PM_{2.5}$ 与二氧化硫、二氧化氮、一氧化碳、PM_{10}、臭氧的相关性和关系。首先使用相关分析，结果表明，$PM_{2.5}$ 与 PM_{10}、一氧化碳、二氧化硫、二氧化氮呈正相关，且相关性按该序逐步减弱，$PM_{2.5}$ 与臭氧呈负相关，同时通过相关资料，发现了 $PM_{2.5}$ 还与季节、降雨有关。然后使用线性回归方程分析 $PM_{2.5}$ 与其他污染物的关系，结果得到

$$y_{PM_{2.5}} = -129.7536 + 0.5845x_{SO_2} + 0.3854x_{CO_2} + 0.5548x_{PM_{10}} + 2.2064x_{CO}$$

问题二主要探讨 $PM_{2.5}$ 的扩散规律与应急处理。对于子问题一，首先根据空气质量分指数时序图和 13 个分区的 $PM_{2.5}$ 空间分布图得到 $PM_{2.5}$ 的时空分布规律：$PM_{2.5}$ 浓度随时间的推移呈下降趋势，1 月和 2 月是浓度的高峰期，随后转入低谷区，13 个分区的变化趋势一致，而且高压开关厂和广运潭是 $PM_{2.5}$ 浓度较高的两个区域，小寨、高新西区和曲江文化集团是 $PM_{2.5}$ 浓度较低的区域。接着分区进行污染评估，结果发现，西安市的东南部的空气质量相对较优，在该区域有小寨、纺织厂、曲江文化集团、兴庆小区，这些都是生活区或者写字楼，因此污染相对较少；而广运潭和高压开关厂是城市的两大污染中心，$PM_{2.5}$ 的浓度较高，持续时间也较长，这应该是未来治理的重点。

对于子问题二，在考虑风力、气温、压强的自然条件下，建立一维的反应扩散方程，研究下风向方向的 $PM_{2.5}$ 扩散规律。得到 $PM_{2.5}$ 的发生与演变规律：$PM_{2.5}$ 在污染源中心的浓度并不是最高，而是在距污染源大约 300 m 处的浓度才达到最大值，随后开始衰减。通过该模型，可以对西安市的高压开关厂附近地区的空气质量进行定量与定性分析，结果表明，在下风向方向，距离高压开关厂中心 272 m 处浓度达到峰值，在距该厂 1 km 之内 $PM_{2.5}$ 的浓度很高，空气质量指数类别属于重度污染；在距该厂 1～2 km 的地带，空气质量指数类别属于中度污染；在距该厂 2～3 km 的地带，空气质量指数类别属于轻度污染；在距该厂 3～6 km 的地带，空气质量指数类别属于良；在

6 km以外的地域，空气质量指数类别为优。

对于子问题三，在考虑污染源海拔的情况下，使用高斯烟羽模型，分析 $PM_{2.5}$ 持续高浓度情况下的扩散规律，并对污染扩散进行预测。2013 年 2 月 10 日，市人民体育场 $PM_{2.5}$ 的浓度最高，模型的仿真结果表明，在 $PM_{2.5}$ 的浓度值升高 2 倍后，西安市中心区几乎都处在重度污染（包括严重污染）的区域，这时段几乎没有安全区域。2 天后，$PM_{2.5}$ 的浓度得到降低，重度污染（包括严重污染）的区域仅包括市体育场附近的街区，西安市的周边县城已处于安全区域。5 天后，市中心的重度污染区域已经消失，西安市的部分郊区及其外围地带也属于安全地带。

对于子问题四，通过与现实情况进行比对检验模型的合理性，上述两个模型的预测结果和实际较为吻合，说明模型是合理的。根据以上两个模型的仿真结果，可以得到 $PM_{2.5}$ 的一般性规律：在下风向方向，$PM_{2.5}$ 的浓度下降得较快；在无持续风向的情况下呈辐射状扩散；若出现持续高浓度的污染物，周边地区一般 5 天左右可以将污染物的浓度降至无危害水平。

问题三探讨 $PM_{2.5}$ 的治理方案。对于子问题一，提出了三个使 $PM_{2.5}$ 浓度从 $280 \mu g/m^3$ 降到 $35 \mu g/m^3$ 的治理计划，分别为逐步提升空气质量指数级别法、总投入经费最优化法、等差下降 $PM_{2.5}$ 浓度最优化法，并分析这三种方法的优劣性。在子问题二中，在考虑经费的约束下，建立优化模型。结果表明，总投入经费最优化法所需经费最少，该方案是：每年使 $PM_{2.5}$ 的浓度平均下降 $49 \mu g/m^3$，5 年需要投入的总经费为 3.0503 亿元，每年需要投入的经费约 6000 万元。最后给相关部门提出了一份治理空气污染的建议。

关键词：空气污染 $PM_{2.5}$ 相关分析、反应扩散方程、高斯烟羽模型、优化模型

1 问题重述

1.1 问题的背景介绍

空气是构成地球周围大气的气体，主要成分是氮气和氧气，还有极少量稀有气体和水蒸气、二氧化碳和尘埃等。空气是地球环境的重要组成要素，它参与地球表面各种生命活动，为地球上生命的繁衍与人类的发展提供了理想的环境。空气质量的优与劣，对整个生态系统和人类健康有着直接的影响。许多自然过程与人类活动都需要与空气进行物质和能量交换，这些过程与活动都会对空气环境产生直接的影响。

从 18 世纪开始，经历两次工业革命之后，世界上局部地区开始出现了空气污染的现象。自二次世界大战以后，空气污染问题日益严重。在一些大量燃烧矿物燃料的城市、工业区，曾发生多起严重的空气污染事件。例如，20 世纪最早记录下的大气污染惨案——1930 年比利时马斯河谷烟雾事件，这次事件在一周内造成 60 多人死亡。除此事件外，还有 1952 年伦敦烟雾事件，导致数以万计的市民死亡。从此，空气污染成为世界面临的重要环境问题之一。空气质量评价研究也迅速发展，迄今为止已走过半个世纪的历程。

空气环境质量评价是对空气环境状况优劣的定性和定量的评述。它是认识和研究大气环境质量的一种方法。我国从 1962 年起就开始颁布《工业企业设计卫生标准》，到 1996 年开始对环境质量进行监管，颁布《环境空气质量标准》。到 2012 年，面对新的环境形势，我国加强对空气质量的监管与控制，颁布新标准——《环境空气质量标准》。在新标准中保留原有可吸入颗粒物（PM_{10}）、二氧化硫、二氧化氮、一氧化碳、臭氧等 10 项污染物，同时还增添粒径小于等于 2.5 μm 的可吸入颗粒物（$PM_{2.5}$）与臭氧 8 h 平均浓度限值，重新调整 PM_{10}、二氧化氮、铅与苯并[a]芘等污染物的浓度限制。我国从 2012 年起逐步实施并发布 AQI。由此可见，我国对空气污染这一问题越来越重视。

AQI 作为空气质量检测指标，代替原来的空气污染指数 API。分项检测指标也从原来的 3 个基本指标，上升为 6 个基本指标，分别是二氧化硫、二氧化氮、PM_{10}、一氧化碳、臭氧和 $PM_{2.5}$。

$PM_{2.5}$ 主要化学成分包括有机碳、炭黑、粉尘、硫酸铵（亚硫酸铵）、硝酸铵等五类物质。当这五类物质粒径小于等于 2.5 μm 时，易被人类吸入并进入肺泡，对人体健康造成极大危害，因此，也被称为入肺颗粒物。它是造成灰霾天气，并对人体健康危害最严重的一类大气污染物。其特征是：粒径小，质量轻，在大气中能长期滞留，可以被大气环流输送到很远的地方从而造成大范围的空气污染。因此，$PM_{2.5}$ 对环境的影响范围和对人体健康的危害程度比 PM_{10} 和 PM_{100} 更大、更严重。因此，必须对 $PM_{2.5}$ 进行客观、正确的分析，从而改善生活工作环境。

1.2　要解决的问题

问题一要求分析 $PM_{2.5}$ 含量与二氧化硫、二氧化氮、PM_{10}、一氧化碳、臭氧之间的相关性及它们的关系，并发掘除以上 5 种物质之外与 $PM_{2.5}$ 含量高度相关的要素。

问题二有四个子问题，分别是：

（1）描述该地区内 $PM_{2.5}$ 的时空分布及其规律，并结合环境保护部新修订的《环境空气质量标准》分区进行污染评估。

（2）建立能够刻画该地区 $PM_{2.5}$ 的发生和演变（扩散与衰减）等规律的数学模型，合理考虑风力、湿度等天气和季节因素的影响，并利用该地区的数据进行定量与定性分析。

（3）假设该地区某监测点处的 $PM_{2.5}$ 的浓度突然增至数倍，且延续数小时，建立针对这种突发情形的污染扩散预测与评估方法。另外，以该地区 $PM_{2.5}$ 监测数据最高的一天为例，在全地区 $PM_{2.5}$ 浓度最高点处的浓度增至 2 倍，持续 2 h，利用该模型进行预测评估，给出重度污染的和可能安全的区域。

（4）采用适当方法检验（2）、（3）子问题的模型和方法的合理性，并根据已有研究成果探索 $PM_{2.5}$ 的成因、演变等一般性规律。

问题三有两个子问题，分别是：

（1）该地区目前 $PM_{2.5}$ 的年平均浓度估计为 280 $\mu g/m^3$，要求未来 5 年内逐年减少 $PM_{2.5}$ 的年平均浓度，最终达到年终平均浓度统计指标 35 $\mu g/m^3$，给出合理的治理计划，即给出每年的全年年终平均治理指标。

（2）据估算，综合治理费用，每减少一个 $PM_{2.5}$ 浓度单位，当年需投入一个费用单位（百万元），专项治理投入费用（百万元）是当年所减少 $PM_{2.5}$ 浓度平方的 0.005 倍。现要为数据 1 所在地区设计有效的专项治理计划，既达到预定 $PM_{2.5}$ 减排计划，同时使经费投入较为合理，给出 5 年投入总经费和逐年经费投入预算计划，并论述该方案的合理性。

2 问题的分析

2.1 问题一的分析

为了确定 $PM_{2.5}$（含量）与二氧化硫、二氧化氮、PM_{10}、一氧化碳、臭氧之间的相关性，可以使用相关系数来体现这种联系。相关性从性质来分可分为正相关和负相关，从强度来分可分为强相关、弱相关和不相关，我们首先找出强相关关系，再从中区分正相关和负相关。根据 $PM_{2.5}$ 的成因，其他天气因素也会对其浓度造成影响，因此本文将探讨季节、降水对 $PM_{2.5}$（含量）的影响。

2.2 问题二的分析

本问题分为四个子问题。子问题一要描述西安市的时空分布规律，即要分别描述其时间规律和空间规律。时间规律是同一个地点在不同时间段的浓度情况，空间规律是不同地点在同一时间的浓度分布，只要能求得某一地点某一时间 $PM_{2.5}$ 的浓度值，就可以进行污染评估。子问题二要建立刻画 $PM_{2.5}$ 扩散的模型，可以使用一维的反应扩散方程，这个模型考虑了风力因素，而且在确定扩散系数时，也考虑了气温、气压和湿度因素，因此在下风向方向的仿真有较好的效果。子问题三要考虑污染物浓度持续处于高位的情况，给出重度污染的区域和相对安全的区域，高斯烟团模型和高斯烟羽模型都可以模拟这种情况，但后者模拟结果相对较好。高斯烟羽模型考虑了污染源海拔高度，而且反映的是三维的扩散情形，对划分安全区域有较好的效果。子问题四要检验前面两个模型的合理性，如果模型预测的结果和现实相符，可以认为是合理的，就可以根据模型得到的结果来归纳 $PM_{2.5}$ 传播的一般性规律。

2.3　问题三的分析

本问题是典型的规划问题。子问题一要求给出空气污染的治理方案，可以从以下三方面考虑：按每年使空气污染下降一个等级的方法，按平均每年使 $PM_{2.5}$ 的浓度下降 $49\ \mu g/m^3$ 的方法，以及按使每年 $PM_{2.5}$ 的浓度下降量成等差数列的方法。子问题二是子问题一的延续，之前已列举了若干种治理方案，在这里要考虑经费问题，要选取一种经费较少，而且能较好解决问题的方案。我们将讨论三种可能的治理方案，分别给出每种方案的优势与不足。

3　模型的假设

（1）假设 $PM_{2.5}$ 与二氧化硫、二氧化氮、PM_{10}、一氧化碳、臭氧的浓度在 1 天之内没有变化。

（2）假设 $PM_{2.5}$ 的扩散不受地形与建筑物的影响。

（3）不考虑多污染源的关联影响，即拟合某个污染源的 $PM_{2.5}$ 的扩散情形时，不考虑其他污染源给 $PM_{2.5}$ 扩散带来的影响。

（4）在考虑下风向方向的扩散情况时，假定风向与风速保持不变。

（5）忽略污染物之间相互发生化学反应导致的浓度变化。

（6）在反应扩散方程中，不考虑污染源的海拔问题。

4　符号说明

符号说明见表1。

表 1　符号说明

符号	说明
C_P	污染物 P 的质量浓度值
BP_{Hi}	与 C_P 相近的污染物浓度限制高位值
BP_{Lo}	与 C_P 相近的污染物浓度限制低位值
P	密度函数
t	扩散时间
$f(t,x,P)$	反应项
D	扩散系数
$D\Delta P$	扩散项
N	污染物浓度
u	风速
k	衰减系数
M	源强
H	污染源的高度
T	开尔文温度
p	气压
$V_{PM2.5}$	空气中 $PM_{2.5}$ 的体积
V_{air}	空气的体积
$\mu_{PM2.5}$	$PM_{2.5}$ 的相对分子质量
μ_{air}	空气的相对分子质量

5　基于相关因素分析的 $PM_{2.5}$ 相关性

5.1　$PM_{2.5}$ 的相关因素分析

5.1.1　问题分析

二氧化硫、二氧化氮、一氧化碳是在一定环境条件下形成 $PM_{2.5}$ 前的主要气态物体。AQI 监测指标中有这三个指标，同时还包括 PM_{10}（颗粒物粒径小于等于 $10\ \mu m$）、臭氧、$PM_{2.5}$（颗粒物粒径小于等于 $2.5\ \mu m$）。我们希望 AQI 中各监测指标能呈现某种关系，因此需要分析这六个指标的相关性以及独立性。由于 $PM_{2.5}$ 可能会受到二氧化硫、二氧化氮、一氧化碳、PM_{10}、臭氧的影响，因此需考察 $PM_{2.5}$ 与其余五个指标的关系。但是，经过文献的查阅可知，$PM_{2.5}$ 浓度值除了受 AQI 的指标影响，还会受季节、降雨等影响，因此还需考察 $PM_{2.5}$ 与季节、降雨等因素的相关性。

5.1.2 任意两个污染物之间的相关因素分析

通过查阅统计书籍相关知识可知，相关系数 ρ_{ij} 的极大似然估计为

$$r_{ij} = \frac{\hat{\sigma}_{ij}}{\sqrt{\hat{\sigma}_{ii}\hat{\sigma}_{jj}}} = \frac{\sum_{k=1}^{n}(x_{ki}-\bar{x}_i)(x_{kj}-\bar{x}_j)}{\sqrt{\sum_{k=1}^{n}(x_{ki}-\bar{x}_i)^2 \sum_{k=1}^{n}(x_{kj}-\bar{x}_j)^2}} \tag{1}$$

下面利用 R 软件，对二氧化硫、二氧化氮、PM_{10}、一氧化碳、臭氧、$PM_{2.5}$ 进行相关性与独立性的检测，得出各污染物之间的相关系数，见表 2。

表 2 二氧化硫、二氧化氮、PM_{10}、一氧化碳、臭氧、$PM_{2.5}$ 之间的相关系数

污染物	二氧化硫	二氧化氮	PM_{10}	一氧化碳	臭氧	$PM_{2.5}$
二氧化硫	1.0000000	0.4948687	0.3857332	0.6472300	−0.4493658	0.6740747
二氧化氮	0.4948687	1.0000000	0.3811220	0.3755755	−0.1021138	0.5172566
PM_{10}	0.3857332	0.3811220	1.0000000	0.2997902	−0.2817080	0.7438832
一氧化碳	0.6472300	0.3755755	0.2997902	1.0000000	−0.4692849	0.7417853
臭氧	−0.4493658	−0.1021138	−0.2817080	−0.4692849	1.0000000	−0.4336267
$PM_{2.5}$	0.6740747	0.5172566	0.7438832	0.7417853	−0.4336267	1.0000000

由统计的知识可知，相关系数越接近 ±1，说明两污染物越具有强相关性，即其中一个污染物发生变化时，另一污染物也会随之发生改变；而相关系数越接近于 0，说明两污染物越具有独立性，即其中一个污染物发生改变的时候，另一污染物不会随意发生改变。根据表 2 分析可得，除臭氧与二氧化氮之间无相关性外，$PM_{2.5}$、二氧化硫、二氧化氮、PM_{10}、一氧化碳、臭氧中的任意两个污染物之间都存在正相关性或负相关性。相关系数大于 0，说明两污染物之间呈正相关性；相关系数小于 0，说明两污染物呈负相关性。由表 2 可知，除臭氧与其余五个污染物之间呈负相关性外，$PM_{2.5}$、二氧化硫、二氧化氮、PM_{10}、一氧化碳中的任意两个污染物均呈正相关性。

5.1.3 $PM_{2.5}$ 与二氧化硫、二氧化氮、PM_{10}、一氧化碳、臭氧之间的相关性及其关系分析

2011 年 12 月 21 日，在第七次全国环境保护工作大会上，环保部部长宣布全国各地都需按照新发布的环境空气质量标准监测和评价环境空气质量状况，并向社会发布监测结果。这说明 $PM_{2.5}$ 的重要性，因此有必要考察 $PM_{2.5}$ 与各污染物之间的相关关系，见表 3。

表3 PM$_{2.5}$与二氧化硫、二氧化氮、PM$_{10}$、一氧化碳、臭氧之间的相关性

污染物	p	相关系数	相关性
二氧化硫	$< 2.2 \times 10^{-16}$	0.6740747	正相关
二氧化氮	2.763×10^{-9}	0.5172566	正相关
PM$_{10}$	$< 2.2 \times 10^{-16}$	0.7438832	正相关
一氧化碳	$< 2.2 \times 10^{-16}$	0.7417853	正相关
臭氧	1.159×10^{-6}	-0.4336267	负相关

一般来说，使用0.05作为显著性水平，用于检测任意两个事件是否具有关系。$p<0.05$，说明两个污染物之间具有相关性；$p \geq 0.05$，说明两个污染物之间具有独立性。

由表3相关系数可知，PM$_{2.5}$与PM$_{10}$、一氧化碳、二氧化硫、二氧化氮、臭氧的相关性逐渐减弱，PM$_{2.5}$与PM$_{10}$、一氧化碳、二氧化硫、二氧化氮呈正相关，即PM$_{2.5}$浓度越大，PM$_{10}$、一氧化碳、二氧化硫、二氧化氮浓度也越大；而PM$_{2.5}$与臭氧呈负相关，即PM$_{2.5}$浓度越大，臭氧的浓度越小。

通过R软件的运算，可以得到PM$_{2.5}$与二氧化硫、二氧化氮、PM$_{10}$、一氧化碳、臭氧之间的线性回归方程：

$$X_6 = -129.7536 + 0.5845X_1 + 0.3854X_2 + 0.5548X_3 + 2.2064X_4 \quad (2)$$

式中，$X_1, X_2, X_3, X_4, X_5, X_6$分别表示二氧化硫、二氧化氮、PM$_{10}$、一氧化碳、臭氧、PM$_{2.5}$的浓度。

由此可得，尽管臭氧与PM$_{2.5}$呈负相关关系，但在回归方程中无体现；而二氧化硫、二氧化氮、PM$_{10}$、一氧化碳与PM$_{2.5}$呈正相关关系，与回归方程中回归系数的符号一致；PM$_{2.5}$与二氧化氮之间的相关系数最小，对应的回归系数也最小。

5.1.4 PM$_{2.5}$与其他因素之间的相关分析

除AQI基本检测指标以外，我们通过查阅文献[2]—[4]可知，PM$_{2.5}$还与季节变化、降雨等因素有关（表4）。

表4 各季PM$_{2.5}$日平均状况

季节	日平均浓度/($\mu g \cdot m^{-3}$)	超标率/%	最高日平均浓度/($\mu g \cdot m^{-3}$)	最低日平均浓度/($\mu g \cdot m^{-3}$)
春季	111	83	295	18
夏季	71	15	121	31
秋季	110	64	411	11
冬季	108	70	287	7

依据表 4 分析得到，春季日平均浓度为 111 $\mu g/m^3$，超标率为 83%，$PM_{2.5}$ 的污染程度最严重，而夏季日平均浓度为 71 $\mu g/m^3$，超标率为 15%，此季节 $PM_{2.5}$ 的污染程度最轻。由表 4 的超标率可知，春季 > 冬季 > 秋季 > 夏季。虽然夏季整体浓度偏低，但其最低日平均浓度反而在四季中最高，而最低日平均浓度较低的情况主要出现在整体浓度相对较高的秋冬季。这是因为夏季冷空气活动不明显，$PM_{2.5}$ 的清洁主要出现在降水之后，环境空气的相对湿度明显加大，某种程度上提高了细粒子的浓度水平。而其他三季降水相对较少，空气中颗粒物的清洁主要靠冷空气活动，秋季、冬季、春季中冷空气活动表现通常为气压上升、风速增大，这为污染物的水平输送和扩散提供了有利的条件。

依据文献 [2]，需将 24 h 分为 8 段，每 3 h 为一个时间段，进行 $PM_{2.5}$ 的测量。由图 1 可知，随着时间的变化，$PM_{2.5}$ 质量浓度出现规律性的高低波动。冬季 $PM_{2.5}$ 质量浓度的变化趋势起伏最大，夏季则稍平缓一些。四季在大部分时段的分布特征基本相似。各季 $PM_{2.5}$ 的平均浓度最高值均出现在 Ⅵ 时段（21：00—24：00），而最低浓度则均在 Ⅳ 时段（15：00—18：00）。

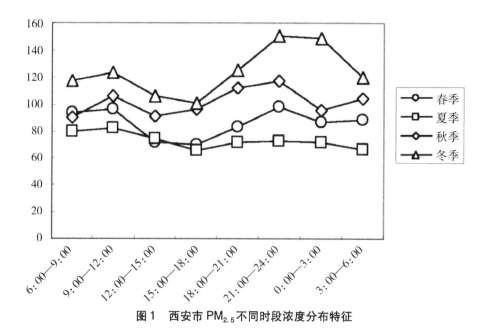

图 1　西安市 $PM_{2.5}$ 不同时段浓度分布特征

$PM_{2.5}$ 的浓度除了与季节变化、时间段有关，还与降雨有关，见表 5。

表 5　降雨前后 PM$_{2.5}$质量浓度变化

日期	雨前浓度/(μg·m^3)	雨后浓度/(μg·m^3)	去除率/%
5 月 20 日	143.537	104.114	27.47
6 月 14 日	192.744	163.787	15.02
7 月 3 日	191.405	181.596	5.12
8 月 4 日	122.241	105.432	13.75
9 月 11 日	151.773	135.190	10.93
9 月 16 日	201.650	55.969	67.39
10 月 3 日	133.209	103.091	22.61
平均值	158.080	121.311	23.26

通过表 5 可得，降雨对 PM$_{2.5}$有一定的清除效果，降水前后 PM$_{2.5}$的质量浓度含量差别较大，PM$_{2.5}$质量浓度平均去除率为 23.26%。最低去除率出现在 7 月 3 日，只有 5.12%，而 9 月 16 日去除率则有 67.39%。笔者分析，这可能与降雨量及降雨程度有密切关系。当降雨量较多或降雨程度较高时，去除 PM$_{2.5}$的能力较强；反之，当降雨量较小或降雨程度较低时，去除 PM$_{2.5}$的能力较弱。

6　基于反应扩散方程的 PM$_{2.5}$分布模拟

6.1　西安地区的 PM$_{2.5}$分布规律与污染评估

6.1.1　数据的预处理

由附件 2 可以看到，基于各种原因，所测得的 PM$_{2.5}$的数据存在缺失值。为了建模和分析的方便，我们使用移动平均法将缺失数据补全，即将缺失数据的前若干个值的平均值作为该值（第一个数据不缺失）：

$$\hat{u}_n = \begin{cases} \frac{1}{5}(u_{n-1} + u_{n-2} + u_{n-3} + u_{n-4} + u_{n-5})\ (n \geq 6) \\ \frac{1}{n-1}(u_1 + \cdots + u_{n-1})\ (n = 2,3,4,5) \end{cases} \tag{3}$$

例如，高压开关厂的 2013 年 1 月 7 日的数据缺失，将前五天的数据求平均，即

$$\hat{u}_{110} = \frac{1}{5} \times (u_{109} + u_{108} + u_{107} + u_{106} + u_{105}) = 301.8$$

又如，高新西区的 2013 年 4 月 7 日的数据缺失，在其前面只有 4 个数据，则

$$\hat{u}_5 = \frac{1}{4} \times (u_1 + u_2 + u_3 + u_4) = 177.5$$

其他缺失数据可以按照上述方法相应补全。

6.1.2　西安地区的 $PM_{2.5}$ 时空分布规律

首先，我们探讨 $PM_{2.5}$ 的时间分布规律，即对某一个地点的不同时间的 $PM_{2.5}$ 的空气质量分指数进行分析。分别对高压开关厂、兴庆小区、纺织厂、小寨、市人民体育场、高新西区、经开区、长安区、阎良区、临潼区、曲江文化集团、广运潭、草滩等 13 个地区及全市平均的 $PM_{2.5}$ 的空气质量分指数作时间序列图，为了使示意图清晰，这里只把高压开关厂和全市平均的 $PM_{2.5}$ 的空气质量分指数画在同一幅时序图中，如图 2 所示。

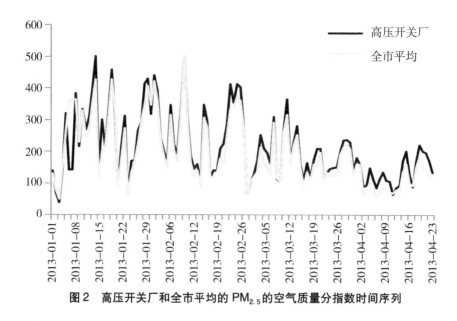

图 2　高压开关厂和全市平均的 $PM_{2.5}$ 的空气质量分指数时间序列

由图 2 可以看出，$PM_{2.5}$ 的时间分布规律是：$PM_{2.5}$ 浓度随时间的推移呈下降趋势，1 月和 2 月是浓度的高峰期，随后转入低谷期，而且高压开关厂和全市平均值的趋势呈同步变化特征，从而可以推知其他地点的 $PM_{2.5}$ 浓度也和全市平均值的趋势类似。

接下来探讨 $PM_{2.5}$ 的空间分布规律，就是分析在同一时间点不同地点的 $PM_{2.5}$ 浓度规律。首先求出 13 个分区的 $PM_{2.5}$ 的空气质量分指数月平均值，然后作出 4 个月 13 个地区的散点图，如图 3 所示。

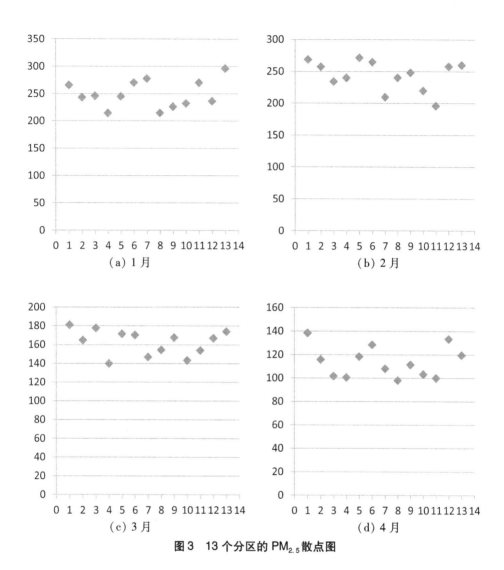

图 3　13 个分区的 PM$_{2.5}$散点图

在图 3 中，从左到右的 13 个点的纵坐标分别表示高压开关厂、兴庆小区、纺织厂、小寨、市人民体育场、高新西区、经开区、长安区、阎良区、临潼区、曲江文化集团、广运潭、草滩等 13 个分区的空气质量分指数。因为 PM$_{2.5}$的空气质量分指数和它的浓度成正比，所以从图 3 也可以看出 PM$_{2.5}$浓度的空间分布。由图 3 可以看出，PM$_{2.5}$的空间分布规律是：1 月，小寨、长安区和阎良区的 PM$_{2.5}$浓度较低，经开区和草滩的 PM$_{2.5}$浓度较高；2 月，经开区、临潼区、曲江文化集团的 PM$_{2.5}$浓度较低，高压开关厂、市人民体育场、高新西区的 PM$_{2.5}$浓度较高；3 月，小寨、经开区、临潼区的 PM$_{2.5}$浓度较低，高压开关厂、纺织厂的 PM$_{2.5}$浓度较高；4 月，纺织厂、小寨、长安区、临潼区、曲江文化集团的 $PM_{2.5}$ 浓度较低，高压开关厂、高新西区、广运潭的 $PM_{2.5}$ 浓度较高。其中，4 月的 $PM_{2.5}$ 空间分布如图 4 所示

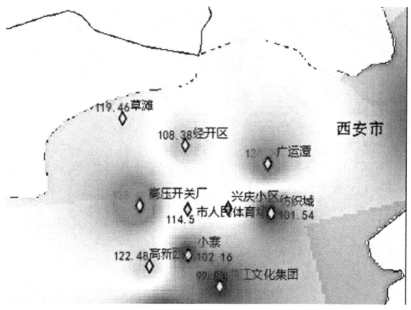

图4　13 个分区的 $PM_{2.5}$ 空间分布

由图 4 可以看出，高压开关厂和广运潭是 $PM_{2.5}$ 浓度较高的两个区域，小寨、高新西区和曲江文化集团是 $PM_{2.5}$ 浓度较低的区域。

6.1.2　西安地区的各分区污染评估

根据附件 2 的数据，对 2013 年西安市的 13 个分区进行污染评估，考虑空气质量为优良的天数、首要污染物及其出现的天数这三个指标，结果见表 6。

表6　2013 年西安市空气污染评估数据

分区	空气质量为优良的天数	占总天数的比例/%	首要污染物	首要污染物出现的天数	占总天数的比例/%
高压开关厂	10	8.62	$PM_{2.5}$	79	68.10
兴庆小区	15	12.93	$PM_{2.5}$	68	58.62
纺织厂	14	12.07	$PM_{2.5}$	68	58.62
小寨	16	13.79	PM_{10}	72	62.07
市人民体育场	9	7.76	$PM_{2.5}$	61	52.59

续表6

分区	空气质量为优良的天数	占总天数的比例/%	首要污染物	首要污染物出现的天数	占总天数的比例/%
高新西区	9	7.76	$PM_{2.5}$	67	57.76
经开区	7	6.03	$PM_{2.5}$	64	55.17
长安区	13	11.21	$PM_{2.5}$	74	63.79
阎良区	12	10.34	$PM_{2.5}$	73	62.93
临潼区	14	12.07	$PM_{2.5}$	61	52.59
曲江文化集团	18	15.52	$PM_{2.5}$	58	50.00
广运潭	12	10.34	$PM_{2.5}$	70	60.34
草滩	10	8.62	$PM_{2.5}$	81	69.83

由表6可以看出，空气质量为优良的天数最多的三个分区是曲江文化集团、小寨、兴庆小区，分别是18天、16天、15天，空气质量为优良的天数最少的三个分区是经开区、市人民体育场、高新西区，分别是7天、9天、9天；除小寨的首要污染物是PM_{10}之外，其他12个分区的首要污染物都是$PM_{2.5}$；出现$PM_{2.5}$天数排前三的是草滩、高压开关厂和长安区，其天数分别是81天、79天、74天，分别占总天数的69.83%，68.10%，63.79%。

可以看出，西安市的东南部的空气质量相对较优，在该部分有小寨、纺织厂、曲江文化集团、兴庆小区，这些都是生活区或者写字楼，因此污染相对较少。广运潭和高压开关厂是城市的两大污染中心，$PM_{2.5}$的浓度较高，而且持续时间也较长，这应该是未来治理的重点区域。

下面依据新的环境空气质量标准，按首要污染物对应24 h平均浓度限制对西安市13个地区进行划分。

西安市13个地区中只有小寨的首要污染物为PM_{10}，其余12个地区的首要污染物均为$PM_{2.5}$。高压开关厂、兴庆小区、纺织厂、小寨、市人民体育场、高新西区、经开区、长安区、阎良区、临潼区、曲江文化集团、广运潭、草滩对应首要污染物的日平均分指数分别为213、195、187、194、212、210、191、177、188、178、186、199、203、194。通过新的环境空气质量标准中空气质量分指数及对应的污染物项目浓度表可知，13个地区的污染程度均超过二级浓度限制。二类区为居住区、商业交通居民混合区、文化区、工业区和农村地区，其首要污染物日平均浓度限制需在二级浓度限制之内。由上述数据可以知道，13个数据中，最小值为177。此外，西安市13个地区

的 $PM_{2.5}$ 浓度为 $15 \sim 150\ \mu g/m^3$，远超于 $75\ \mu g/m^3$。因此，西安市 13 个地区均不属于二类区。

6.2 基于反应扩散方程的 $PM_{2.5}$ 的扩散分析

6.2.1 反应扩散方程的建立

扩散现象是指物质分子从高浓度区域向低浓度区域转移直到均匀分布的现象。

随着经济的快速发展和人类活动的增强，我国的环境污染事故已经日趋严重，其中空气污染事故是我国环境污染事故的主要类型。采用数学模型进行空气模拟计算具有灵活、快速、可操作性强等优点，有助于决策部门了解污染带的迁移状况和污染物在时间、空间上的变化，掌握污染物对周边城市造成的污染影响，从而对事故的发展做出及时、准确的反应。这类数学模型一般是以反应扩散方程的形式进行模拟。

为了便于讨论，首先考虑一维的情形，即考虑下风向方向的扩散情况。反应扩散方程的基本形式为

$$\frac{\partial P}{\partial t} = D\Delta P + f(t,x,P) \tag{4}$$

式中，P 是密度函数，t 表示扩散的时间，$f(t,x,P)$ 是反应项，D 是扩散系数，$D\Delta P$ 是扩散项，其中

$$\Delta P = \text{div}(\nabla P) = \sum_{i=1}^{n} \frac{\partial^2 P}{\partial x_i^2} \tag{5}$$

考虑具有初值条件的情况：

$$\begin{cases} \dfrac{\partial N}{\partial t} = D\dfrac{\partial^2 N}{\partial x^2} - u_0 \dfrac{\partial N}{\partial x} - kN, \quad -\infty < x < \infty, t \geqslant 0 \\ N(x,0) = M\delta(x) = \begin{cases} \infty, x = 0 \\ 0, x \neq 0 \end{cases} 且 \int_{-\infty}^{\infty} \delta(x)\,\mathrm{d}x = 1 \end{cases} \tag{6}$$

式中，N 表示污染物的浓度，t 表示扩散时间，D 表示扩散系数，x 表示扩散距离，u_0 表示传播方向的风速，k 表示与温度和湿度有关的衰减系数，$\delta(x)$ 在物理学中称为 δ 函数，M 表示源强。

根据文献[5]，可以得到上述方程的精确解为

$$N(x,t) = \frac{M}{2\sqrt{D\pi t}} \cdot \exp\left[-\frac{(x - u_0 t)^2}{4Dt} - kt \right] \tag{7}$$

根据附件 3，2013 年西安的风速都不大于 3 级，于是 $u_0 = 6\ \text{m/s} = 21.6\ \text{km/h}$。根据斐克定律，$PM_{2.5}$ 的扩散系数与气温有关，其表达式为

$$D = \frac{435.7T^{3/2}}{p\left(V_{PM_{2.5}}^{1/3} + V_{air}^{1/3}\right)^2}\sqrt{\frac{1}{\mu_{PM_{2.5}}} + \frac{1}{\mu_{air}}} \qquad (8)$$

式中，T 是开尔文温度，p 是气压，与湿度成反比，$V_{PM_{2.5}}$ 和 V_{air} 表示在研究空间内两种气体的体积，$\mu_{PM_{2.5}}$ 和 μ_{air} 表示 PM$_{2.5}$ 和空气的相对分子质量。

由于 PM$_{2.5}$ 是由二氧化硫转化而成的，可以考虑使用二氧化硫的分子量作为 PM$_{2.5}$ 的分子量。在常温常压条件下，代入相关物理量的值，求得 PM$_{2.5}$ 的扩散系数约为 1.56×10^{-5} cm^2/s。在不治理的状况下，PM$_{2.5}$ 很难自动地消失，因此衰减系数可以近似地当作 0，即 $k = 0$。

由式（8）可知，PM$_{2.5}$ 的扩散系数受气温和压强的影响，而压强受湿度影响，压强与湿度成反比。将式（8）代入式（7），取 $k = 0$，得到最终的扩散模型为

$$N(x,t) = \frac{M}{2\sqrt{\dfrac{435.7T^{3/2}}{p\left(V_{PM_{2.5}}^{1/3} + V_{air}^{1/3}\right)^2}\sqrt{\dfrac{1}{\mu_{PM_{2.5}}} + \dfrac{1}{\mu_{air}}}\,\pi t}} \cdot$$

$$\exp\left(-\frac{(x - u_0 t)^2}{4t\,\dfrac{435.7T^{3/2}}{p\left(V_{PM_{2.5}}^{1/3} + V_{air}^{1/3}\right)^2}\sqrt{\dfrac{1}{\mu_{PM_{2.5}}} + \dfrac{1}{\mu_{air}}}}\right) \qquad (9)$$

6.2.2 拟合与仿真

为了检验上述模型的合理性，考虑 PM$_{2.5}$ 在污染中心高压开关厂的扩散情况，利用上一小节的模型，假设只有这一个污染源的情况，研究 PM$_{2.5}$ 的演变规律。不考虑地形对扩散的影响，也不考虑污染源对海拔的高度，而且假设风向和风力是持续不变的。根据附件 2，高压开关厂 PM$_{2.5}$ 的 2013 年平均浓度为 220.6 μg/m^3，它的 PM$_{2.5}$ 扩散情况如图 5 所示。

由图 5 可以看出，在污染源中心的 PM$_{2.5}$ 浓度并不是最高的，而是在大约 300 m 处的浓度才达到最大值，随后开始衰减。根据图 4，选取若干地点来分析西安市 PM$_{2.5}$ 的演变规律。

为了定性分析 PM$_{2.5}$ 的演变规律，需要将浓度值转化为空气质量分指数，根据文献 [7]，污染物项目 P 的空气质量分指数为

$$IAQI_P = \frac{IAQI_{Hi} - IAQI_{Lo}}{BP_{Hi} - BP_{Lo}}(C_P - BP_{Lo}) + IAQI_{Lo} \qquad (10)$$

式中，$IAQI_P$ 表示污染物项目 P 的空气质量分指数，C_P 表示污染物项目 P 的质量浓度值，BP_{Hi} 表示文献 [7] 中表 1 与 C_P 相近的污染物浓度限值的高位值，BP_{Lo} 表示文献 [6] 中表 1 与 C_P 相近的污染物浓度限值的低位值，$IAQI_{Hi}$ 表示与 BP_{Hi} 对应的空气质量分指数，$IAQI_{Lo}$ 表示与 BP_{Lo} 对应的空气质量分指数。

现在选取图 5 中的特殊点进行空气质量的定性和定量分析，结果见表 7。

浓度/（mg·m⁻³）

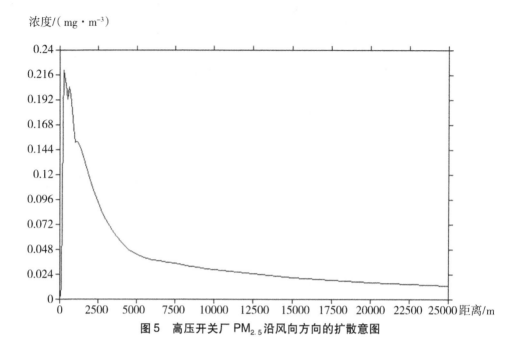

图5　高压开关厂PM$_{2.5}$沿风向方向的扩散意图

表7　高压开关厂PM$_{2.5}$的扩散分析

距离/m	PM$_{2.5}$浓度/（μg·m⁻³）	PM$_{2.5}$的空气质量分指数	空气质量指数类别
272	220.4	270.4	重度污染
500	192.6	242.6	重度污染
1000	150.5	200.5	重度污染
1500	139.2	184.6	中度污染
3000	76.84	102.3	轻度污染
5000	43.44	60.55	良
8000	33.28	47.54	优
10000	28.73	41.04	优
15000	20.77	29.67	优
20000	16.01	22.87	优
25000	12.96	18.51	优

由表 7 可以看出，在下风向方向，距离高压开关厂中心 272 m 处 $PM_{2.5}$ 的浓度达到峰值，距该厂 1 km 之内的浓度很高，空气质量属于重度污染；距该厂 1 ～ 2 km 的地带，空气质量属于中度污染；距该厂 2 ～ 3 km 的地带，空气质量属于轻度污染；距该厂 3 ～ 6 km 的地带，空气质量为良；距 6 km 以外的地域，空气质量为优。因此，如果需要制造空气净化带，可以考虑在高压开关厂 1 km 处和 3 km 处建造。

6.3 基于三维扩散浓度模型的 $PM_{2.5}$ 的应急处理

6.3.1 三维扩散浓度模型的建立

上一节的模型是一个一维的模型，只能针对下风向方向进行模拟。然而，污染物的扩散往往是在三维上进行的，因此风向需要矢量分解，而且污染源的海拔对扩散也是有较大的影响。为了克服一维反应扩散方程的缺陷，本节提出三维扩散浓度模型。

若以污染源为原点，正下风向方向为 x 轴，在水平面上与风向垂直的方向为 y 轴，垂直地面向上为 z 轴，则三维的空气污染模型可以用以下三维反应扩散方程来描述：

$$\frac{\partial N}{\partial t} = D_x \frac{\partial^2 N}{\partial x^2} + D_y \frac{\partial^2 N}{\partial y^2} + D_z \frac{\partial^2 N}{\partial z^2} - u_0 \frac{\partial N}{\partial x} - u_1 \frac{\partial N}{\partial y} - u_2 \frac{\partial N}{\partial z} - kN \quad (11)$$

式中，N 表示污染物的浓度，t 表示扩散时间，D_x、D_y、D_z 表示各方向的扩散系数，u_0、u_1、u_2 表示 x 轴、y 轴、z 轴正方向的风速，从而 $u_1 \approx 0, u_2 \approx 0$，$k$ 表示衰减系数，对于 $PM_{2.5}$ 而言，一般不会衰减，于是 $k = 0$。

对于式 (11)，按照污染物泄露的时间不同，可以求出不同的解。如果污染物是瞬时泄露，即气体泄放的时间相对于气体扩散的时间较短的情形，将得到高斯烟团模型：

$$N(x,y,z,t) = \frac{M}{(2\pi)^{3/2} D_x D_y D_z} e^{-\frac{(x-ut)^2}{2D_x^2}} e^{\exp{-\frac{y^2}{2D_y^2}}} \left[e^{-\frac{(z-H)^2}{2D_z^2}} + e^{-\frac{(z+H)^2}{2D_z^2}} \right] \quad (12)$$

式中，$N(x,y,z,t)$ 为污染物在某时刻某位置的浓度值，M 表示污染物单位时间排放量，即源强，t 表示扩散时间，D_x、D_y、D_z 表示各方向的扩散系数，u 表示风速，H 表示污染源的高度。

但是，若污染物是持续泄露的情形，则需要使用高斯烟羽模型：

$$N(x,y,z,t) = \frac{M}{2\pi u D_y D_z} e^{-\frac{y^2}{2D_y^2}} \left[e^{-\frac{(z-H)^2}{2D_z^2}} + e^{-\frac{(z+H)^2}{2D_z^2}} \right] \quad (13)$$

在式 (12) 和式 (13) 中，源强的计算公式如下：

$$M = \int_{-\infty}^{\infty} \int_{-\infty}^{\infty} uN\mathrm{d}x\mathrm{d}y$$

每个方向的扩散系数的计算公式如下：

$$D_y^2 = \int_{-\infty}^{\infty} \int_{-\infty}^{\infty} cy^2\mathrm{d}y\mathrm{d}z / \int_{-\infty}^{\infty} \int_{-\infty}^{\infty} c\mathrm{d}y\mathrm{d}z$$

$$D_z^2 = \int_{-\infty}^{\infty} \int_{-\infty}^{\infty} cz^2\mathrm{d}y\mathrm{d}z / \int_{-\infty}^{\infty} \int_{-\infty}^{\infty} c\mathrm{d}y\mathrm{d}z$$

由于 x 轴方向为下风向方向，因此它的扩散系数见式（8）。

6.3.2 模拟与仿真

由附件 2 可以得知，2013 年 2 月 10 日 $PM_{2.5}$ 全市平均浓度最高，高压开关厂、兴庆小区、市人民体育场、高新西区和草滩的空气质量分指数都达到了 500。为了更好地分析污染物的扩散情况，选取市中心的市人民体育场作为污染源。根据附件 3，这一天西安市的风力不大于 3 级，而且无持续风向，因此风向对污染物的扩散影响不大。因此 $PM_{2.5}$ 的浓度增长了 2 倍，而且持续 2 h，故可以考虑使用高斯烟羽模型分别进行模拟。

首先考虑高斯烟羽模型，取 $PM_{2.5}$ 的浓度增长后的 2 h、2 天、5 天进行预测评估，仿真图如图 6 所示。

由图 6 可以看出，$PM_{2.5}$ 的浓度值升高 2 倍后，西安市中心区几乎都处在重度污染（包括严重污染）的区域，整个西安市郊区都处于中度污染区域，西安市附近的县城的空气也受到污染，附近县城的部分处于轻度污染的区域。过了 2 天，$PM_{2.5}$ 的浓度得到降低，重度污染（包括严重污染）的区域仅包括市体育场附近的街区，中度污染和轻度污染的区域也得到缩小，西安市的周边县城已处于安全区域。在 $PM_{2.5}$ 的浓度值升高 2 倍后的第 5 天，市中心的重度污染区域已经消失，轻度污染的区域也仅在距离市体育场 8～12 km 的环形地带，西安市的部分郊区也属于安全地带。

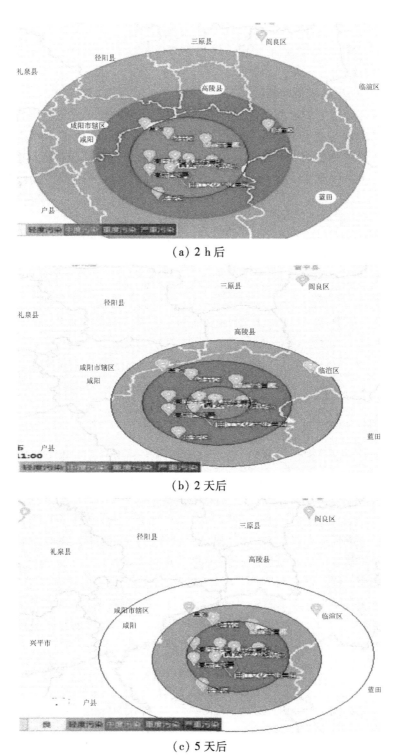

(a) 2 h 后

(b) 2 天后

(c) 5 天后

图 6　高斯烟羽模型仿真

6.4   模型的检验与 PM$_{2.5}$ 传播规律的探讨

6.4.1   扩散模型的检验

对预测趋势类的模型而言，可通过观察它的预测结果是否符合实际来判断模型的正确性与合理性。因为只有这 13 个观测点的数据，周边县城的PM$_{2.5}$浓度数据无法得到，所以只能进行定性检验，若需要进行定量检验，则需要在周边县城设立更多的观测点。表 8 给出了式（9）表示的模型检验结果。

表 8   一维反应扩散方程的检验

距离/m	PM$_{2.5}$的空气质量分指数	空气质量指数类别	此距离对应的观测点	观测点的气质量指数类别	是否一致
500	242.6	重度污染	高压开关厂	重度污染	是
1000	200.5	重度污染	高压开关厂附近	重度污染	是
1500	184.6	中度污染	高新西区附近	中度污染	是
3000	102.3	轻度污染	市人民体育场	轻度污染	是
5000	60.55	良	小寨	优	否
8000	47.54	优	兴庆小区	良	否

由表 8 可以看出，式（9）表示的模型做出的预测，有 4 个观测点与现实一致，有 2 个不一致。虽然有 2 个地点的预测结果与现实存在差异，但是空气质量都是控制在良以内，而且近距离的 4 个观测点都预测准确，图 5 的PM$_{2.5}$浓度变化情况和图 4 的空间分布图基本吻合，说明模型是较为合理和准确的。在距离高压开关厂 8 km 公里的兴庆小区，可能还有其他污染源对其影响，导致其空气质量为良；而距离高压开关厂 5 km 的小寨，可能因为绿化面积较大，所以很好地吸收了部分的 PM$_{2.5}$，使它的空气质量为优。

本节的高斯烟羽模型考虑了污染物持续排放的情形，还考虑了排放的高度。由于研究周期无持续风向，由图 6 看出，各污染等级的范围呈环状分布是合理的。表 9 给出了式（13）表示的模型的检验结果。

表 9   高斯烟羽模型的检验

观测点	2 h预测	2 h实际	2 天预测	2 天实际	5 天预测	5 天实际
高压开关厂	严重污染	严重污染	重度污染	中度污染	中度污染	轻度污染
兴庆小区	严重污染	严重污染	中度污染	中度污染	良	良

续表9

观测点	2 h 预测	2 h 实际	2 天预测	2 天实际	5 天预测	5 天实际
纺织厂	严重污染	严重污染	中度污染	中度污染	中度污染	良
小寨	严重污染	严重污染	中度污染	轻度污染	轻度污染	良
市人民体育场	严重污染	严重污染	重度污染	轻度污染	轻度污染	轻度污染
高新西区	严重污染	严重污染	重度污染	轻度污染	轻度污染	轻度污染
经开区	严重污染	中度污染	中度污染	中度污染	轻度污染	良
长安区	中度污染	严重污染	轻度污染	轻度污染	良	良
阎良区	严重污染	严重污染	中度污染	中度污染	轻度污染	轻度污染
临潼区	中度污染	严重污染	中度污染	中度污染	良	轻度污染
曲江文化集团	严重污染	严重污染	中度污染	轻度污染	轻度污染	良
广运潭	严重污染	严重污染	中度污染	中度污染	轻度污染	轻度污染
草滩	严重污染	严重污染	轻度污染	重度污染	轻度污染	轻度污染
预测准确率	10/13		7/13		7/13	

由表9可以看出，高斯烟羽模型的预测准确率较高，说明模型是合理的，预测的结果的准确性相对较高。预测中出现的偏差，主要是由于没有考虑各小区的净化能力，以及地形对污染物传播的影响。

6.4.2　PM$_{2.5}$传播规律的探讨

根据相关文献，PM$_{2.5}$来源广泛，成因复杂，其生成过程包括自然过程和人为排放过程，主要是人为排放。人为排放部分包括化石燃料（煤、汽油、柴油、天然气）和生物质（秸秆、木柴）等燃烧产生的污染物、道路和建筑施工扬尘、工业粉尘、餐饮油烟等污染源直接排放的颗粒物，也包括由一次排放出的气态污染物（主要有二氧化硫、氮氧化物、挥发性有机物、氨气等）转化生成的二次颗粒物。自然来源则包括风扬尘土、火山灰、森林火灾、漂浮的海盐、细菌等。

由式（9）表示的模型的仿真结果可知，PM$_{2.5}$的传播受风速、压强和气温的影响。它的传播规律是：PM$_{2.5}$的浓度在污染源中心约300 m处达到峰值，然后迅速下降，距离中心约5 km处浓度开始趋于平稳，但仍然缓慢下降，在下风向方向，PM$_{2.5}$的浓度下降得更快。由高斯烟羽模型［式（11）］的仿真结果可知，PM$_{2.5}$在无持续风向的情况下呈辐射状扩散，若出现持续高浓度的污染物，周边地区一般5天左右可以将污染物的浓度降至无危害水平。

7 基于最优化空气质量控制管理模型

7.1 每年 $PM_{2.5}$ 的治理计划与经费预算

7.1.1 问题分析

为建设良好的居住环境，武汉市地方管理部门十分关心本地区空气质量首要污染物 $PM_{2.5}$ 的减排治污问题，需要在 5 年内将 $PM_{2.5}$ 目前的年平均浓度从 280 $\mu g/m^3$ 降到 35 $\mu g/m^3$。同时，拟采取综合治理与专项治理相结合的方案，使 $PM_{2.5}$ 的年平均浓度迅速下降。因此，依据武汉市地方环境管理部门的要求，可以按每年逐步提升空气质量指数级别，或每年下降相同 $PM_{2.5}$ 浓度等方法改善空气质量，同时还需使综合治理与专项治理的费用接近最小值。

7.1.2 方案 1——每年逐步提升空气质量指数级别法

首先给出方案 1——按每年逐步提升空气质量指数级别的方法，从而给出每年治理 $PM_{2.5}$ 浓度的方法。

据式（10），可得出 280 $\mu g/m^3$ 与 35 $\mu g/m^3$ 对应的空气质量分指数分别为 330 和 50。查阅空气质量指数相关信息可得，现今的空气质量指数类别为严重污染，空气质量指数级别为 6 级，5 年后需将空气质量指数级别提高到 1 级，即空气质量指数类别为优。通过计算可得每年年终 $PM_{2.5}$ 平均治理指标，见表 10。

表 10 每年年终 $PM_{2.5}$ 平均治理指标

年份	分指数	下降分指数	浓度/($\mu g \cdot m^{-3}$)	下降比例/%
第 1 年	300	30	250	10.71
第 2 年	200	100	150	40.00
第 3 年	150	50	115	23.33
第 4 年	100	50	75	34.78
第 5 年	50	50	35	53.33

根据表 10 中 $PM_{2.5}$ 浓度下降的比例，可直接求出总费用和每年需要的费用，见表 11。

表 11   治理 PM$_{2.5}$每年所需经费和总经费预算

年份	PM$_{2.5}$下降净密度/ ($\mu g \cdot m^{-3}$)	综合治理/ 百万元	专项治理/ 百万元	综合专项治理 费用/百万元
第 1 年	30	30.00	4.50	34.50
第 2 年	100	100.00	50.00	150.00
第 3 年	35	35.00	6.13	41.13
第 4 年	40	40.00	8.00	48.00
第 5 年	40	40.00	8.00	48.00
合计	245	245.00	76.63	321.63

由表 10 和表 11 可知，若按逐步提升空气质量指数级别的方法，则每年下降的浓度值都不一致，第 1 年需下降的浓度为 30 $\mu g/m^3$，第 2 年需下降 100 $\mu g/m^3$，第 3 年又下降为 50 $\mu g/m^3$，第 4 年和第 5 年都下降 40 $\mu g/m^3$。每年 PM$_{2.5}$下降目标值不同，而且第 1 年只需降低 30 $\mu g/m^3$ 的浓度，有利于提高环境管理部门工作的积极性。但是由表 11 可知，5 年总投入费用高达 3.2163 亿元，其中第 1 年只需要 3450 万元，但第 2 年治理的费用则需要 1.5 亿元，是 5 年内治理费用最高的一年，比第 3 年到第 5 年的费用之和还要高。因此，现在需要优化每年治理经费和总治理经费，使每年经费差异减少并下降总投入经费。

7.1.3   方案 2——总投入经费最优化方法

给出方案 2——应用最优化方法，求出每年年终 PM$_{2.5}$平均治理指标，并使总投入经费最小。利用 MATLAB 软件，建立如下目标函数和约束条件：

$$\min f = y_1 + y_2 + y_3 + y_4 + y_5 + 0.005 \times (y_1^2 + y_2^2 + y_3^2 + y_4^2 + y_2^5)$$

$$\text{s.t.} \begin{cases} 245 \leq y_1 + y_2 + y_3 + y_4 + y_5 \leq 280 \\ y_1, y_2, y_3, y_4, y_5 \geq 0 \end{cases} \tag{14}$$

式中，y_i 分别表示第 i 年（$i = 1,2,3,4,5$）需要投入的经费。

由程序输出结果可得，若每年平均下降的 PM$_{2.5}$浓度为 49 $\mu g/m^3$，则 PM$_{2.5}$可在 5 年后降低到目标值 35 $\mu g/m^3$，进而得到每年年终 PM$_{2.5}$平均治理指标（表 12）。

表 12   每年年终 PM$_{2.5}$平均治理指标

年份	下降比例/%
第 1 年	17.50

续表12

年份	下降比例/%
第2年	21.21
第3年	26.92
第4年	36.84
第5年	58.34

若$PM_{2.5}$按每年49 μg/m³的浓度减少，则可得出5年内每年所需要的经费和5年需要投入的总经费，见表13。

表13　治理$PM_{2.5}$每年所需经费和总经费预算

年份	$PM_{2.5}$下降浓度/ ($\mu g \cdot m^{-3}$)	综合治理/ 百万元	专项治理/ 百万元	综合专项治理 费用/百万元
第1年	49.00	49.00	12.01	61.01
第2年	49.00	49.00	12.01	61.01
第3年	48.99	48.99	12.00	60.99
第4年	49.00	49.00	12.01	61.01
第5年	49.01	49.01	12.01	61.02
合计	245.00	245.00	60.03	305.03

通过最优化运算，由表12和表13可得，若每年平均下降$PM_{2.5}$的浓度为49 μg/m³，则5年需要投入的总经费为305.03百万元，即为3.0503亿元，该数值为总投入经费的最小值。每年综合治理与专项治理费用都只需要大约61百万元。但是每年下降相同的$PM_{2.5}$浓度，难以提高地方环境管理部门降低$PM_{2.5}$的积极性。另外，第1年就需要下降49 μg/m³浓度，这样的计划要求强度过大，使环境管理部门难以达到目标。

因此，需要再次优化模型，既可以使投入的总经费接近最小值，每年经费投入差异不大，又可以略微降低第一年减少$PM_{2.5}$的要求，而降低$PM_{2.5}$的要求可以逐年升高，从而提高环境管理部门的积极性。

7.1.4　方案3——等差下降$PM_{2.5}$浓度最优化法

下面给出方案3——依据《重点区域大气污染防治"十二五"规划》，重新计算$PM_{2.5}$每年下降程度。

附件1中，有2个缺失数据，分别是2013年4月29日和2013年6月7日对应的PM_{10}数值。运用式（3），求出缺失项，得到：2013年4月29日，

PM_{10} 的数值为 98.80；2013 年 6 月 7 日，PM_{10} 的数值为 72.2。

经过多次线性回归和广义线性回归的模拟，得出 $PM_{2.5}$ 与二氧化氮、PM_{10}、一氧化碳、臭氧之间的最优线性回归方程：

$$X_6 = -35.49315 + 0.53680X_2 + 0.87685X_3 + 2.26555X_4 - 0.33387X_5 \quad (16)$$

式中，$X_1, X_2, X_3, X_4, X_5, X_6$ 分别表示二氧化硫、二氧化氮、PM_{10}、一氧化碳、臭氧、$PM_{2.5}$ 的下降浓度。现今需要降低 $PM_{2.5}$ 的年平均浓度，即需要降低二氧化硫、二氧化氮、PM_{10}、一氧化碳这 4 个污染物的年平均浓度及提高臭氧年平均浓度。

《重点区域大气污染防治"十二五"规划》划定了 13 个大气污染防治重点区域，包括京津冀、长三角、珠三角地区、辽宁中部、山东、武汉及其周边、长株潭、成渝、海峡西岸、山西中北部、陕西关中、甘宁、新疆乌鲁木齐城市群。预计到 2017 年，重点区域的 $PM_{2.5}$ 年平均浓度要下降 25%～30%。要完成这一目标，必须直接控制颗粒物的排放和进一步压缩二氧化硫、氮氧化物等前体物质的产生量，使行业空间进一步扩容。"十二五"规划提出，可吸入颗粒物（PM_{10}）、二氧化硫、二氧化氮、细颗粒物（$PM_{2.5}$）年均浓度分别下降 10%、10%、7%、5%，臭氧污染得到初步控制。臭氧存在于大气中，靠近地球表面浓度为 $(0.001 \sim 0.03) \times 10^{-6}$，是由大气中的氧气吸收了太阳光中波长小于 185 nm 的紫外线后生成的，有下面化学方程式：

$$3O_2 + h\nu = 2O_3$$

当大气中臭氧浓度为 0.1 mg/m^3 时，可引起鼻和喉头黏膜的刺激；当臭氧浓度达到 0.1～0.2 mg/m^3 时，能引起哮喘发作，导致上呼吸道疾病恶化，同时刺激眼睛，使视觉敏感度和视力降低；而当臭氧浓度在 2 mg/m^3 以上时，可引起头痛、胸痛、思维能力下降，严重时可导致肺气肿和肺水肿。

依据相关材料，"十二五"规划要求一氧化碳累计浓度下降至 16%，因此估计每年需要下降的一氧化碳浓度约为 3.5%。"十二五"规划对各污染物浓度下降的要求见表 14。

表 14 "十二五"规划对各污染物浓度下降的要求

污染物	"十二五"对浓度下降的要求
二氧化硫	10%
二氧化氮	7%
PM_{10}	10%
一氧化碳	3.5%
臭氧	保持在 $(0.001 \sim 0.03) \times 10^{-6}$
$PM_{2.5}$	5%

运用 MATLAB 软件，建立具有目标函数和约束条件的最优化问题：

$$\min f = -35.49315 + 0.53680x_1 + 0.87685x_2 + 2.26555x_3 - 0.33387x_4$$

$$\text{s. t.} \quad -35.49315 + 0.53680x_1 + 0.87685x_2 + 2.26555x_3 - 0.33387x_4 \geqslant -245$$

$$(17)$$

式中，x_1, x_2, x_3, x_4 分别代表二氧化氮、PM_{10}、一氧化碳的下降浓度和臭氧的上升浓度。由此可得出 5 年内二氧化氮、PM_{10}、一氧化碳的累计下降浓度分别为 $18.165\ \mu g/m^3$，$29.672\ \mu g/m^3$，$76.665\ \mu g/m^3$，臭氧累计上升浓度为 $0.15\ \mu g/m^3$，从而可得 5 年内 $PM_{2.5}$ 累计下降浓度为 $245.00\ \mu g/m^3$，见表 15。

表 15　污染物 5 年内累计浓度变化

污染物	5 年累计浓度变化/（$\mu g \cdot m^{-3}$）
二氧化氮	-18.165
PM_{10}	-29.672
一氧化碳	-76.665
臭氧	0.150
$PM_{2.5}$	-245.000

由于现今需要将 $PM_{2.5}$ 的浓度从 $280\ \mu g/m^3$ 降低为 $35\ \mu g/m^3$，即平均每一年需要下降的浓度为 $49\ \mu g/m^3$，且要求 5 年总投入经费最少。因此，现在把 49 作为第 3 年基数，把 3 或 5 作为公差，从而求出每一年各污染物下降浓度和每年经费投入预算。

下面先取 3 作为公差，即第 1 年需要下降 $43\ \mu g/m^3$，第 2 年需要下降 $46\ \mu g/m^3$，第 3 年需要下降 $49\ \mu g/m^3$，第 4 年需要下降 $52\ \mu g/m^3$，第 5 年需要下降 $55\ \mu g/m^3$。通过 MATLAB 的计算，可以得到 5 年总投入经费和逐年经费投入预算，见表 16。

表 16　治理 $PM_{2.5}$ 每年所需经费和总经费预算

年份	$PM_{2.5}$ 下降浓度/（$\mu g \cdot m^{-3}$）	综合治理/百万元	专项治理/百万元	综合专项治理费用/百万元
第 1 年	43.000	43.000	9.245	52.245
第 2 年	46.000	46.000	10.580	56.580
第 3 年	49.000	49.000	12.005	61.005
第 4 年	52.000	52.000	13.520	65.520

续表 16

年份	PM$_{2.5}$下降浓度/ ($\mu g \cdot m^{-3}$)	综合治理/ 百万元	专项治理/ 百万元	综合专项治理 费用/百万元
第 5 年	55.000	55.000	15.125	70.125
合计	245.000	245.000	60.475	305.475

由表 16 可见，治理 PM$_{2.5}$ 的浓度从最初的 43 $\mu g/m^3$ 逐年上升到 55 $\mu g/m^3$，PM$_{2.5}$浓度的下降强度逐步增强。5 年总经费投入为 305.475 百万元，相比方案 2 所需要的总经费仅提升 0.445 百万元，即 44.5 万元。同时，每年治理费用也相差不大，最大治理费用只为 70.125 百万元。因此，武汉市地方管理部门可以将此方案作为治理计划，这既可以下降 PM$_{2.5}$ 的浓度，下降强度也不大，又可以减少经费投入。

下面以 49 作为第 3 年的基数，取公差为 5，即第 1 年需要下降 39 $\mu g/m^3$，第 2 年需要下降 44 $\mu g/m^3$，第 3 年需要下降 49 $\mu g/m^3$，第 4 年需要下降 54 $\mu g/m^3$，第 5 年需要下降 59 $\mu g/m^3$。运用 MATLAB 计算，可以得到 5 年投入总经费和逐年经费投入预算，见表 17。

表 17　治理 PM$_{2.5}$每年所需经费和总经费预算

年份	PM$_{2.5}$下降浓度/ ($\mu g \cdot m^{-3}$)	综合治理/ 百万元	专项治理/ 百万元	综合专项治理 费用/百万元
第 1 年	39	39.000	7.605	46.605
第 2 年	44	44.000	9.60	53.680
第 3 年	49	49.000	12.005	61.005
第 4 年	54	54.000	14.580	68.580
第 5 年	59	59.000	17.405	76.405
合计	245	245.000	61.275	306.275

由表 17 可得，治理 PM$_{2.5}$ 的浓度逐年上升，从最初的 39 $\mu g/m^3$ 上升到 59 $\mu g/m^3$，治理 PM$_{2.5}$ 的力度逐步增强。5 年需要投入的总经费为 306.275 百万元，相比方案 2 所需要的总费用仅提升 1.245 百万元。因此，武汉市地方管理部门也可利用此方案，既可以下降 PM$_{2.5}$ 的浓度，又可以减少经费投入。

7.1.5　三种方案合理性分析

上面的 3 种方案都具有合理性，具备自身优点，但同时也存在着缺点，环境管理部门可以依据自身的特点，选择不同的治理计划。

（1）若武汉市地方管理部门希望投入最少经费能将 $PM_{2.5}$ 的浓度值从 $280\ \mu g/m^3$ 降到 $35\ \mu g/m^3$，同时每年下降 $PM_{2.5}$ 浓度差异不大，则可以使用方案 2，因为这一方案只需投入 305.03 百万元，是 3 种方法中预算最少的方法。但是这方法的缺点是：第 1 年下降 $PM_{2.5}$ 浓度的强度过大，而且每年下降同一浓度值，难以调动环境管理部门的积极性。

（2）若武汉市地方管理部门希望每年治理 $PM_{2.5}$ 都能有成效，即空气质量指数类别能逐年提升，从严重污染到污染，5 年后能达到优，则可以选取方案 1。但是这一方法的缺点是：需要较大的经费投入，5 年内所需要经费的预算为 321.63 百万元，比方法 2 的预算超出 16.60 百万元，同时第 2 年需要投入 1.5 亿元，与其余 4 年相比，投入费用差异相当大。

（3）若武汉市地方管理部门既希望每年减少 $PM_{2.5}$ 有成效，又希望投入经费能接近最小值，同时每年需要投入的经费差异不大，则可以使用方案 3。但这一方法的缺点是无法立即看到成效，即第 2 年与第 3 年的空气质量指数类别都较为严重。

7.1.6 治理 $PM_{2.5}$ 的建议

$PM_{2.5}$ 是直径不超过 $2.5\ \mu m$ 的大气颗粒物。它能通过呼吸道进入人体肺部，严重危害人类健康，而 $PM_{2.5}$ 主要通过植物花粉和孢子、火山爆发等自然源及燃烧燃料、工业生产过程、交通运输等人为源方式进行排放。因此，根据文献[11]—[14]，笔者总结出如下建议，用于减少人为源排放的 $PM_{2.5}$ 浓度：

（1）加强 PM_{10} 与 $PM_{2.5}$ 防治的法制建设和政府监管力度。政府要起到带头作用，统领全局，尽快颁布健全的法律法规制度，制定完善的污染物排放标准和流程。

（2）煤烟污染控制。燃煤排放的烟尘是人类活动排放 $PM_{2.5}$ 的主要来源之一。因此，要减少燃煤排放的烟尘，如日常生活多使用清洁能源，禁止或取缔街头烧烤。

（3）汽车尾气污染控制。汽车尾气排放是 PM_{10}、$PM_{2.5}$ 最重要的来源。首先，需要控制汽车数量，在上下班交通繁忙的时间，鼓励市民多使用公共交通工具，减少私家车使用，或每天限定私家车单双号出行。其次，提高机动车尾气排放控制标准。加强机动车尾气防治，禁止尾气检测不合格的机动车上路行驶，尾气不达标的机动车不允许延长报废。最后，所有车辆都需使用清洁能源，完全符合国家标准。

（4）交通道路扬尘控制。加强城市道路的清扫保洁，交通干道定时洒水冲刷，消除交通扬尘隐患；在高速公路两端多种植物，并在靠近居民居住地段安装防尘装置。

（5）施工工场及裸露地面扬尘控制。建筑施工工地，严格防止建筑工地运输车辆在交通道路上散落泥土；完成已建成道路，裸露地面的绿化和铺装，提高城市绿化覆盖率，防止裸露地面遇风起尘。

（6）提高公众积极参与环境保护工作。保护环境，从我做起。需提高全体市民环境保护意识，自觉参与节能减排活动，从自身做起，做好节能减排工作。

8 模型与方法的评价

问题一使用了相关分析来确定 $PM_{2.5}$（含量）与二氧化硫、二氧化氮、PM_{10}、一氧化碳、臭氧之间的相关性，不仅数理简单，而且具有较高的准确性；不过相关分析只能反映两两指标之间的联系，不能反映多个指标和多个指标之间的关系，而这六种物质显然可以相互发生化学反应，因此可以考虑采用典型分析来解决此问题。

问题二的一维反应扩散方程考虑了风力、气温、压强、湿度等自然因素，有较高的仿真性，但这个模型只能对下风向方向进行预测，而且不考虑地形和建筑物的影响，具有一定的局限性。高斯烟羽模型是一个三维模型，除了考虑上述自然因素，还考虑了污染源的海拔高度，因此预测的结果更具真实性，然而，由于该模型没有考虑地形对污染物传播的影响，预测的结果相对于实际还是偏大。此外，这两个模型都是考虑单污染源的情形，但事实上往往有多个污染源，而且每个地点还有自身的净化能力，因此这种关联影响不能体现出。

问题三的广义回归模型给出了 $PM_{2.5}$ 与二氧化氮、PM_{10}、一氧化碳、臭氧的关系，可以通过控制二氧化氮、PM_{10}、一氧化碳、臭氧的浓度，使 $PM_{2.5}$ 下降至要求的值，并可同时通过规划模型使所耗费的资金最少。然而，回归模型级没有考虑高次项，也没有考虑交叉项，因此有可能会忽略一些很重要的关系。

参考文献

[1] 冯梅，陈业勤，张学兵，等. 空气环境质量评价分析的数学方法及应用 [J]. 环境科学与技术，2008，31（8）：141－143.

[2] 李芳. 西安市大气颗粒物 $PM_{2.5}$ 污染特征及其与降水关系研究 [D]. 西安：西安建筑大学，2012.

[3] 徐敬，丁国安，颜鹏，等. 北京地区 $PM_{2.5}$ 的成分特征及来源分析 [J].

应用气象学报，2007，18（5）：645 – 654.

［4］ 魏玉香，银燕，杨卫芬，等. 南京地区 $PM_{2.5}$ 污染特征及其影响因素分析 ［J］. 环境科学与管理，2008，34（9）：29 – 34.

［5］ 李婷，孙丽男. 基于反应扩散方程的水污染模型解析解的模拟 ［J］. 吉林化工学院学报，2012，29（7）：88 – 91.

［6］ 李婷，刘萍，史俊平，等. 一类基于一阶传递偏微分方程的水污染模型 ［J］. 哈尔滨师范大学自然科学学报，2009，25（1）：4 – 6.

［7］ 环境保护部. 环境空气质量指数（AQI）技术规定（试行）：HJ 633—2012 ［S/OL］. ［2012 – 02 – 29］. https：//www. mee. gov. cn/ywgz/fgbz/bz/bzwb/jcffbz/201203/W020120410332725219541. pdf.

［8］ 华丽妍，刘萍，王玉文. 三维水污染模型的稳态解 ［J］. 哈尔滨师范大学自然科学学报，2011，27（5）：5 – 7.

［9］ 叶冬芬，叶桥龙，罗玮琛. 基于高斯扩散模型的化工危险品泄露区域计算及其实现 ［J］. 计算机与应用化学，2012，29（2）：195 – 199.

［10］ 沈鑫甫. 中学教师实用化学辞典 ［M］. 北京：北京科学技术出版社，2002：189 – 190.

［11］ 杨新兴，冯丽华，尉鹏. 大气颗粒物 $PM_{2.5}$ 及其危害 ［J］. 前言科学（季刊），2012，21（6）：22 – 31.

［12］ 徐映如，王丹侠，张建文，等. PM_{10} 和 $PM_{2.5}$ 危害，治理及标准体系的概况 ［J］. 职业与健康，2013，29（1）：117 – 119.

［13］ 李斌莲，管峰，蒋建华. 浅析中国 $PM_{2.5}$ 现状及防控措施 ［J］. 能源与节能，2012（6）：54，71.

［14］ 杨洪斌，邹旭东，汪宏宇，等. 大气环境中 $PM_{2.5}$ 的研究进展与展望 ［J］. 气象与环境学报，2012，28（3）：77 – 81.

2012 年全国研究生数学建模竞赛

B 题　基于卫星无源探测的空间飞行器
主动段轨道估计与误差分析

　　有些国家会发射特殊目的的空间飞行器，如弹道式导弹、侦察卫星等。对他国发射具有敌意的空间飞行器实施监控并作出快速反应，对于维护国家安全具有重要的战略意义。发现发射和探测其轨道参数是实现监控和作出反应的第一步，没有观测，后续的判断与反应都无从谈起。卫星居高临下，是当今探测空间飞行器发射与轨道参数的重要平台。

　　观测卫星按轨道特点，可分为高轨地球同步轨道卫星和中低轨近圆轨道卫星。同步轨道距地球表面约 3.6 万千米，轨道平面与地球赤道平面重合，理论上用 3 颗间隔 120°分布的同步轨道卫星可覆盖地球绝大部分表面。中低轨近圆轨道距地球表面数百到几千千米不等，根据观测要求，其轨道平面与赤道平面交成一定角度，且常由若干颗卫星实现组网探测。装置于卫星上的探测器包括有源和无源两类：有源探测器采用主动方式（如雷达、激光）搜寻目标，同时具备定向和测距两种能力；无源探测器则被动接收目标辐射。搭载无源探测器的观测卫星常采用红外光学探测器，只接收目标的红外辐射信息，可定向但不能测距。对火箭尾部喷焰的高度敏感性是红外技术的长处，但易受气候影响与云层干扰则是其缺点。

　　探测的目的是推断空间飞行器的轨道参数，推断是基于观测数据并通过数学模型与计算方法作出的。观测卫星飞行一段时间，探测器测得目标相对于运动卫星的观测数据，以观测卫星和空间飞行器的运动模型和观测模型为基础，对空间飞行器的轨道参数（包括轨道位置、速度初值和其他模型参数）进行数学推断，为飞行器类别、飞行意图的判断提供信息基础。

　　空间飞行器轨道一般可分为三段，依次为靠火箭推进的主动段、在地球外层空间的惯性飞行段和再入大气层后的攻击段。主动段通常由多级火箭相继推进，前一级火箭完成推进后脱落，由后一级火箭接力。惯性飞行段在空气阻力极小的大气层外，靠末级火箭关机前获得的速度在椭圆轨道上做无动力惯性飞行。攻击段则根据任务需求，受控制后再入大气层，飞向目标。对于卫星而言，在其寿命结束前一直绕地飞行，故无攻击段。

空间飞行器的主动段轨道如图1所示（未按实际比例）。主动段又可细分为若干子段：垂直上升段、程序拐弯段和重力斜飞段，按最优轨道设计，为节约燃料，箭体应尽快穿过稠密大气层，故火箭一般先垂直发射。设点 A 为地面发射点，弧段 AB 为垂直上升段，弧段 BC 为程序拐弯段，弧段 CD 为重力斜飞段，弧段 DE 为椭圆轨道。程序拐弯段连接垂直上升段与重力斜飞段，在外力矩控制下使箭体转过一定角度，该段完成后外加力矩撤销，进入斜飞状态。第一级火箭通常负担垂直段 + 程序拐弯段（加外力矩） + 重力斜飞段的前段的推进（视发动机的特性），重力斜飞段的后程则靠第二、第三级火箭相继完成。因为斜飞状态下地球引力与推力不在同一直线，所以箭体质心的运动轨迹为带一定弧度的光滑曲线。

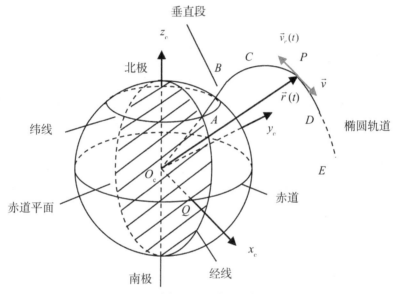

图1　空间飞行器主动段轨道

为描述观测卫星和空间飞行器的运动，需要建立适当的坐标系。本题基础坐标系为随地心平移的坐标系，取地球中心 O_c 为原点，地球自转轴取为 z 轴，指向北极为正向，x 轴由 O_c 指向零时刻的0°经度线，再按右手系确定 y 轴，建立直角坐标系 $O_c - x_c y_c z_c$。因为地心 O_c 在绕日椭圆轨道上运动，所以理论上 $O_c - x_c y_c z_c$ 系是非惯性系。但地球公转周期远大于空间飞行器的观测弧段时长，故本题在短时间内认定该系为惯性坐标系，该基础坐标系不随地球旋转。

第二个坐标系是随卫星运动的观测坐标系 $O_s - x_s y_s z_s$ ，如图 2 所示，原点取为卫星中心 O_s ，x_s 轴沿 $O_c O_s$ 连线，离开地球方向为正，z_s 轴与 x_s 垂直指向正北，y_s 轴按右手系确定。因为一般测量卫星的轨道都不会严格经过南北极上空，所以这种坐标系的定义是明确的。如此定义的观测坐标系也叫作 UEN 坐标系，因为三个坐标轴分别指向上（up）、东（east）和北（north）三个方向。

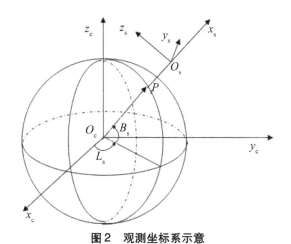

图 2　观测坐标系示意

根据变质量质点的动力学，空间飞行器在基础坐标系下的主动段的简化运动方程如下：

$$\vec{r}''(t) = \vec{F}_e + \vec{F}_T = -\frac{G_m}{|\vec{r}(t)|^3}\vec{r}(t) + \vec{v}_r(t)\frac{m'(t)}{m(t)} \tag{1}$$

式中，向量 $\vec{F}_e$ 表示飞行器所受的外力加速度之和；$\vec{F}_T$ 表示火箭产生的推力加速度；$m(t)$ 为瞬时质量；$m'(t)$ 是质量变化率；$\vec{r}(t)$ 为空间飞行器在基础坐标系下的位置矢量；$\vec{r}''(t)$ 表示 $\vec{r}(t)$ 对时间 t 的二阶导数，即加速度；G_m 为地球引力常数（本题中地球引力常数取 $G_m = 3.986005 \times 10^{14}\ \text{m}^3/\text{s}^2$）；为了更明确地表示推力加速度的方向，$\vec{v}_r(t)$ 取的是燃料相对于火箭尾部喷口的喷射速度的逆矢量。

若方程（1）中只保留右侧第一项，则为观测卫星的简化运动方程：

$$\vec{r}''(t) = \vec{F}_e = -\frac{G_m}{|\vec{r}(t)|^3}\vec{r}(t) \tag{2}$$

给定基础坐标系下的位置和速度初值，可以利用常微分方程组数值解方法计算空间飞行器的运动轨迹。不同空间飞行器的本质差异就在于 $\vec{v}_r(t)$ 和

$m(t)$ 的模型不同，$m(t)$ 一般而言应为严格单调递减的非负函数；$\vec{v}_r(t)$ 的方向一般应与飞行器的速度方向接近或相同，其大小一般较为稳定。

观测卫星对于空间飞行器的观测数据化简后可以由观测坐标系下的两个无量纲比值确定：

$$\alpha = \frac{y_s}{x_s}, \quad \beta = \frac{z_s}{x_s} \tag{3}$$

式中，x_s, y_s, z_s 为空间飞行器在观测坐标系中的坐标。

观测数据不可避免地带有各种误差，观测误差包括随机误差和系统误差。本题假设随机误差为直接叠加在观测数据上的白噪声，可能产生于背景辐射干扰与信息处理等多个方面。系统误差也包括多种来源，如卫星定位误差、指向机构误差、图像校准误差、传感器安装误差等。在本题框架内，我们假定只考虑与卫星平台相关的系统误差，即不同观测卫星的系统误差相互没有关联，同一观测卫星对于不同空间飞行器的系统误差是一样的。经由适当的简化模型，各种系统误差最终可以折合为观测坐标系的原点位置误差和三轴指向误差。根据工程经验，原点位置误差影响较小，而三轴指向误差影响较大，对三轴指向误差进行估计对于提高估计精度很有帮助，本题只考虑三轴指向误差。三轴指向误差在二维观测数据平面上表现为两个平移误差和一个旋转误差，具体可以用三个常值小量 $d_\alpha, d_\beta, d_\theta$ 来表示，分别表示第一观测量 α 的平移量、第二观测量 β 的平移量以及观测量在 $\alpha\beta$ 平面内的旋转量。

单个红外光学探测器不具备测距能力，但借助多颗（含两颗）观测卫星的同步观测能够进行逐点定位，再结合空间飞行器的运动模型，可以进行轨道参数估计。在单星观测条件下，利用空间飞行器轨道的特殊性，结合较强的模型约束也可得到一定精度轨道参数估计。由于受大气影响，垂直上升段的火箭尾焰不易观测，程序拐弯段的运动方程又较为复杂，因此本题重点关注重力斜飞段的后程段，本题所附仿真数据也集中于此段。

本题以中低轨近圆轨道卫星为观测星座对假想的空间飞行器进行仿真观测，生成仿真观测数据，要求利用仿真观测数据，对假想空间飞行器的轨道参数进行估计。本题所附文件包括：

参数文件 satinfo. txt 用来存储观测卫星信息，每行表示一颗卫星，包含六列，分别表示零时刻卫星在基础坐标系下的位置和速度 x, y, z, x', y', z'。卫星编号从上到下递增并从 0 开始。

仿真数据文件 meadata_ i_ j. txt 用来存储仿真观测数据信息。i、j 为占位符，表示编号为 i 的卫星对编号为 j 的飞行器的仿真观测数据信息，按照时间顺序分行，每行分三列，分别是观测时刻 t 以及对应的观测数据 α, β。

本题所涉及的数据与结果，均应采用国际标准单位，如时间单位为 s，距离单位为 m，速度单位为 m/s，等等；所有位置和速度均指基础坐标系下的位置和速度。

在仅考虑随机误差的条件下，请你们研究下列问题：

问题 1：观测卫星在任意时刻的位置计算是估计的前提，请根据 satinfo. txt 和观测卫星的简化运动方程［式（2）］，计算 09 号观测卫星在 50.0 s、100.0 s、150.0 s、200.0 s、250.0 s 五个时刻的三维位置。结果保留 6 位有效数字。

问题 2：在本题给定的仿真数据下，06 号和 09 号观测卫星对 0 号空间飞行器形成了立体交叠观测，请结合立体几何知识按照逐点交汇定位的思路，给出 0 号空间飞行器在公式（1）框架下的轨道估计，注意选取适当的 $\vec{v}_r(t)$ 和 $m(t)$ 的表示模型。按照 50.0 ～ 170.0 s 间隔 10.0 s 进行采样，计算并列表给出 0 号空间飞行器在各个采样点的位置和速度，并给出估计残差。结果保留 6 位有效数字。同时绘制 0 号空间飞行器的三个位置 $t-x$、$t-y$、$t-z$ 和三个速度 $t-v_x$、$t-v_y$、$t-v_z$ 曲线示意图。

在同时考虑系统误差的条件下，进一步研究以下问题：

问题 3：若 06 号和 09 号两颗观测卫星均有可能带有一定的系统误差，则对系统误差进行正确的估计能够有效提高精度。利用上述逐点交汇的方法能否同时对系统误差进行估计？若不能，是否还有其他的思路能够同时估计系统误差与轨道？给出你们的解决方案与估计结果。在报告中除给出与问题 2 要求相同的结果外，还应分别给出两颗观测卫星的系统误差估计结果，共六个数值，分别是两颗卫星的 $d_\alpha, d_\beta, d_\theta$。

如果你们还有时间和兴趣，思考以下问题：

问题 4：对只有 09 号观测卫星单星观测的 01 号空间飞行器进行轨道估计，结果形式要求同问题 3，注意参考问题 3 的系统误差估计结果。进一步考虑，在同时有多颗观测卫星观测多个空间飞行器的情况下能否联合进行系统误差估计？

➢ 本题要求提供可计算出所提交报告中答案的计算程序，所使用的语言和工具不限，但推荐使用 C/C++、Fortran、MATLAB、Mathematica 等。

参考文献

［1］王志刚，施志佳. 远程火箭与卫星轨道力学基础［M］.西安：西北工业大学出版社，2006.

［2］张毅，肖龙旭，王顺宏. 弹道导弹弹道学［M］.长沙：国防科技大学出

版社，2005.

[3] 中国人民解放军总装备部军事训练教材编辑工作委员会. 外弹道测量数据处理 [M]. 北京：国防工业出版社，2002.

[4] 王正明，易东云. 测量数据建模与参数估计 [M]. 长沙：国防科技大学出版社，1996.

[5] 瓦弗洛缅也夫，科普托夫. 弹道式导弹设计和试验 [M]. 邱晓华，詹世斌，陈诗兴，译. 北京：国防工业出版社，1977.

摘　　要

本文基于观测卫星和空间飞行器的各类参数，选取轨道估计这一侧面，在考虑随机误差和不考虑随机误差这两种情形下，使用逐点交汇定位的方法，分别对观测卫星和空间飞行器的运动轨迹进行分析，最后再分析误差，考察定位模型的精确性和有效性。

模型 I——基于运动方程的空间确定模型。对于问题 1，首先将观测卫星的运动简化方程化成等价的微分方程组，然后使用数值解的方法计算 09 号观测卫星在五个特定时间点上的三维位置。结果表明，在 50.0 s、100.0 s、150.0 s、200.0 s、250.0 s 这些时刻，09 号观测卫星在地心坐标系中的坐标分别为

$$(1773806.377427, 8161384.402674, 4516699.737050)$$
$$(1501625.803616, 8126764.342915, 4684680.387519)$$
$$(1227699.885454, 8082698.931051, 4847216.310289)$$
$$(952349.065147, 8029253.002631, 5004126.764160)$$
$$(675894.454530, 7966501.622616, 5155237.767720)$$

最后，通过作出 09 号观测卫星的整个运行轨迹图来分析结果的合理性。由于该卫星的轨迹是一椭圆，因此所求得的坐标是较为合理的。

模型 II——基于逐点交汇定位的动态模型。对于问题 2，由于存在两个坐标系，为了能在同一个坐标系下研究问题，首先建立地心坐标系和观测坐标系的转换公式。接着，选取模型 $|\vec{v}_r(t)| = c$ 和 $m(t) = m_0 - bt(b > 0)$，采用逐点交汇定位的方法，确定空间飞行物的大致位置，因此可以抽象成求两直线交点的数学问题，即求线性方程组的解。结果显示，0 号空间飞行器在 50.0 s 时，其三维位置为 $(-1110725, 6199334, 1129375)$，速度为 $(-750.118, 717.065, 1197.479)$；在 170.0 s 时，其三维位置为 $(-1345369, 6318652, 1412775)$，速度为 $(-3650.65, 1240.955, 4251.802)$。然后，估计该飞行物各指标的残差，并求其相对误差。结果表明，各项指标的相对误差都比较

小，在 5% 之内，说明定位模型是较为精确的。最后，画出 0 号空间飞行器的三个位置 $t-x$、$t-y$、$t-z$ 和三个速度 $t-v_x$、$t-v_y$、$t-v_z$ 曲线示意图。

模型 Ⅲ——基于系统误差的定位模型。对于问题 3，如果该模型求出的精度不小于模型 Ⅱ 的精度，就说明逐点交汇法是有效的。首先，对真实指向观测量 (α',β') 与测量的观测量 (α,β) 之间的关系建立模型，求 $d_\alpha,d_\beta,d_\theta$ 相当于使真实指向观测量和测量的观测量的差值最小。结果显示，卫星 6 的 $d_\alpha,d_\beta,d_\theta$ 为 $-6.400297\times10^{-5}, 9.409192\times10^{-4}, -1.986435\times10^{-3}$；卫星 9 的 $d_\alpha,d_\beta,d_\theta$ 为 $1.823322\times10^{-5}, -1.43705\times10^{-4}, -4.241549\times10^{-6}$。然后，加入考虑系统误差，采用逐点交汇定位方法，确定 0 号空间飞行物的大致位置。结果显示，0 号空间飞行器在 50.0 s 时，其三维位置为 $(-1110791, 6199170, 1129439)$，速度为 $(-748.126, 720.414, 1196.745)$；在 170.0 s 时，其三维位置为 $(-1345360, 6318749, 1412698)$，速度为 $(-3651.47, 1240.938, 4250.139)$。最后，估计该飞行物各指标的残差，并求其相对误差。结果表明，各项指标的相对误差都比较小，均在 5% 之内，并且比不考虑系统误差的结果略为精确，说明定位模型此时仍然是有效的。

关键词：运动方程、逐点交汇定位、系统误差、地心坐标系、观测坐标系

1 问题的重述

1.1 问题背景

国家间会发射有特殊目的的飞行器，以此来对他国具有敌意的空间飞行器实施监控并作出反应，对维护国家安全具有极其重要的战略意义。发现发射和探测器轨道参数是实现监控与作出反应的第一步。按其轨道特点，探测卫星可分为高轨地球同步轨道卫星和中低轨近圆轨道卫星，本题以中低轨近圆轨道卫星为观测星座，对假想的空间飞行器进行仿真观测。因此，探测的目的是推断空间飞行器的轨道参数，推断基于观测数据并通过数学模型与计算方法作出。

空间飞行器轨道一般可分为三段，依次为靠火箭推进的主动段、在地球外层空间的惯性飞行段和再入大气层后的攻击段。主动段又可细分为若干子段，分别为垂直上升段、程序拐弯段和重力斜飞段，本题重点关注重力斜飞段的后程段。为了描述观测卫星和空间飞行器的运动，本题建立的基础坐标系为随地心平移的坐标系，由于地球公转周期远大于空间飞行器的观测弧段

时长，故本题认定该系为惯性坐标系，第二坐标系为随卫星运动的观测坐标系。根据变质量质点的动力学，空间飞行器在基础坐标系下的主动段的简化运动方程如下，见式（1）。进一步简化后，得到观测卫星的简化运动方程和两个在观测坐标系下的无量纲比值，见式（2）和式（3）。观测数据不可避免地带有各种误差，包括随机误差和系统误差。在本题框架内，我们只考虑与卫星平台相关的系统误差。

1.2 要解决的问题

（1）在仅考虑随机误差的条件下，且观测卫星在任意时刻的位置计算是估计的前提，依据 satinfo. txt 和简化运动方程 [式（2）]，求解 09 号观测卫星在 50.0 s、100.0 s、150.0 s、200.0 s、250.0 s 这五个时刻的三维位置。

（2）在仿真数据下，06 号和 09 号观测卫星对 0 号空间飞行器形成立体交叠观测，按照逐点交汇定位的思路，给出 0 号空间飞行器在式（1）框架下的轨道估计，并适当选取 $\vec{v}_r(t)$ 和 $m(t)$ 的表示模型。按照 50.0 ~ 170.0 s 间隔 10.0 s 进行采样，计算并列表给出 0 号空间飞行器在各个采样点的位置和速度，以及给出估计残差。同时，绘制 0 号空间飞行器三个位置 $t-x$、$t-y$、$t-z$ 和三个速度 $t-v_x$、$t-v_y$、$t-v_z$ 曲线示意图。

（3）同时考虑系统误差的条件下，若 06 号和 09 号两颗观测卫星均有可能带有一定的系统误差，利用上述的逐点交汇方法能否同时对系统误差进行估计？若不能，是否还有其他的思路能够同时估计系统误差与轨道？请给出解决方案与估计结果。在报告中除给出与问题 2 要求相同的结果外，还应分别给出两颗观测卫星的系统误差估计结果，共六个数值，分别是两颗卫星的 $d_\alpha, d_\beta, d_\theta$。

2 问题的分析

2.1 问题 1 的分析

本问题要求 09 号观测卫星在一些时刻的三维位置，首先要确定其运动方程。题目中的式（2）为观测卫星的简化运动方程，但由于这是矢量式，无法对其进行求解，因此要将式（2）化为等价的标量式，才能用数值方法求出在特定时间点的三维位置。为了检验结果的合理性，还要观察该卫星的飞行轨道，只有当飞行轨道是一个椭圆时，得到的结果才是合理的。

2.2　问题 2 的分析

本问题是典型的动态定位问题。由于有两颗观测卫星，因此可以进行立体交替观测。逐点交汇定位的思想是通过寻找两观测卫星在观测方向的交点来确定空间飞行物的大致位置，因此可以抽象成求两直线交点的数学问题，即求线性方程组的解。一般而言，由于存在随机误差，两观测卫星在观测方向的直线应该是异面的，因此对应的线性方程组是无解的，要使用最小二乘法来求其近似解，该解便是空间飞行物的近似位置。为了分析定位模型的精确性，还要对其残差和相对误差进行分析，只有当相对误差比较小时，定位模型求得的结果才是精确的，定位模型才有应用价值。

2.3　问题 3 的分析

由附件的 06 号和 09 号卫星对空间飞行物的观测数据可知，时间不统一会增加系统误差。若逐点交汇方法对系统误差的估计是有效的，则产生的残差不会比在仅考虑随机误差时要大。这里的系统误差包括两个平移误差和一个旋转误差。不同观测卫星的系统误差往往不同，但它是一个定值。

3　模型的假设

（1）题目所提供的数据是真实有效的。
（2）系统误差只考虑与卫星平台相关的部分。
（3）瞬时质量的函数设为线性递减函数。
（4）地心坐标系在短时间内被近似地当作惯性坐标系。
（5）重点考虑观测卫星重力斜飞段后半程的运动情况。
（6）不考虑机械故障所产生的误差。

4　符号的说明

由于本文使用的符号数量较多，表 1 只给出了部分比较重要的符号，其他符号会在行文中出现时加以说明。

表 1　符号说明

符号	说明
$\vec{F}_e$	飞行器所受的外力加速度之和
$\vec{F}_T$	火箭产生的推力加速度
$m(t)$	瞬时质量
$m'(t)$	质量变化率
$\vec{r}(t)$	空间飞行器在基础坐标系下的位置矢量
$\vec{r}''(t)$	空间飞行器的加速度
G_m	地球引力常数
$\vec{v}_r(t)$	燃料相对于火箭尾部喷口的喷射速度
d_α	第一观测量 α 的平移量
d_β	第二观测量 β 的平移量
d_θ	观测量在 $\alpha\beta$ 平面内的旋转量
r	两坐标系原点的距离
A	变换矩阵
η	预测的相对误差

5　模型的建立

5.1　模型 I——基于运动方程的空间确定模型

5.1.1　模型的分析

由于观测卫星在运动，因此只有确定它的空间位置，才能对它建立观测坐标系，从而进一步确定其他空间飞行器的位置。由于观测卫星的运动简化方程（2）是矢量形式的微分方程，不能直接对其求解，因此首先要对其进行矢量分解，将其分解成地心坐标系三个坐标轴上的分量式，进而求其数值解，得到 09 号观测卫星在 50.0 s、100.0 s、150.0 s、200.0 s、250.0 s 这五个时刻的三维位置。

5.1.2　模型的建立

根据题目，观测卫星的简化运动方程见式（2）。将式（2）分解成 x 轴、y 轴和 z 轴三个方向的标量式，得到一个二阶微分方程组：

$$\begin{cases} x^{''}(t) + \dfrac{G_m}{|\vec{r}(t)|^3}x(t) = 0 \\[3mm] y^{''}(t) + \dfrac{G_m}{|\vec{r}(t)|^3}y(t) = 0 \\[3mm] z^{''}(t) + \dfrac{G_m}{|\vec{r}(t)|^3}z(t) = 0 \end{cases} \tag{4}$$

其中，$|\vec{r}(t)| = \sqrt{x^2(t) + y^2(t) + z^2(t)}$。方程组（4）与式（2）等价，由于这是标量形式，因此可以对其进行求解。

5.1.3　模型的求解与分析

使用 MATLAB 软件对方程组（4）进行求解，可以求得 09 号观测卫星在 50.0 s、100.0 s、150.0 s、200.0 s、250.0 s 这五个时刻的三维位置，结果见表 2。

表 2　09 号观测卫星的瞬时三维位置

时刻	50.0 s	100.0 s	150.0 s	200.0 s	250.0 s
x	1773806.377427	1501625.803616	1227699.885454	952349.065147	675894.454530
y	8161384.402674	8126764.342915	8082698.931051	8029253.002631	7966501.622616
z	4516699.737050	4684680.387519	4847216.310289	5004126.764160	5155237.767720

根据 09 号观测卫星在地心坐标系中各时刻的坐标，画出其在坐标系中各点的位置，如图 3 所示。

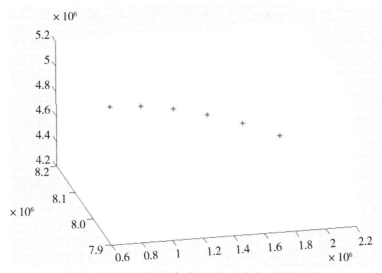

图 3　09 号观测卫星在地心坐标系中各时刻的坐标

　　可以看出，随着时间的增加，09 号观测卫星的 x 轴坐标、y 轴坐标都减小了，但 z 轴坐标增大了，根据地心坐标系的建立特点，这说明 09 号观测卫星在这段时间内飞行高度降低了，而且是往北极方向飞行。

　　因为低轨卫星的飞行速度为 4000 ～ 5000 km/s，所以大概 9000 s，即大概 150 min，卫星就能绕地球轨道飞行一周。为了分析 09 号观测卫星的飞行轨迹，我们画出 9000 s 内的飞行轨迹，如图 4 所示。

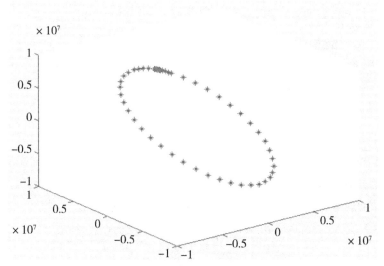

图 4　09 号观测卫星在地心坐标系中的飞行轨迹

5.2　模型 Ⅱ——基于逐点交汇定位的动态模型

5.2.1　模型的分析

　　本小题要求 0 号空间飞行器的三维坐标和速度，实际上是动态观测问题。首先得确定 06 号和 09 号观测卫星在 50.0 ～ 170.0 s 的具体空间位置，然后使用逐点交汇定位的方法，即求两观测卫星观察方向的交点，从而得到 0 号空间飞行器的大致位置。将拟合的结果和观测结果进行比对，即可进行残差分析。由于 $\vec{v_r}(t)$ 的大小一般较为稳定，我们可以把它定为常值，而 $m(t)$ 一般而言应为严格单调递减的非负函数，通过查阅相关资料，得知质量函数应为一次递减函数。

5.2.2　模型的建立

5.2.2.1　地心坐标系与观测坐标系间的转换

　　题目规定的描述空间飞行器方位的指标见式（3）。它们是根据空间飞行器在观测坐标系中的数据计算的，但求得的是空间飞行器和观测卫星在地心坐标系中的坐标，因此要建立两个坐标系的联系，将数据统一到地心坐标系中，才能进行残差估计。

首先，给出地心坐标系和观测坐标系之间的位置示意，如图 5 所示。

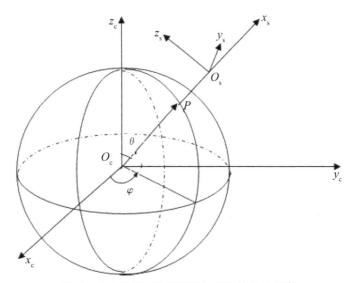

图 5　地心坐标系和观测坐标系间的位置示意

在图 5 中，取地球中心 O_c 为原点，地球自转轴取为 z 轴，指向北极为正向，x 轴由 O_c 指向零时刻的 0° 经度线，再按右手系确定 y 轴，建立地心坐标系 $O_c - x_c y_c z_c$。设观测坐标系的原点 O_s 在地心坐标系的坐标为 (x_1, y_1, z_1)，根据立体几何的知识，得到以下关系式：

$$r = \sqrt{x_1^2 + y_1^2 + z_1^2}$$

$$\theta = \arccos \frac{z_1}{r}$$

$$\varphi = \begin{cases} \arccos \dfrac{x_1}{\sqrt{x_1^2 + y_1^2}}, & y_1 \geqslant 0 \\[3mm] 2\pi - \arccos \dfrac{x_1}{\sqrt{x_1^2 + y_1^2}}, & y_1 < 0 \end{cases} \tag{5}$$

式中，r 表示两坐标系原点的距离，即 $|O_c O_s|$。

任意取一个点，该点在观测坐标系的坐标为 (x_s, y_s, z_s)，在地心坐标系的坐标为 (x_c, y_c, z_c)，那么两个坐标的关系为

$$(x_c, y_c, z_c) = (x_s, y_s, z_s) A + (x_1, y_1, z_1) \tag{6}$$

式中，

$$A = \begin{pmatrix} \sin\theta\cos\varphi & \sin\theta\sin\varphi & \cos\theta \\ -\sin\varphi & \cos\varphi & 0 \\ -\cos\theta\cos\varphi & -\cos\theta\sin\varphi & \sin\theta \end{pmatrix}$$

5.2.2.2 逐点交汇定位的分析

对空间中飞行器的定位，实际上就是求两个观测点往观测方向的直线的交点，即求这两条直线的方程所组成的方程组的解。由于观测卫星是运动的，我们可对其分别建立观测坐标系，再对空间飞行器进行定位。

由于一个点和一个方向向量即可确定一条直线的方程，而附件中所给出的数据是两个无量纲的观测值，因此用点向式描述方程最为合适。经分析不难得知，在观测坐标系中某点的方向向量为

$$(n_x, n_y, n_z) = (1, \alpha, \beta)A \tag{7}$$

然后，使用逐点交汇定位法，确定空间飞行器的位置。在所建立的地心坐标系 $O_c - x_c y_c z_c$ 中，假设 06 号观测卫星在某时刻的瞬时位置处于 $O_1(x_1, y_1, z_1)$，09 号观测卫星在某时刻的瞬时位置处于 $O_2(x_2, y_2, z_2)$，空间飞行器的坐标为 $M(x_m, y_m, z_m)$，则它们的位置关系如图 6 所示。

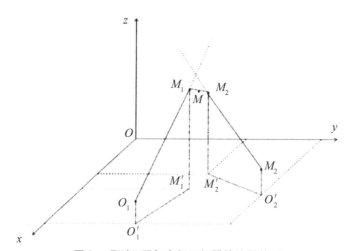

图6　观测卫星与空间飞行器的位置关系

在图 4 中，虽然空间飞行器的真实位置位于 M，但由于存在随机误差的影响，06 号和 09 号观测卫星观测到的点为 M_1 和 M_2，直线 O_1M_1 和直线 O_2M_2 应为异面直线。它的仿真如图 7 所示。

设直线 O_1M_1 和直线 O_2M_2 的方向向量分别为 $(n_{x_1}, n_{y_1}, n_{z_1})$ 和 $(n_{x_2}, n_{y_2}, n_{z_2})$，则这两条直线的方程式为式（8）。

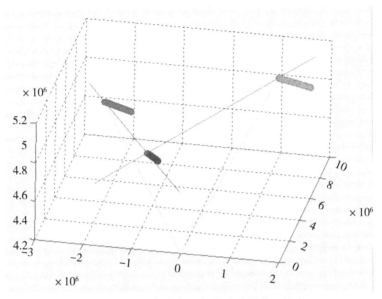

图 7　观测卫星与空间飞行器的位置关系仿真

$$\begin{cases} \dfrac{x-x_1}{n_{x_1}} = \dfrac{y-y_1}{n_{y_1}} = \dfrac{z-z_1}{n_{z_1}} \\[4mm] \dfrac{x-x_2}{n_{x_2}} = \dfrac{y-y_2}{n_{y_2}} = \dfrac{z-z_2}{n_{z_2}} \end{cases} \tag{8}$$

空间飞行器的坐标应该为方程组 [式 (8)] 的解，但由于直线 O_1M_1 和直线 O_2M_2 为异面直线，因此肯定是无解的，这里使用最小二乘法求出它的近似解，作为空间飞行器位置的近似坐标。

5.2.2.3　残差的分析

为了分析所算出空间飞行器的位置和速度坐标的精确性，需要对结果进行残差分析。残差的定义式为

$$e_i = t_i - \hat{t}_i \tag{9}$$

式中，t_i 表示某项指标第 i 项数据的实际值，$\hat{t}_i$ 表示某项指标第 i 项数据的预测值。根据式 (9)，可以确定预测的相对误差为

$$\eta = \frac{1}{n} \sum_{i=1}^{n} \left| \frac{e_i}{t_i} \right| \tag{10}$$

相对误差 η 越小，说明预测效果越好。

5.2.3　模型的求解

5.2.3.1　算法的实现步骤

为了求出 0 号空间飞行器在各个采样点的位置和速度，并给出估计残

差，在设计程序时，我们的步骤如下：

（1）求出 06 号和 09 号卫星在各时刻点在地心坐标系的坐标。

（2）求各个时刻点的两卫星观测方向的直线的交点。

（3）求出 0 号空间飞行器的近似位置，进而求出其近似速度。

（4）选择模型去拟合附件中的数据，分析相对误差。

5.2.3.2　结果与分析

通过 MATLAB 软件，求得 0 号空间飞行器在各个采样点的位置和速度，结果见表 3。

表 3　0 号空间飞行器各参数观测结果

时刻	x	y	z	v_x	v_y	v_z
50.0 s	− 1110725	6199334	1129375	− 750.118	717.065	1197.479
60.0 s	− 1120861	6207448	1141569	− 937.962	801.45	1250.928
70.0 s	− 1130996	6215563	1153763	− 1125.81	885.836	1304.378
80.0 s	− 1142859	6224183	1168015	− 1252.41	951.87	1651.056
90.0 s	− 1156550	6233239	1184496	− 1342.11	912.638	1701.586
100.0 s	− 1172161	6242732	1203361	− 1710.84	1003.828	2020.563
110.0 s	− 1189884	6252593	1224696	− 1887.02	904.334	2188.367
120.0 s	− 1209816	6262832	1248753	− 2077.35	999.285	2582.546
130.0 s	− 1232112	6273371	1275692	− 2352.42	1155.243	2851.556
140.0 s	− 1256941	6284296	1305717	− 2559.75	1055.622	3066.691
150.0 s	− 1284486	6295518	1339042	− 2871.17	1153.593	3422.246
160.0 s	− 1314927	6307085	1375908	− 3260.91	1197.274	3837.024
170.0 s	− 1345369	6318652	1412775	− 3650.65	1240.955	4251.802

接着，对附件中的数据进行拟合，得到 0 号空间飞行器在各个采样点的位置和速度拟合结果，见表 4。

表 4　0 号空间飞行器各参数拟合结果

时刻	$\hat{x}$	$\hat{y}$	$\hat{z}$	$\hat{v}_x$	$\hat{v}_y$	$\hat{v}_z$
50.0 s	− 1110690	6199302	1129362	− 784.291	744.572	940.278

续表 4

时刻	$\hat{x}$	$\hat{y}$	$\hat{z}$	$\hat{v}_x$	$\hat{v}_y$	$\hat{v}_z$
60.0 s	−1120876	6207449	1141600	−942.359	791.516	1131.581
70.0 s	−1131061	6215596	1153838	−1100.43	838.46	1322.884
80.0 s	−1142901	6224202	1168078	−1273.35	883.327	1532.393
90.0 s	−1156542	6233246	1184503	−1461.14	926.117	1760.107
100.0 s	−1172134	6242709	1203294	−1663.78	966.83	2006.027
110.0 s	−1189825	6252568	1224633	−1881.28	1005.465	2270.152
120.0 s	−1209764	6262804	1248703	−2113.64	1042.024	2552.483
130.0 s	−1232099	6273395	1275685	−2360.85	1076.506	2853.019
140.0 s	−1256980	6284320	1305762	−2622.92	1108.911	3171.76
150.0 s	−1284553	6295560	1339116	−2899.85	1139.239	3508.708
160.0 s	−1314969	6307092	1375928	−3191.64	1167.49	3863.86
170.0 s	−1345385	6318625	1412740	−3483.43	1195.741	4219.013

将表 3 和表 4 的数据代入式（10）和式（11），求得各项指标的残差和相对误差，见表 5。

表 5　残差分析

时刻	e_x	e_y	e_z	e_{v_x}	e_{v_y}	e_{v_z}
50.0 s	35.4106	−31.8048	12.9809	−34.1727	27.5073	−257.201
60.0 s	−14.8764	0.474906	30.7957	−4.39817	−9.93424	−119.347
70.0 s	−65.1634	32.7547	74.5724	25.3763	−47.3758	18.5061
80.0 s	−41.1969	19.2066	63.3681	−20.9463	−68.5428	−118.663
90.0 s	8.4065	7.20597	6.91989	−119.027	13.4782	58.521
100.0 s	26.9763	−23.4359	−67.6494	47.0593	−36.9987	−14.5364
110.0 s	59.1198	−25.2406	−63.2184	5.73929	101.131	81.7848
120.0 s	52.5275	−27.9764	−50.4766	−36.2833	42.7391	−30.0633
130.0 s	12.8319	23.2499	−6.95472	−8.43017	−78.7369	1.46284

续表5

时刻	e_x	e_y	e_z	e_{v_x}	e_{v_y}	e_{v_z}
140.0 s	−38.2653	24.3462	45.0226	−63.1703	53.2888	105.07
150.0 s	−67.7763	41.5054	73.9482	−28.6836	−14.3544	86.4617
160.0 s	−41.9028	7.18785	19.6285	69.2691	−29.7845	26.8362
170.0 s	−16.0294	−27.1297	−34.6913	167.222	−45.2146	−32.7893
η	3.07×10^{-5}	3.58×10^{-6}	3.43×10^{-5}	2.55×10^{-2}	4.42×10^{-2}	4.32×10^{-2}

由表5可以看出，各项指标的相对误差都比较小，在5%之内，说明定位模型是较为精确的。

最后，给出0号空间飞行器的三个位置 $t-x$、$t-y$、$t-z$ 和三个速度 $t-v_x$、$t-v_y$、$t-v_z$ 曲线示意图，如图8和图9所示。

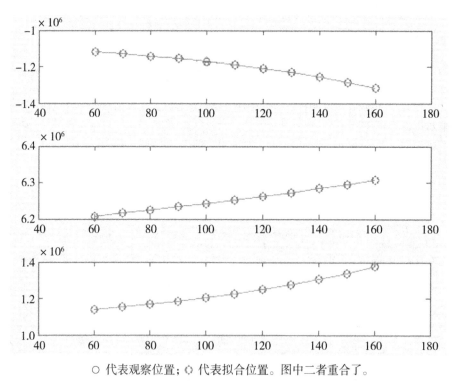

○ 代表观察位置；◑ 代表拟合位置。图中二者重合了。

图8　0号空间飞行器的三个位置 $t-x$、$t-y$、$t-z$ 曲线

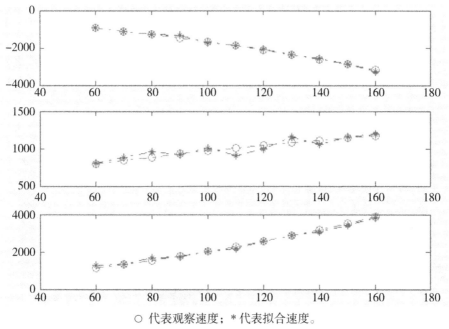

○ 代表观察速度；＊代表拟合速度。

图 9　0 号空间飞行器的三个速度 $t-v_x$、$t-v_y$、$t-v_z$ 曲线

由图 8 和图 9 可以看出，观测结果曲线和拟合结果曲线几乎重合，说明观测结果和拟合的结果几乎相同，再次验证了这个定位模型是较合理的。

5.3　模型Ⅲ——基于系统误差的定位模型（问题 3）

5.3.1　问题分析与建模

由于 06 号和 09 号两颗观测卫星均有可能带有一定的系统误差，经由适当的简化模型，各种系统误差最终可以折合为观测坐标系的原点位置误差和三轴指向误差。根据工程经验，原点位置误差影响较小，而三轴指向误差影响较大，对三轴指向误差进行估计对于提高估计精度很有帮助，本题只考虑三轴指向误差。三轴指向误差在二维观测数据平面上表现为两个平移误差和一个旋转误差，具体可以用三个常值小量 $d_\alpha, d_\beta, d_\theta$ 来表示，分别表示第一观测量 α 的平移量、第二观测量 β 的平移量以及观测量在 $\alpha\beta$ 平面内的旋转量。由此，我们可建立一个真实指向观测量（α', β'）与测量的观测量（α, β）之间的模型：

$$(\alpha',\beta') = (\alpha,\beta)\begin{pmatrix} \cos(d_\theta) & \sin(d_\theta) \\ -\sin(d_\theta) & \cos(d_\theta) \end{pmatrix} + (d_\alpha,d_\beta) + (\varepsilon_\alpha,\varepsilon_\beta) \quad (11)$$

真实的 (α',β') 是未知的，但由上一小节的结论，我们可以把直线"交点"的拟合值当作飞行器的真实位置，有了这基础坐标系的位置，可根据式（6）将其转化为第二坐标系下的坐标：

$$(x_s,y_s,z_s) = \left[(x_c,y_c,z_c) - (x_1,y_1,z_1) \right]A^{-1} \quad (12)$$

再根据式（6）就可得到 (α',β')，之后可由式（11）表示的模型，求一个最小二乘来确定 $d_\alpha,d_\beta,d_\theta$。得到两个卫星的系统误差修正项后，根据其修正观测量，然后再用上一小节的方法求解飞行器的位置和速度等。

5.3.2 模型的求解

5.3.2.1 算法的实现步骤

为了修正卫星系统误差，我们的步骤如下：

（1）根据式（12），将上一小节拟合的飞行器位置坐标转换到第二坐标系下的坐标，并根据式（6）求出 (α',β')。

（2）由式（11），根据最小二乘法，求出各卫星的修正量 $d_\alpha,d_\beta,d_\theta$。

（3）根据修正量，求出新的观测量。

（4）由新的修正量，再用上一小节的方法求出其他要求的量。

5.3.2.2 结果与分析

上述模型使用 MATLAB 求解，其中步骤（2）可归结为求函数的最小值的问题：

$$\min_{d_\alpha,d_\beta,d_\theta}\left| (\alpha',\beta') - (\alpha,\beta)\begin{pmatrix} \cos(d_\theta) & \sin(d_\theta) \\ -\sin(d_\theta) & \cos(d_\theta) \end{pmatrix} - (d_\alpha,d_\beta) \right| \quad (13)$$

可利用 MATLAB 的最优化函数 fminunc 方便求解。得到的结果如下：

06 号卫星的 $d_\alpha,d_\beta,d_\theta$ 为 $-6.400297\times10^{-5}, 9.409192\times10^{-4}, -1.986435\times10^{-3}$。

09 号卫星的 $d_\alpha,d_\beta,d_\theta$ 为 $1.823322\times10^{-5}, -1.43705\times10^{-4}, -4.241549\times10^{-6}$。

之后求解的步骤如同上一小节，结果见表6。

表6 0 号空间飞行器各参数观测结果（修正）

时刻	x	y	z	v_x	v_y	v_z
50.0 s	−1110791	6199170	1129439	−748.126	720.414	1196.745
60.0 s	−1120910	6207317	1141626	−936.175	804.706	1250.158
70.0 s	−1131028	6215465	1153812	−1124.22	888.998	1303.57

续表6

时刻	x	y	z	v_x	v_y	v_z
80.0 s	−1142876	6224116	1168055	−1251.11	954.892	1650.092
90.0 s	−1156554	6233202	1184527	−1341	915.557	1700.533
100.0 s	−1172155	6242723	1203382	−1709.87	1006.55	2019.649
110.0 s	−1189871	6252609	1224706	−1886.36	906.735	2187.251
120.0 s	−1209798	6262870	1248752	−2077.07	1001.267	2581.162
130.0 s	−1232091	6273428	1275678	−2352.26	1156.976	2850.249
140.0 s	−1256920	6284368	1305689	−2559.8	1057.045	3065.281
150.0 s	−1284466	6295602	1338998	−2871.51	1154.523	3420.692
160.0 s	−1314913	6307175	1375848	−3261.49	1197.731	3835.415
170.0 s	−1345360	6318749	1412698	−3651.47	1240.938	4250.139

接着，对附件中的数据进行拟合，得到 0 号空间飞行器在各个采样点的位置和速度拟合结果，如表7。

表7 0号空间飞行器各参数拟合结果（修正）

时刻	$\hat{x}$	$\hat{y}$	$\hat{z}$	$\hat{v_x}$	$\hat{v_y}$	$\hat{v_z}$
50.0 s	−1110756	6199138	1129426	−782.216	747.975	939.621
60.0 s	−1120924	6207318	1141656	−940.519	794.818	1130.854
70.0 s	−1131093	6215497	1153887	−1098.82	841.661	1322.087
80.0 s	−1142917	6224135	1168119	−1271.99	886.385	1531.519
90.0 s	−1156546	6233209	1184534	−1460.01	928.991	1759.151
100.0 s	−1172128	6242699	1203315	−1662.9	969.478	2004.983
110.0 s	−1189811	6252584	1224643	−1880.64	1007.847	2269.014
120.0 s	−1209745	6262842	1248701	−2113.25	1044.096	2551.244
130.0 s	−1232078	6273452	1275671	−2360.71	1078.228	2851.674
140.0 s	−1256958	6284392	1305734	−2623.04	1110.24	3170.303
150.0 s	−1284534	6295643	1339072	−2900.23	1140.134	3507.132

续表7

时刻	$\hat{x}$	$\hat{y}$	$\hat{z}$	$\hat{v_x}$	$\hat{v_y}$	$\hat{v_z}$
160.0 s	−1314955	6307182	1375868	−3192.27	1167.909	3862.161
170.0 s	−1345376	6318722	1412664	−3484.32	1195.685	4217.189

将表6和表7的数据代入式（9）和式（10），求得各项指标的残差和相对误差，见表8。

表8 残差分析表（修正）

时刻	e_x	e_y	e_z	e_{v_x}	e_{v_y}	e_{v_z}
50.0 s	35.4818	−31.794	−12.8856	−34.0895	27.5617	−257.123
60.0 s	−14.9017	0.455017	30.7449	−4.34462	−9.88767	−119.303
70.0 s	−65.2853	32.704	74.3754	25.4003	−47.337	18.5166
80.0 s	−41.3004	19.1735	63.2155	−20.8797	−68.5066	−118.573
90.0 s	8.39071	7.21374	6.90888	−119.008	13.4338	58.6183
100.0 s	27.0829	−23.3784	−67.478	46.9712	−37.0717	−14.666
110.0 s	59.2356	−25.2018	−63.0417	5.71466	101.112	81.7627
120.0 s	52.603	−27.9716	−50.3741	−36.1792	42.8297	−29.9182
130.0 s	12.8438	23.2401	−6.95393	−8.45116	−78.7487	1.42487
140.0 s	−38.338	24.3308	44.8997	−63.2392	53.1947	105.022
150.0 s	−67.9014	41.4892	73.7704	−28.7123	−14.3893	86.4405
160.0 s	−41.9369	7.19201	19.6014	69.2184	−29.8212	26.7454
170.0 s	−15.9724	−27.1052	−34.5675	167.149	−45.2531	−32.9497
η	3.08e−5	3.58e−6	3.42e−5	2.55e−2	4.41e−2	4.32e−2

最后，给出0号空间飞行器的三个位置 $t-x$、$t-y$、$t-z$ 和三个速度 $t-v_x$、$t-v_y$、$t-v_z$ 曲线示意图，如图6和图7所示。

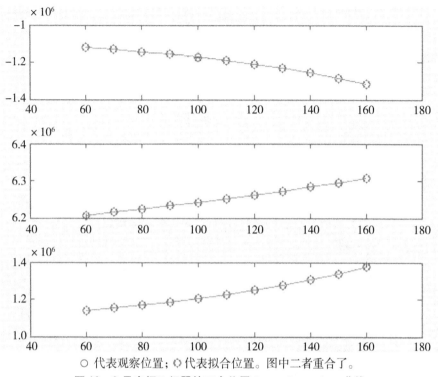

○ 代表观察位置；⊙ 代表拟合位置。图中二者重合了。

图 10　0 号空间飞行器的三个位置 $t\text{-}x$、$t\text{-}y$、$t\text{-}z$ 曲线

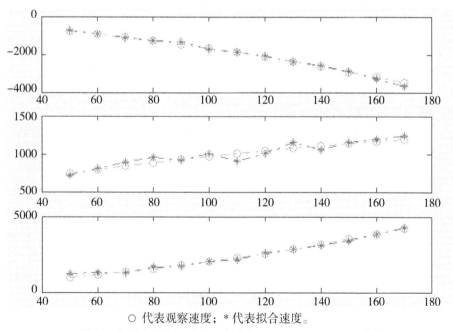

○ 代表观察速度；* 代表拟合速度。

图 11　0 号空间飞行器的三个速度 $t\text{-}v_x$、$t\text{-}v_y$、$t\text{-}v_z$ 曲线

从表 7、表 8 和图 11、图 12 可看出，修正了误差后，该模型的精度并没有得到很大提高。不过从卫星观测的两直线距离来看，考虑系统误差后的平均距离极大变小了，平均距离为 30～50 m，而在不考虑系统误差时平均距离为 2.2 km。

6　模型的评价

6.1　模型的优点

（1）模型 I 使用观测卫星的简化运动模型来确定卫星的三维坐标，使运算量较小，可行性提高。

（2）模型 II 将问题化归为求解线性方程组的解，具有较高的操作性，而且通过残差分析来判定模型的精确性，使结果更具合理性。

（3）模型 III 使用了模型 II 拟合的飞行器位置结果，求出较为准确的"真实"观测量，根据系统误差的模型采用最小二乘法拟合得到指向误差的修正量。得到的结果较为客观。

6.2　模型的缺点

（1）模型 I 使用观测卫星的简化运动模型，忽略了航天器的质量和速度的影响。

（2）模型 II 在确定瞬时质量函数时，由于缺乏实际数据，瞬时质量函数为线性递减函数的假设得不到验证。

（3）模型 III 拟合后的误差与白噪声存在差异，说明所考虑的系统误差是不够全面的，还有其他误差没有考虑到。

参考文献

[1] 王高雄，周之铭，朱思铭，等．常微分方程 [M]．北京：高等教育出版社，2006：116－172．

[2] 姜启源，谢金星，叶俊．数学建模 [M]．北京：高等教育出版社，2011：136－179．

[3] 刘卫国．MATLAB 程序设计与应用 [M]．北京：高等教育出版社，2006：146－151．

［4］刘令．弹道数据事后处理分析与研究［D］．成都：电子科技大学，2005.

［5］王志刚，施志佳．远程火箭与卫星轨道力学基础［M］．西安：西北工业大学出版社，2006.

［6］钟玉泉．复变函数论［M］．北京：高等教育出版社，2004：3-20.

［7］周克强．空间飞行器智能自主控制研究［D］．西安：西北工业大学，2006.

［8］李华山．地球同步轨道目标抵近方法和相对轨道确定技术研究［D］．长沙：国防科学技术大学，2011.

［9］宋立波．飞行器运控模式仿真研究［D］．北京：中国科学院，2010.

2012 年数学中国数学建模网络挑战赛

C 题　碎片化趋势下的奥运会商业模式

　　从 1984 年的美国洛杉矶奥运会开始,奥运会就不再成为一个"非卖品",它在向观众诠释更高、更快、更强的体育精神的同时,也在攫取着巨大的商业价值。它与电视台结盟,在运动员入场仪式、颁奖仪式、热门赛事、金牌榜发布等受关注的时刻发布赞助商广告。它在每个行业中仅挑选一家奥运全球合作伙伴,这就是"Top 赞助商"的前身。

　　这个模式经过 28 年的发展之后,现在已经是商业社会里最重要的公司的展示舞台。品牌选择奥运会,是因为观众对这里的高度关注。他们希望在观众关注比赛的同时也注意到自己的品牌和产品,而 Top 赞助商们,则可以获得在电视奥运频道里排除行业里其他竞争对手广告的特权。

　　每届奥运会,Top 赞助商的赞助费用都以 10%～20% 的速度增长。2008 年,北京奥运会全球合作伙伴最低赞助为 6000 万美元,2012 年伦敦奥运会的赞助就增至 8000 万美元。这种模式被奥运会主办方发挥到了极致,宣传费用的门槛把绝大多数企业排除在了奥运会之外。但是,越来越多的企业不甘心错过奥运会这个吸引大众眼球的宣传机会,他们在寻找新的新闻传播渠道。

　　现在是一个机会,电视正在受到冲击,法国科技公司源讯(Atos Origin)2011 年 10 月便公布了一份"奥运会十大科技事实"清单,其中提到 2012 年伦敦奥运会期间,将有 85 亿台平板、智能手机等移动设备联网。他们可以自己决定看什么,定制内容,并可以通过社交网络和志同道合者相互讨论。一切都在数字化,数字化让传播渠道、受众的注意力、品牌营销方式乃至一切都碎片化了,观众不再只关注电视,他们利用社交网络可以获得更加丰富的比赛信息和网友的评论。这也为更多的企业提供了在奥运期间宣传自己的机会。有一个例子:

　　2012 年 1 月 26 日,一个名为 Jamie Beck 的 Tumblr 博主发布了一张"海怪号"(Mar Mostro)帆船在沃尔沃环球帆船赛上乘风破浪的照片,随后他收到了 2.5 万条互动信息,其中 60% 是转发这张照片。Jamie Beck 是这艘船的赞助商 Puma 聘请的推广作者, Puma 预计, 鉴于 Beck 有 200 万粉丝, 这张照片最终可能获得 600 万～ 700 万品牌印象度 (衡量到达率的指标之一), 而 Instagram 上会达到 4000 万。在整个沃尔沃帆船赛中, Puma 一共派了 10 位这样的作者去比赛地点阿布扎比, 他们在 Twitter、Instagram 和 Tumblr 上更有针对性地发布与 Puma、"海怪号"相关的内容。尽管 Puma 还没有发布它们的奥运广告计划, 但 Puma 数字营销负责人 Remi Carlioz 有类似的计划:"我们不是奥运的官方合作伙伴, 但我们会想别的办法和我们的受众一起参与到这个话题里来。"

一家企业想利用社交网络在奥运会期间进行企业宣传, 假设现在距离奥运会开幕还有 100 天, 一个社交网络的专业推广者平均每天可以新增 500 个粉丝, 这些粉丝会把推广者发布的和奥运会相关的所有信息都分享给自己的粉丝们, 普通网络用户平均每天可以新增 20 个粉丝。

第一阶段问题

问题一: 请建立数学模型, 预测奥运会开始后, 一条含有企业广告的奥运会新闻可以被多少人观看到?

问题二: 假设企业产品的潜在用户大约有 2 亿人, 他们都在使用社交网络, 企业希望广告宣传覆盖其中 40% 的人群, 至少需要雇佣几名专业社交网络推广者才能实现? 假设专业推广者每天的工资是 500 元。而从网络上雇佣兼职宣传者, 企业每天仅需向其支付 50 元的工资, 但是他们平均每天新增的粉丝数仅为 35 人。考虑到成本, 请给企业制定一份合理的用人方案。

附件中的数据是 Twitter 社交网站用户之间的链接关系 (关注关系) 数据, 用于发现用户组及分析 Twitter 用户的链接分布。

第一阶段摘要

基于 Twitter 社交网站的链接关系数据, 选取信息传播这一现象, 通过两个方面合理地定量分析奥运会信息传播的规律。一方面使用微分方程信息传播模型对广告知情粉丝人数进行估计; 另一方面使用线性优化模型等模型, 为该企业在既定条件下, 制订最优的用人方案。

模型 I ——信息传播模型。首先, 分析只有 1 个专业推广者, 有效传播系数为常数的情形, 运用微分方程的方法子模型 1, 求出知情粉丝人数函数为 $x(t) = e^{500\lambda t}$。接着, 对子模型 1 的条件进行修正, 考虑有专业推广者和普通用户这两种传播群体, 有效传播系数为常数的情形, 建立子模型 2, 将知情粉丝人数函数修正为 $x(t) = 500\lambda_1 e^{20\lambda_2(t-1)} + 500\lambda_1 t$。然后，结合有效传播系数会随时间改变而改变的实际情况，对有效传播系数进行修正，将它变为关于时间 t 的函数，建立子模型 3。最后，利用 Twitter 社交网站的链接关系数据，通过数据挖掘的方法，估计出两种传播群体的有效传播函数，进而算得在 1 个专业推广者进行推广的情况下，奥运会开始后，1 条含有企业广告的奥运会新闻可以被 448897 人观看到。

模型 II——用人方案优化模型。首先，根据模型 I 的子模型 3，结合已知条件，建立广告覆盖率不等式，求得至少要雇佣 148 名社交网络专业推广者，才能使企业的广告宣传覆盖 2 亿用户中的 40% 人群（8000 万）。然后，以工资函数最小化为目标函数，分别对雇佣人数、工作时间及覆盖率进行约束，建立优化模型。求解得到最优的用人方案为聘请 136 个社交网络的专业推广者及 39 个兼职宣传者，平均每个社交网络的专业推广者需工作 100 天，平均每个兼职宣传者需工作 100 天。

此次建模的特点是：①在建立信息传播模型时，由简到繁，层层深入，使得所建立的模型较符合实际的情况；②在对参数进行估计时，合理利用数据挖掘技术，探究附件中数据的内在关系，从而使估计出的参数更具客观性和有效性。

1 问题的重述

1.1 基本情况

从 1984 年的美国洛杉矶奥运会开始，奥运会就走上商业化之路。它在每个行业中仅挑选一家奥运全球合作伙伴，与电视结盟，在运动员入场仪式、颁奖仪式、热门赛事、金牌榜发布等受关注的时刻发布赞助商广告。

每届奥运会，Top 赞助商的赞助费用都以 10%～20% 的速度在增长。这种模式被奥运会主办方发挥到了极致，宣传费用的门槛把绝大多数企业排除在了奥运会之外。但是，越来越多的企业不甘心错过奥运会这个吸引大众眼球的宣传机会，他们在寻找新的新闻传播渠道。

到 2012 年伦敦奥运会期间，将有 85 亿台平板、智能手机等移动设备联网。他们可以自己决定看什么，定制内容，并可以通过社交网络和志同道合者相互讨论。一切都在数字化，数字化让传播渠道、受众的注意力、品牌营销方式甚至一切都碎片化了，观众不再只关注电视，他们利用社交网络可以获得更加丰富的比赛信息，并和网友互相评论。在这样的碎片化趋势下，2012 年伦敦奥运会将会为更多的企业提供极好的宣传机会。

一家企业想利用社交网络在奥运会期间进行企业宣传，假设现在距离奥运会开幕还有 100 天，一个社交网络的专业推广者平均每天可以新增 500 个粉丝，这些粉丝会把推广者发布的和奥运会相关的所有信息都分享给自己的粉丝们，普通网络用户平均每天可以新增 20 个粉丝。

1.2 需要解决的问题

问题一：请建立数学模型，预测奥运会开始后 1 条含有企业广告的奥运会新闻可以被多少人观看到。

问题二：假设企业产品的潜在用户大约有 2 亿人，他们都在使用社交网络，企业希望广告宣传覆盖其中 40% 的人群，至少需要雇佣几名专业社交网络推广者才能实现？假设专业推广者每天的工资是 500 元。而从网络上雇佣兼职宣传者，企业每天仅需向其支付 50 元的工资，但是他们平均每天新增的粉丝数仅为 35 人。考虑到成本，请给企业制订一份合理的用人方案。

2 问题的分析

首先，我们要对题目给出抽样的 Twitter 社交网站的用户链接关系数据进行数据挖掘。尽管全是用户名，没有直接的数量关系，而且数据多达 80 多万个，但我们仍可以耐心地挖掘出对建模有用的信息，如总用户数、有粉丝的用户数、互粉组数。

然后，结合数据挖掘初步结果，分析问题一。问题一要求我们建立模型，对一条包含广告的奥运会新闻在奥运会开始后可以被多少人观看到进行预测。不难知道，影响知情人数的因素主要有两个，分别是传播者数量和传播效率，如图 1 所示。这里只是指社交网络下的信息传播，因此我们需要对本题的信息传播机理进行分析。因为题目没有太多的限制条件，为了合理建立便于求解的模型，我们提出了一些假设条件，由于信息的传播具有动态性（传播者的数量不断变化）且题目给出了"一个社交网络的专业推广者平均每天可以新增 500 个粉丝"这样的假设，我们采用常微分模型，并按最简单的情形进行分析，再逐步插入其他因素，使传播过程与现实吻合，从而粗略估计企业广告的传播量。

图 1　影响因素示意

接着，对于问题二，这里有两个小问，第一小问是控制问题，求在一定最终覆盖粉丝数下所需的专业推广者，这里可沿用问题一的模型，当然要进行适当修改。第二小问是优化问题。我们要从企业的利益出发，让企业以最小的成本达到最大的经济效益。这里的经济效益衡量的指标是品牌印象度，实质是最终能在社交网络中传达带有企业广告奥运信息的粉丝数。这里除了专业推广者可被雇佣，还有兼职宣传者，他们的雇佣价格和每天新增粉丝数都不一样。建立雇佣成本的目标函数，以覆盖率达 40% 为主要约束条件，因为这里涉及两种被雇佣者，所以模型更加复杂。求解过程需要的参数要结合传播机理并利用数据挖掘结果进行估计，以求模型拟合得更好。由于模型一般适用性不够好，因此最后要考虑做一些改进以便推广。

3　模型的假设

（1）所获得的 Twitter 社交网络用户之间数据是真实可靠的。

（2）企业在社交网络中宣传，不考虑其他媒体宣传方式。

（3）只考虑一个粉丝一个用户名，不考虑一个粉丝多个用户名的情况。

（4）网络结构是固定不变的，即静态传播网络。

（5）不存在孤立的个体，因为信息传播首先要具备的条件就是有传播的路径。

（6）个体只能从与其有联系的其他个体处获得信息，这样也就排除了大众传媒的影响。

（7）信息的传播服从自发性（每个传播者都能传播信息）、无向性（传播的对象不确定）和动态性（传播者的数量不断变化）。

（8）对社交网站 Twitter 进行研究和分析有着普遍意义，其结论能够拓展到整个一般的社交网络。

4 符号的说明

符号说明表1。

表 1 符号说明

符号	说明	符号	说明
$x(t)$	t 时刻的总传播人数	y	兼职推广者人数
$x_2(t)$	t 时刻的普通粉丝人数	$\lambda_1(t)$	t 时刻专业推广者有效系数函数
λ	整个社交网络的有效系数	$\lambda_2(t)$	t 时刻普通粉丝有效系数函数
λ_1	专业推广者的平均有效系数	$\lambda_3(t)$	t 时刻兼职推广者有效系数函数
λ_2	普通粉丝的平均有效系数	Q	工资函数
λ_3	兼职推广者的平均有效系数	$S(t)$	有效传播人数累计函数
x	专业推广者人数	t	工作天数

由于本文使用的符号数量较多，故这里只给出了部分比较重要的符号，其他符号在行文中出现时会加以说明。

5 模型的建立与求解

5.1 模型 I——信息传播模型

信息的传播一般具有自发性（每个传播者都能传播信息）、无向性（传播的对象不确定）和动态性（传播者的数量不断变化），是一种比较复杂的社会现象。因此，我们按最简单的情形进行分析，再逐步插入其他因素，使传播过程与现实吻合，从而粗略估计企业广告的传播量。

5.1.1 最基本的情形

设时刻 t 奥运广告知情者的人数为 $x(t)$，这是一个连续、可微的函数。由于在信息传播过程中，有时会发生几个人将同一信息传给同一个人的情况，或者信息在传播过程中发生遗失，即每天的信息传播不是 100% 有效的，因此有必要再设每天每个知情者的有效传播（能使不知情者变为知情者的传播）系数为常数 λ，考察 t 到 $t + \Delta t$ 知情者人数的增加，就有

$$x(t + \Delta t) - x(t) = 500\lambda x(t)\Delta t \tag{1}$$

在式（1）中，500 表示社交网络的专业推广者每天能新增的粉丝数，

500λ 就是每天新增知情者的人数。我们设 $t = 0$ 时只有 1 个知情的社交网络的专业推广者，可得微分方程：

$$\frac{\mathrm{d}x}{\mathrm{d}t} = 500\lambda x, x(0) = 1 \tag{2}$$

方程（2）的解为

$$x(t) = e^{500\lambda t} \tag{3}$$

结果表明，随着 t 的增加，知情者的人数 $x(t)$ 无限增长，最终所有人都知情。虽然结果符合信息传播学的原理，但人数的增长过程为指数增长显然不合理，特别在知情者人数很多而互联网用户数几乎不变时，新增知情者的数量必然减缓。此外，社交网络的专业推广者和普通网络用户的信息推广能力是不一样的，这里将其等同处理，必将造成较大误差。

5.1.2 信息推广者的区分

为了解决不同网络用户有不同的信息推广能力的问题，我们区分专业推广者和普通用户。根据题目可以知道，专业推广者将信息传输给普通用户，而普通用户也只将信息传输给普通用户。

我们设时刻 t 奥运广告通过粉丝将信息推广给粉丝这一途径，普通用户的知情人数（知情粉丝数）为 $x_2(t)$，每天每个知情的专业推广者和每个知情的普通用户的有效传播系数分别为常数 λ_1 和 λ_2。知情人数的增加包括两种途径：一是专业推广者将信息推广给粉丝，二是粉丝将信息推广给粉丝。考察 t 到 $t + \Delta t$ 知情者人数的增加，就有

$$x(t + \Delta t) - x(t) = 500\lambda_1 \Delta t + 20\lambda_2 x_2(t) \Delta t \tag{4}$$

在式（4）中，20 表示社交网络的普通用户每天能新增的粉丝数，$20\lambda_2$ 就是通过粉丝将信息推广给粉丝这一途径每天新增知情的普通用户的人数，我们设 $t = 0$ 时只有 1 个知情的社交网络的专业推广者，$500\lambda_1$ 表示通过专业推广者将信息推广给粉丝这一途径每天新增知情的普通用户的人数。由此，可得微分方程

$$\frac{\mathrm{d}x_2}{\mathrm{d}t} = \frac{\mathrm{d}x}{\mathrm{d}t} = 500\lambda_1 + 20\lambda_2 x_2 \tag{5}$$

我们不妨选取第一天末作为初始条件，即 $x_2(1) = 500\lambda_1$，故方程（5）的解为

$$x(t) = 500\lambda_1 e^{20\lambda_2(t-1)} + 500\lambda_1 t \tag{6}$$

结果表明，知情者的人数 $x(t)$ 的增长势头比起式（3）下降了。但是，这个模型不满足实际情况，因为该模型的有效传播系数为常数，而实际上，越到后期新传播粉丝的重复率就越大，也就是有效传播系数应该越来越小，它应该随时间变化而变化。

5.1.3 有效传播系数的修正

为了解决有效传播系数随时间变化而变化这个问题，我们引入有效传播函数 $\lambda_1(t)$ 和 $\lambda_2(t)$，它们分别表示每个知情的专业推广者和每个知情的普通用户在第 t 天的有效传播率。根据前文的分析，$\lambda_1(t)$ 和 $\lambda_2(t)$ 都应该是单调递减的函数。如果其他条件及假设和前文相同，考察 t 到 $t + \Delta t$ 知情者人数的增加，就有

$$x(t + \Delta t) - x(t) = 500\lambda_1(t)\Delta t + 20\lambda_2(t)x_2(t)\Delta t \tag{7}$$

这个模型体现了不同天数的有效传播率不同，对应的微分方程为

$$x'(t) = 500\lambda_1(t) + 20\lambda_2(t)x_2(t) \tag{8}$$

我们对 $x_2(t)$ 的表达式进行分析。不难推知，$x_2(1) = 0$，$x_2(2) = 500\lambda_1(1) \cdot 20\lambda_2(2)$，$x_2(3) = x_2(2) \cdot 20\lambda_2(3) + 500\lambda_1(2) \cdot 20\lambda_2(3)$，$x_2(4) = x_2(3) \cdot 20\lambda_2(4) + 500\lambda_1(3) \cdot 20\lambda_2(4)$。其中，$x_2(1) = 0$ 表示在第一天时，没有知情的普通用户间的信息传递，只是由专业的推广者将信息传给 $500\lambda_1(1)$ 普通用户。根据数学归纳法，求得

$$x_2(t) = x_2(t - 1) \cdot 20\lambda_2(t) + 500\lambda_1(t - 1) \cdot 20\lambda_2(t) \tag{9}$$

将式（9）代入式（8），可以看出，所求的常微分方程与 $\lambda_1(t)$ 和 $\lambda_2(t)$ 有关，要求出这个模型的通解，就必须分析 $\lambda_1(t)$ 和 $\lambda_2(t)$ 的表达式。

5.2 参数的估计及信息传播模型的求解

5.2.1 有效传播函数的分析

题目提供了一份抽样数据，该数据给出了 Twitter 中用户之间的链接关系（关注关系），共 835541 个。去掉一些异常值（如没有关注关系的数据），利用 Excel，经汇总得到该抽样数据中总用户数为 465003，有粉丝的用户数为 2505，他们平均的粉丝数为 333.51。每个有粉丝的用户对应的粉丝数的频数直方图如图 2 所示。由图 2 可知，Twitter 上的用户链接模式表现出高度的非均匀性，即呈现明显的无标度特征。

编写 Java 程序，得到互粉关系（如果乙是甲的粉丝，甲是乙的粉丝，他们就形成一个互粉组）个数为 9034，闭三点组（如果乙是甲的粉丝，丙是乙的粉丝，甲是乙的粉丝，他们就形成一个闭三点组）个数为 405。对附录数据进行挖掘，所得到的结果见表 2。

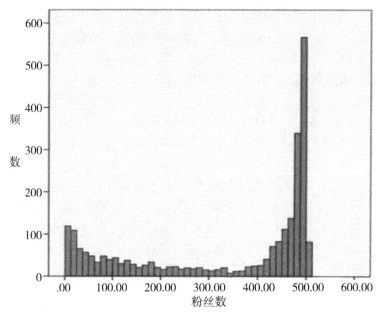

图2　原始数据频数直方图

表2　数据挖掘结果

名称	符号	数量
总用户数	A	465022
有粉丝的用户数	B	2502
互粉组数	C	9034
三个闭合组数	D	405

　　结合实际，认为有效传播系数与以上从 Twitter 用户抽样数据挖掘得出的参数总用户数、有粉丝的用户数、互粉组数和三个闭合组数都有关系，其中，互粉组数、三个闭合组数与社交网络中粉丝的重复度有很高的正相关性，而重复度越高，传播的有效度就越低，因此认为互粉组数、三个闭合组数越大，有效传播系数就越小；有粉丝的用户数与总用户数的比值越大，代表能传播到的粉丝越少，这样有效传播系数就越小。

　　由于知情的粉丝数大致呈指数增长，而有效传播函数与人数增长规律正好相反，因此假设有效传播函数为负指数增长，即

$$\lambda(t) = \alpha e^{1/t} \tag{10}$$

根据这些关系，提出了一种关于 α 的估计方法：

$$\alpha = \frac{1}{2\dfrac{B}{A}(2!C + 3!D)} = \frac{1}{2 \times \dfrac{2502}{465022}(2 \times 9034 + 6 \times 405)} \approx 0.0045$$

把普通用户的有效传播函数作为参考函数，即

$$\lambda_2(t) = \lambda(t) = \alpha e^{1/t} = 0.0045 e^{-1/t} \tag{11}$$

专业推广者的有效传播率与它的传播人数成正比，因此可以近似地认为专业推广者的有效传播率是普通用户的 25 倍，得专业推广者的有效传播函数为

$$\lambda_1(t) = \lambda(t) = 25\alpha e^{1/t} = 0.1132 e^{-1/t} \tag{12}$$

5.2.2 信息传播模型的求解

将式（11）和式（12）代入式（8）中，再将式（9）逐步迭代入式（8），通过 R 软件，可以求得常微分模型的解。图 3 显示了知情粉丝的人数变化规律。每天知情粉丝数的累计值见表 3。

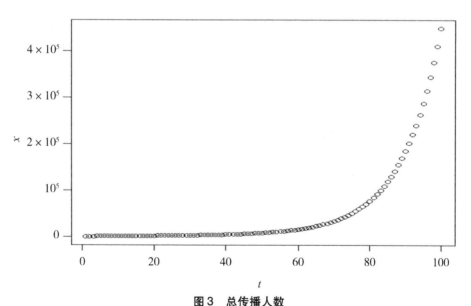

图 3 总传播人数

表3 知情粉丝数的累计值

天数	人数	天数	人数	天数	人数	天数	人数	天数	人数
1	41.64567	21	1436.902	41	4159.681	61	15070.69	81	76204.21
2	104.9317	22	1522.843	42	4396.932	62	16236.82	82	83065.26
3	167.8499	23	1611.576	43	4651.356	63	17508.29	83	90572.02
4	230.7974	24	1703.368	44	4924.583	64	18895.12	84	98785.74
5	294.0526	25	1798.509	45	5218.399	65	20408.23	85	107773.5
6	357.771	26	1897.319	46	5534.76	66	22059.64	86	117608.7
7	422.0607	27	2000.147	47	5875.807	67	23862.44	87	128371.8
8	487.0119	28	2107.374	48	6243.883	68	25831.02	88	140150.7
9	552.7091	29	2219.419	49	6641.555	69	27981.1	89	153041.9
10	619.2372	30	2336.741	50	7071.633	70	30329.91	90	167150.9
11	686.6846	31	2459.841	51	7537.194	71	32896.31	91	182593.2
12	755.1452	32	2589.268	52	8041.607	72	35700.94	92	199495.2
13	824.7202	33	2725.624	53	8588.561	73	38766.41	93	217995.4
14	895.5193	34	2869.568	54	9182.094	74	42117.47	94	238245.5
15	967.6615	35	3021.819	55	9826.627	75	45781.21	95	260411.4
16	1041.277	36	3183.169	56	10527	76	49787.3	96	284674.8
17	1116.507	37	3354.48	57	11288.52	77	54168.24	97	311234.8
18	1193.507	38	3536.701	58	12116.99	78	58959.58	98	340309.1
19	1272.446	39	3730.867	59	13018.76	79	64200.26	99	372136.3
20	1353.51	40	3938.112	60	14000.79	80	69932.91	100	406977.4

由表3可知，在奥运会开始后，大约有406977人可以通过网络了解该企业的广告。

5.3 模型 Ⅱ——用人方案优化模型

5.3.1 广告覆盖率不等式

企业需要广告覆盖至少40%的人群，即覆盖8000万人，由模型 Ⅰ 算得的结果可知，一个专业推广者在100天内最多可以把信息传给454231位粉丝，因此必须聘请若干个专业推广者，方能达到这个目标。根据模型 Ⅰ 的分析，有效传播率应是一个关于时间 t 的函数，才能使结果更为合理与精确，所以本模型使用 5.2 节讨论的 $\lambda_1(t)$ 和 $\lambda_2(t)$。

假设至少需要雇佣 x 个社交网络的专业推广者才能达到广告覆盖 40% 的潜在用户的目的，$s_1(t)$ 表示由专业推广者传信息给普通用户这一途径的知情粉丝累积函数，$s_2(t)$ 表示由普通用户传信息给普通用户这一途径的知情粉丝累积函数，则

$$s_1(t) = 500x \cdot \lambda_1(1) + 500x \cdot \lambda_1(2) + \cdots + 500x \cdot \lambda_1(100)$$
$$= 500x \sum_{i=1}^{100} \lambda_1(i) \tag{13}$$

$$s_2(t) = x_2(t-1) \cdot 20\lambda_2(t) + 500x \cdot \lambda_1(t-1) \cdot 20\lambda_2(t) \tag{14}$$

总的知情者人数为 $s(t) = s_1(t) + s_2(t)$，因此 $s(t) \geq 8 \times 10^7$。通过 R 软件求解，得到 $x = 148$，即企业至少需要雇佣 148 个社交网络的专业推广者才能达到广告覆盖至少 40% 的潜在用户（8000 万）的目的。

5.3.2 用人方案优化模型的建立

对于企业而言，他们希望以最小的成本达到宣传的目的，因此工资最小化是我们的目标。设需要聘请 x 个社交网络的专业推广者及 y 个兼职宣传者，平均每个社交网络的专业推广者需工作 t_1 天，平均每个兼职宣传者需工作 t_3 天，工资函数为 Q，则目标函数为

$$\min Q = 500xt_1 + 35yt_3 \tag{15}$$

据题意，模型的约束条件有以下 3 个：

（1）对聘请人数的非负约束及整数约束。x 和 y 只能取自然数。

（2）对工作时间的约束。由于离奥运会开幕只有 100 天，故工作时间 t_1 和 t_3 不能超过 100，即 $0 \leq t_1, t_3 \leq 100$。

（3）对覆盖率的约束。由于企业希望广告覆盖至少 40% 的人群，故知情者总人数不应小于 8×10^7。这里分为三部分：专业推广者传播给粉丝的数量、粉丝传播给粉丝的数量、兼职宣传者传播给粉丝的数量，该关系如图 4 所示。第一部分的数量为 $s_1(t_1) = 500x \sum_{i=1}^{t_1} \lambda_1(i)$，第三部分的数量为 $s_3(t_3) = 35y \sum_{j=1}^{t_2} \lambda_3(j)$，第二部分的数量为 $s_2(t_1, t_2) = s_{21}(t_1) + s_{22}(100) + s_{23}(t_3)$，其中，

$$s_{21}(t_1) = (t_1 - 1) \cdot 20\lambda_2(t_1) + 500x \cdot \lambda_1(t_1 - 1) \cdot 20\lambda_2(t_1) \tag{16}$$

$$s_{23}(t_3) = (t_3 - 1) \cdot 20\lambda_2(t_3) + 35y \cdot \lambda_3(t_3 - 1) \cdot 20\lambda_2(t_3) \tag{17}$$

$$s_{22}(100) = s_{21}(t_1) \cdot 20^{100-t_1} \prod_{i=t_1+1}^{100} \lambda_2(i) + s_{23}(t_3) \cdot 20^{100-t_3} \prod_{j=t_3+1}^{100} \lambda_2(j) \tag{18}$$

式中，$s_{21}(t_1)$ 表示专业推广者带来的粉丝在专业推广者工作期间传播信息给粉丝的有效人数累计值，$s_{23}(t_3)$ 表示兼职宣传者带来的粉丝在兼职宣传者工

作期间传播信息给粉丝的有效人数累计值，$s_{22}(100)$ 表示在两种雇佣人员工作结束后，已有粉丝传播给粉丝的有效人数累计值，直至奥运会开始为止。它们的计算方法与式（13）及式（14）类似，这里不再重述。因此，$s(t_1, t_3) = s_1(t_1) + s_2(t_1, t_3) + s_3(t_3) \geq 8 \times 10^7$。

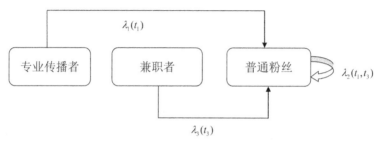

图 4　信息传播路径

综上所述，用人方案优化模型为

$$\min Q = 500xt_1 + 35yt_3$$

$$\text{s. t.} \begin{cases} x, y \in \mathbf{N} \\ 0 \leq t_1, t_3 \leq 100 \\ s(t_1, t_3) = s_1(t_1) + s_2(t_1, t_3) + s_3(t_3) \geq 8 \times 10^7 \end{cases} \tag{19}$$

5.3.3　模型的求解

我们要确定兼职宣传者的有效传播函数 $\lambda_3(t)$。根据 5.2 节的方法，可以得出

$$\lambda_3(t) = 0.0079 e^{-1/t} \tag{20}$$

将 $\lambda_1(t), \lambda_2(t), \lambda_3(t)$ 代入模型后，使用 R 软件求解，求得

$$x = 136, y = 39, t_1 = 100, t_3 = 100$$

因此，需要聘请 136 个社交网络的专业推广者及 39 个兼职宣传者，平均每个社交网络的专业推广者需工作 100 天，平均每个兼职宣传者需工作 100 天，这种用人方案最优，此时的工资成本为 6995000 元。

6　模型的评价

6.1　模型的优点

（1）所选取的指标都是跟社交网络传播息息相关，能够较好地反映社交网络的传播特征，且各指标之间相互影响较小。

（2）本模型对所给 Twitter 社交网站的链接关系数据进行分析，从链接分布和实际传播机理出发建立模型，较为准确和有依据，分析结果与实际情况相吻合。

（3）利用规划优化的方法进行用人方案的制订，充分考虑了广告商的利益和所关心的因素，更加科学、准确。

（4）模型直观简便，所得结果科学合理，具有一定的参考价值。

6.2 模型的缺点

（1）在某些参数的确定上，因为缺乏反映社交网络传播与时间关系的数据，而建立的微分方程模型中主要关注时间的影响，所以在估计参数时不免主观的成分稍大。

（2）在模型的建立中，由于很多因素不确定，我们对此进行了一些假设，从而简化了模型，这可能不能满足实际社交网络中的一般情况。

6.3 模型的改进

（1）在实际应用中可根据情况对指标个数做适当增加。

（2）多收集有关粉丝数与时间的增长情况的数据，可以进行社交网络中链接分布随时间的回归分析，并得出更为准确可靠的模型参数估计值，会有更强的实用性。

（3）应建立反应较快的社交网络信息传播反馈体制，以便获得较多的信息传播数据。

（4）模型Ⅱ还可以进行灵敏度分析，检查模型的稳健性。

6.4 给企业的一点建议

在碎片化趋势下，社交网络服务引发了网络世界的新一轮变革，并且越来越受到各大广告商的重视。社交网络服务营销符合网络用户的使用习惯，可以满足客户多样化的需求，有效降低企业的营销成本，实现目标用户的精准营销，具有多方面的优点。

社交网络带来了以人际关系、口碑传播、互动分享为主要特征的社会媒体营销模式。企业在开展营销活动时，除了采用传统的页面广告，还可以通过好友动态、热点动态、分享、应用插件等形式巧妙植入品牌信息，实现对用户的定向精准投放，触发口碑效应，并可根据实际投放效果衡量费用。

应做好效益跟踪估计。充分利用社交网络上庞大的人的数据，包括注册信息数据和网络活动产生的互动数据（如参与的投票、测试，分享的信息等）进行数据挖掘和分析统计，建立特征数据库，通过数据分析，识别潜在的目标用户群，掌握消费者消费需求和习惯。

第二阶段问题

问题一：专业推广者是一种稀缺资源，假设能够找到的专业推广者仅有10人，他们是否愿意为公司工作，取决于公司开出的薪水。由于工资是按日结算，他们随时可能转投工资更高的其他公司。兼职推广者可以大量雇到，但他们必须由专业推广者培训后才能上岗工作，一个专业推广者一天最多培训20人，培训将占用专业推广者的工作时间。甲公司现有网络推广资金20万元，想利用网络推广扩大产品的知名度。该公司的一个竞争对手乙公司也同样计划利用奥运期间进行商品的网络推广，他们同样预算了20万元的推广资金，乙公司目前产品的市场占有率是甲公司的1.5倍。请建立合理的数学模型，帮助甲公司制订一份奥运期间的网络推广的资金使用和用人方案，使产品推广的效果能够达到最大。

问题二：某黑客公司研制了一个能够自动添加粉丝的软件，售价10000元，该软件一天可以自动发出100000个粉丝添加邀请，待添加的目标用户都是从社交网络中按照广度优先的原则搜索到的，但是其中仅有一些粉丝数较少或者经常无目的添加关注的网友愿意接受邀请。请建立数学模型说明这个软件的出现对上一问的用人和资金使用方案是否有影响。如果有影响，该如何对方案进行调整？

附件中的数据是 Twitter 社交网站用户之间的链接关系（关注关系）数据，用于发现用户组及分析 Twitter 用户的链接分布。

第二阶段摘要

首先基于专业推广者的工作特点，以及两公司的市场占有率，通过建立优化模型和马尔科夫模型，较客观合理地得出一种用人方案，并分析甲、乙两公司的市场占有率的变化趋势。然后引入黑客软件这一因子，重新建立优化模型来评价黑客软件的实用性。

模型 I——基于信息传播最大化的动态优化模型。首先，对问题进行简化，即考虑专业推广者不跳槽，并且专业推广者每天去进行培训的人数相同，初步建立子模型1。然后，在每种人群传播时间相同的假设下，考虑跳槽情形，以及将专业推广者的工作安排作为一个动态过程，建立动态优化子模型 2。最后，将不同人群传播时间加以区分化，在投资资金、专业推广者人数和工作时间的约束下，以粉丝累计数最大化作为目标函数，建立最符合实际的子模型 3。最终的结果是在第 100 天末时，粉丝累计有 54398166 人，预计使用推广资金 199500 元，此时的传播效果已经最大化。

模型 Ⅱ——关于市场占有率的马尔可夫链模型。本模型根据乙公司的当前市场占有率是甲公司的 1.5 倍这一情况，建立马尔可夫模型，讨论在粉丝从乙公司转向甲公司的不同概率下，两公司市场占有率的变化趋势。结果表明，若甲公司要在市场占有率上占优，则要使乙公司的粉丝至少以 0.3 的概率变为甲公司的粉丝。

模型 Ⅲ——基于黑客软件的信息蔓延模型。在该问题中，由于引入了黑客软件这一因素，故重新建立优化模型，即在约束条件中，增加购买软件的费用 10000 元。最后的结果是：在第 100 天末时粉丝累计有 63686434 人，预计使用推广资金 199000 元。综上对比，购买黑客软件时的用人方案更优，其累计粉丝数增加了 17.07%，且所用的推广资金由 195000 元减为 190000 元，节省了成本 5000 元。因此，我们建议购买黑客软件进行推广。

此次建模的亮点是：①在建立信息传播最大化的动态优化模型时，考虑的因素由简到繁，层层深入，使所建立的模型较符合实际的情况；②能够巧妙地定义出跳槽率这个随机变量，从而能定量地分析甲公司专业推广者人数的变化规律。

1 问题的重述

1.1 基本情况

从 1984 年的美国洛杉矶奥运会开始，奥运会就走上商业化之路。它在每个行业中仅挑选一家全球奥运合作伙伴，与电视结盟，在运动员入场仪式、颁奖仪式、热门赛事、金牌榜发布等受关注的时刻发布赞助商广告。

每届奥运会，Top 赞助商的赞助费用都以 10%～20% 的速度在增长。这种模式被奥运会主办方发挥到了极致，宣传费用的门槛把绝大多数企业排除在了奥运会之外。但是越来越多的企业不甘心错过奥运会这个吸引大众眼球的宣传机会，他们在寻找新的广告传播渠道。

到 2012 年伦敦奥运会期间，将有 85 亿台平板、智能手机等移动设备联网。他们可以自己决定看什么，定制内容，并可以通过社交网络和志同道合者相互讨论。一切都在数字化，数字化使传播渠道、受众的注意力、品牌营销方式等都碎片化了，观众不再只关注电视，他们利用社交网络可以获得更加丰富的比赛信息和网友的评论。在这样的碎片化趋势下，2012 年伦敦奥运会将会为更多的企业提供极好的宣传机会。

一家企业想利用社交网络在奥运会期间进行企业宣传，假设现在距离奥运会开幕还有 100 天，一个社交网络的专业推广者平均每天可以新增 500 个粉丝，这些粉丝会把推广者发布的和奥运会相关的所有信息分享给自己的粉丝们，普通网络用户平均每天可以新增 20 个粉丝。

1.2　需要解决的问题

问题一：假设专业推广最多有 10 人，他们会根据公司给出的日工资选择是否跳槽，而兼职推广者可以大量雇佣，但他们需要经过专业推广者的培训才能上岗。一位专业推广者每天只可以培训 20 个兼职推广者，或者进行信息传播。现在甲、乙两公司同样拥有 20 万元预算作为信息推广资金，且乙公司的产品市场占有率是甲的 1.5 倍。建立合理的数学模型，帮助甲公司制订一份奥运期间的网络推广的资金使用和用人方案，使产品推广的效果能够达到最大。

问题二：某黑客公司研制了一个能够自动添加粉丝的软件，售价 10000 元，该软件一天可以自动发出 100000 个粉丝添加邀请，待添加的目标用户都是从社交网络中按照广度优先的原则搜索到的，但是其中仅有一些粉丝数较少或者经常无目的添加关注的网友愿意接受邀请。建立数学模型说明这个软件的出现对上一问的用人和资金使用方案是否有影响。如果有影响，该如何对方案进行调整？

2　问题的分析

2.1　问题一的分析

问题一是典型的优化类问题，由于加入了跳槽这一行为，问题具有随机性，而且专业推广者的工作也开始分类，人员调动方面变得更为复杂。由第一阶段的讨论可知，每类人群的有效传播率应该是关于时间的函数，但为了简化问题，本文我们根据每个时间点的传播率求其均值，用均值作为有效传播率的估计量。通过分析可知，影响粉丝累计数的因素包括两类推广者的数量、两类推广者的工作时间、专业推广者日工资的高低（影响跳槽率）和专业推广者的工作安排这四个方面，如图 5 所示。

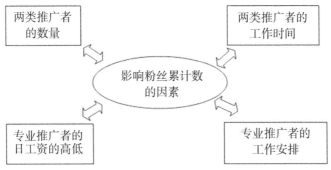

图5   影响因素示意

针对这种情形，我们首先假设专业推广者不跳槽，他们的日工资固定，且专业推广者每天的工作安排一样，从而将问题简化并写出初步的模型。然后将所有人群的工作时间固定化，引入跳槽行为，初步修正模型。接着将不同传播群体的工作时间区分化，进一步修正模型，使模型更具客观性和真实性。最后使用马尔可夫链分析甲公司可以通过营销战略使乙公司粉丝转向自己公司，从而提高市场占有率。

2.2   问题二的分析

问题二是优化问题，这里引入了自动添加粉丝的软件这一传播途径。因此，要在投资资金、专业推广者和工作时间这三个约束下，以粉丝累计数最大化作为目标建立优化模型，从而通过结果来验证这种黑客软件是否有实用价值。

在这里把整个时间划分成三段。第一个时间段是从第 1 天到第 t_1 天，这段时间里四种传播途径均发生了作用；第二个时间段是从第 $t_1 + 1$ 天到第 t_2 天，这时专业推广者已经停止工作，只剩三种信息传播路径了；第三个时间段是从第 $t_2 + 1$ 天到第 100 天，这时专业推广者和兼职推广者都停止工作，只能有粉丝互传和软件传播这两种途径。这个过程如图 6 所示。

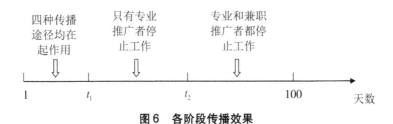

图6   各阶段传播效果

3 模型的假设

（1）所获得的 Twitter 社交网络用户之间的数据是真实可靠的。

（2）专业推广者的跳槽只与工资有关，并且一天中他们只能在一家公司工作。

（3）所讨论的产品市场只有甲、乙两家公司在竞争。

（4）一个用户不能同时成为两家公司的粉丝。

（5）网络结构是固定不变的，即静态传播网络。

（6）影响粉丝累计数的因素包括两类推广者的数量、两类推广者的工作时间、专业推广者日工资的高低（影响跳槽率）和专业推广者的工作安排这四个方面。

（7）信息的传播服从自发性（每个传播者都能传播信息）、无向性（传播的对象是不确定的）和动态性（传播者的数量是不断变化的）。

（8）自动添加粉丝的软件是按照广度优先原则来寻找用户的。

（9）一个专业推广者一天只能培训 20 个兼职推广者。

4 符号的说明

符号说明见表4。

表4　符号说明

符号	说明	符号	说明
$x(t)$	第 t 天的粉丝数	n_i	第 i 天的专业推广者人数
$s(t)$	第 t 天的粉丝累计数	m_i	第 i 天专业推广者去培训人数
v_i	第 i 天的专业推广者的跳槽率	k_i	第 i 天的兼职推广者人数
λ_1	专业推广者的有效传播率	t_1	专业推广者的工作时间
λ_2	兼职推广者的有效传播率	t_2	兼职推广者的工作时间
λ_3	普通粉丝的有效传播率	$S(k)$	经过 k 次转移后的状态向量
λ_4	黑客软件的有效传播率	P	转移概率矩阵

由于本文使用的符号数量较多，故这里只给出了部分比较重要的符号，其他符号在行文中出现时会加以说明。

5 模型的建立与求解

5.1 模型 Ⅰ——基于信息传播最大化的优化模型

在信息传播过程中，专业推广者的数量及他们的传播效率对传播效果起着相当关键的作用。在本问题中，由于专业推广者可以用来推广信息或者培训兼职推广者，并且因公司开出的薪水不同、工资按日结算，他们能够随时跳槽到工资更高的其他公司，因此问题具有了随机性。我们先从最简单的情形入手，然后逐步考虑其他因素，使模型越来越客观合理。

5.1.1 最基本的情形

首先，考虑专业推广者不跳槽的情形，即甲公司从头到尾都拥有相同数量的专业推广者。通过分析，可以知道信息的传播有三条路径，分别是专业推广者传给粉丝，兼职推广者传给粉丝，以及粉丝间的信息互传，传播路径如图 7 所示。在实际情形中，各类人群的有效传播率必然会随时间的变化而变化，即有效传播率应该是关于时间的函数。然而，为了简化问题，我们可以根据每个时间点的有效传播率求其均值，并用它作为整个过程的有效传播率。

图 7 信息传播路径

我们设甲公司拥有 10 名专业推广者，他们都不跳槽，每天都有 j 名专业推广者负责信息传播 ($j = 0, 1, \cdots, 10$)，其余的 $10 - j$ 名专业推广者负责培训兼职训练者。记专业推广者、兼职推广者和普通粉丝的平均有效传播率分别为 λ_1, λ_2 和 λ_3，$x(t)$ 为第 t 天的粉丝数，$s(t)$ 为第 t 天的粉丝累计数，因此

$$s(t) = x(1) + x(2) + \cdots + x(t) = \sum_{i=1}^{t} x(i) \tag{21}$$

根据以上的假设，可以知道每天新增的兼职传播者的人数为 $20(10 - j)$，从而每一天的粉丝数为 $x(1) = 500j\lambda_1, x(2) = 500j\lambda_1 + 35 \times 20(10 - j)\lambda_2 + 20s(1)\lambda_3, x(3) = 500j\lambda_1 + 35 \times 2 \times 20(10 - j)\lambda_2 + 20s(2)\lambda_3$。根据数学归纳

法，可以得知第 t 天的粉丝数为

$$x(t) = 500j\lambda_1 + 35 \times (t-1) \times 20(10-j)\lambda_2 + 20s(t-1)\lambda_3 \quad (22)$$

式中，第一部分为专业推广者传播信息的粉丝增加量，$500j$ 表示 j 名专业推广者一天的理论传播数，$500j\lambda_1$ 则表示他们的实际传播数。由于每天新增的兼职传播者的人数为 $20(10-j)$，到第 t 天初时兼职传播者的人数为 $20(t-1)(10-j)$，而 $35\lambda_2$ 是兼职传播者每天的有效传播效率，因此中间部分是兼职传播者传播信息的粉丝增加量。在第 t 天初粉丝累计数为 $s(t-1)$，他们也可以传播信息，他们的有效传播率为 $20\lambda_3$，最后的部分是普通粉丝传播信息的粉丝增加量。特别地，在第 1 天初时没有兼职推广者，也没有粉丝，因此这一天的粉丝数仅是专业推广者的传播数。

根据式（21），可以求得

$$s(t) = 500jt\lambda_1 + 350(10-j)t(t-1)\lambda_2 + 20\lambda_3\sum_{i=1}^{t-1}s(i) \quad (23)$$

本小问的目标就是在 20 万资金的约束条件下，使 $s(t)$ 最大化。在这个子模型中，不妨假设专业推广者和兼职推广者的日工资分别为 500 元和 50 元，则相应的优化模型为

$$\max s(t) = 500jt\lambda_1 + 350(10-j)t(t-1)\lambda_2 + 20\lambda_3\sum_{i=1}^{t-1}s(i)$$

$$\text{s. t.} \begin{cases} 500 \times 10t + 50 \cdot 10t(t-1)(10-j) \leqslant 2 \times 10^5 \\ j \in \{0,1,\cdots,10\} \\ 0 < t \leqslant 100 \end{cases} \quad (24)$$

本模型是基于不跳槽、工资固定的假设下得出来的，并且每天专业推广者的工作安排都是相同的，这显然不够合理，因为最后几天培训出的兼职推广者没能发挥出他们的效用。为了体现出跳槽这个动态过程，下面对模型进行修正。

5.1.2 动态化处理

为了体现跳槽这一规律，我们引入变量 v_i 表示第 i 天的跳槽率，同时，为了体现动态的变化规律，记 n_i 为甲公司第 i 天所拥有的专业推广者人数（$0 \leqslant i \leqslant 10$），第 i 天中专业推广者有 m_i 人去进行兼职推广者培训，再设第 i 天的兼职推广者的数量为 k_i，则 $k_1 = 20m_1, k_2 = 20(m_1+m_2), \cdots, k_t = 20\sum_{i=1}^{t}m_i$。

工资的高低会影响跳槽率。设甲公司第 i 天给每位专业推广者的工资为 u_i，而兼职推广者的工资仍为 50 元，则定义跳槽率为

$$v_i = \frac{u_i - u_{i-1}}{u_{i-1}}, i = 2,3,\cdots \quad (25)$$

由式（28）可以看出，当甲公司第 i 天比第 $i-1$ 天给专业推广者的工资高时，v_i 为正，会有一些专业推广者进入甲公司工作；相反地，当甲公司第 i 天比第 $i-1$ 天给专业推广者的工资低时，v_i 为负，会有一些专业推广者离开甲公司到别的公司工作，从而

$$n_{i+1} = n_i(1 + v_{i+1}) \tag{26}$$

在本子模型的假设下，可以求出每一天的粉丝数为 $x(1) = 500\lambda_1(n_1 - m_1)$，$x(2) = 500\lambda_1(n_2 - m_2) + 35\lambda_2 \cdot 20m_1 + 20\lambda_3 s(1)$，$x(3) = 500\lambda_1(n_3 - m_3) + 35\lambda_2 \cdot 20(m_1 + m_2) + 20\lambda_3 s(2)$。根据数学归纳法，可以得知第 t 天的粉丝数为

$$x(t) = 500\lambda_1(n_t - m_t) + 35\lambda_2 \cdot 20\sum_{i=1}^{t-1} m_i + 20\lambda_3 s(t-1) \tag{27}$$

故目标函数为

$$\max s(t) = x(1) + x(2) + \cdots + x(t) = \sum_{i=1}^{t} x(i) \tag{28}$$

根据题意，约束条件主要有以下 3 个：

（1）投资资金的约束。因为甲公司只有 20 万的推广资金，所以给专业推广者和兼职推广者的工资总和应不超过 20 万，即 $\sum_{i=1}^{t} u_i n_i + 50(\sum_{i=1}^{t-1} k_i + k_{t-1}) \leqslant 2 \times 10^5$。

（2）专业推广者的约束。由于能找到的专业推广者最多有 10 个，且用于培训兼职推广者的人数不应该超出当天专业推广者人数，故 $0 \leqslant n_i \leqslant 10$，$0 \leqslant m_i \leqslant n_i(i = 1, 2, \cdots, t)$。

（3）对工作时间的约束。由于离奥运会开幕只有 100 天，故工作时间 t 不能超过 100，即 $0 \leqslant t \leqslant 100$。

综上所述，本小节的用人方案优化模型为

$$\max s(t) = x(1) + x(2) + \cdots + x(t) = \sum_{i=1}^{t} x(i)$$

$$\text{s. t.} \begin{cases} \sum_{i=1}^{t} u_i n_i + 50(\sum_{i=1}^{t-1} k_i + k_{t-1}) \leqslant 2 \times 10^5 \\ 0 \leqslant n_i \leqslant 10, 0 \leqslant m_i \leqslant n_i(i = 1, 2, \cdots, t) \\ 0 \leqslant t \leqslant 100 \end{cases} \tag{29}$$

尽管这个子模型将跳槽这一行为表述出来，也体现了动态的对专业推广者的调配，但还是有一点不符合实际，即三个群体的工作时间不应该完全一致，至少普通粉丝可以一直传播信息，直到奥运会开幕为止。

5.1.3 工作时间的修正

由上一小节的分析可知，专业推广者、兼职推广者和普通粉丝的推广时

间设为相同显然是不合实际的，为了解决这一问题，设专业推广者工作 t_1 天，兼职推广者工作 t_2 天，而普通粉丝在 100 天里都在推广信息。

这样会产生两种情况，即 $t_1 \leqslant t_2$ 和 $t_1 > t_2$，但根据以下分析，实际只会出现前一种情况，这表示第 t_1 天后，专业推广者停止工作了，只有兼职推广者继续传播信息。当 $t_1 > t_2$ 时，表示第 t_2 天后，兼职推广者停止工作了，而只有专业推广者传播信息。这显然不合理，因为专业推广者会跳槽，以至信息传播数量很不稳定，而且，后期培训的那些兼职推广者还没能发挥最大效能就停止工作了。因此在建模时只考虑 $t_1 \leqslant t_2$ 这种情形。

根据这个子模型的假设，可以求出每一天的粉丝数：

$$x(1) = 500\lambda_1(n_1 - m_1)$$

$$x(2) = 500\lambda_1(n_2 - m_2) + 35\lambda_2 \cdot 20m_1 + 20\lambda_3 s(1)$$

$$x(3) = 500\lambda_1(n_3 - m_3) + 35\lambda_2 \cdot 20(m_1 + m_2) + 20\lambda_3 s(2)$$

……

$$x(t_1) = 500\lambda_1(n_{t_1} - m_{t_1}) + 35\lambda_2 \cdot 20\sum_{i=1}^{t_1-1} m_i + 20\lambda_3 s(t_1 - 1)$$

$$x(t_1 + 1) = 35\lambda_2 \cdot 20\sum_{i=1}^{t_1} m_i + 20\lambda_3 s(t_1)$$

$$x(t_1 + 2) = 35\lambda_2 \cdot 20\sum_{i=1}^{t_1} m_i + 20\lambda_3 s(t_1 + 1)$$

……

$$x(t_2) = 35\lambda_2 \cdot 20\sum_{i=1}^{t_1} m_i + 20\lambda_3 s(t_2 - 1)$$

$$x(t_2 + 1) = 20\lambda_3 s(t_2)$$

……

$$x(100) = 20\lambda_3 s(99)$$

与 5.1.2 小节类似，目标函数为

$$\max s(100) = x(1) + x(2) + \cdots + x(100) = \sum_{i=1}^{100} x(i) \qquad (30)$$

约束条件有以下 3 个：

(1) 投资资金的约束。因为甲公司只有 20 万的推广资金，所以给专业推广者和兼职推广者的工资总和应不超过 20 万，即 $\sum_{i=1}^{t_1} u_i n_i + 50\sum_{i=1}^{t_2} k_i \leqslant 2 \times 10^5$。

(2) 专业推广者的约束。由于能找到的专业推广者最多有 10 个，且用于培训兼职推广者的人数不应该超出当天专业推广者人数，故 $0 \leqslant n_i \leqslant 10$，$0 \leqslant m_i \leqslant n_i(i = 1,2,\cdots,100)$。

（3）对工作时间的约束。由于离奥运会开幕只有 100 天，故工作时间 t_1，t_2 不能超过 100，即 $0 \leqslant t_1,t_2 \leqslant 100$。

综上所述，本阶段的用人方案优化模型为

$$\max s(t) = x(1) + x(2) + \cdots + x(100) = \sum_{i=1}^{100} x(i)$$

$$\text{s. t.} \begin{cases} \sum_{i=1}^{t_1} u_i n_i + 50 \sum_{i=1}^{t_2} k_i \leqslant 2 \times 10^5 \\ 0 \leqslant n_i \leqslant 10, 0 \leqslant m_i \leqslant n_i(i = 1,2,\cdots,100) \\ 0 \leqslant t_1,t_2 \leqslant 100 \end{cases} \tag{31}$$

至此，这个子模型已经能较好拟合实际的用人情形，下面可以对其进行求解。

5.1.4 模型的求解

在模型 I 中，我们取 $n_1 = 10, u_1 = 500$，根据第一阶段的模型，专业推广者、兼职推广者和普通粉丝的有效传播率分别是 $\lambda_1 = 0.1125, \lambda_2 = 0.0079$，$\lambda_3 = 0.0045$，使用 Excel 求解，5.1.3 小节模型的计算结果见表 5。

表 5　用人方案安排

时间/天	1	2	3	4	5	6	7	8	9	10
专业推广员/人	10	10	10	9	9	9	9	9	9	8
专业培训员/人	3	4	0	0	0	0	0	0	0	0
兼职推广员/人	0	60	140	140	140	140	140	140	140	140
累计费用/元	5000	13000	25000	36500	48000	59500	71000	82500	94000	105000
时间/天	11	12	13	14	15	16	17	18	19	20
专业推广员/人	8	8	8	8	8	7	0	0	0	0
专业培训员/人	0	1	4	5	3	0	0	0	0	0
兼职推广员/人	140	140	160	240	340	400	0	0	0	0
累计费用/元	116000	127000	139000	155000	176000	199500	199500	199500	199500	199500

由表 5 可以看出，在 20 万的推广资金的约束下，可以支付专业推广者和兼职推广者 16 天的工资，第 17 ~ 100 天只能靠普通粉丝进行信息推广。在第 100 天末时，粉丝累计有 54398166 人，预计使用推广资金 199500 元。累计粉丝数和每一天的粉丝数的增长情况如图 8 至图 10 所示。

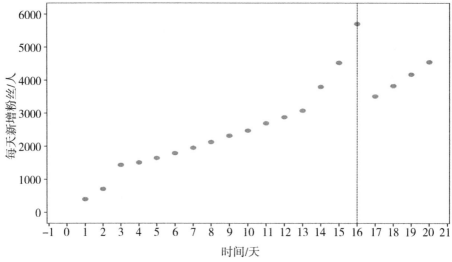

图8 前20天每天新增粉丝数变化

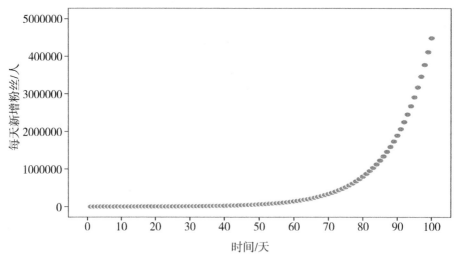

图9 前100天每天新增粉丝数变化

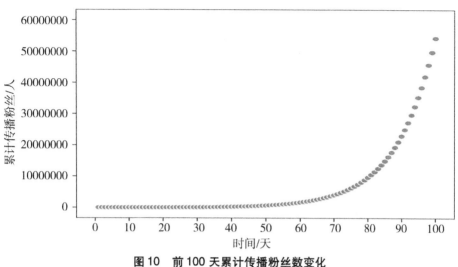

图 10　前 100 天累计传播粉丝数变化

5.2　模型 Ⅱ——关于市场占有率的马尔可夫链模型

5.2.1　马尔可夫链理论

设考察对象为一系统，若该系统在某一时刻可能出现的事件集合为 $\{E_1,E_2,\cdots,E_N\}$，$E_1,E_2,\cdots,E_N$ 两两互斥，则称 E_i 为状态，$i=1,2,\cdots,N$。该系统从一种状态 E_i 变化到另一状态 E_j 的过程称为状态转移，并把整个系统不断实现状态转移的过程称为马尔可夫过程。

系统由状态 E_i 经过一次转移到状态 E_j 的概率记为 P_{ij}，称矩阵

$$P = \begin{pmatrix} P_{11} & P_{12} & \cdots & P_{1N} \\ P_{21} & P_{22} & \cdots & P_{2N} \\ \vdots & \vdots & & \vdots \\ P_{N1} & P_{N2} & \cdots & P_{N3} \end{pmatrix}$$

为一次（或一步）转移矩阵。

转移矩阵必为概率矩阵，且具有以下两个性质：① $P^{(k)} = P^{(k-1)}P$；② $P^{(k)} = P^k$。其中，$P^{(k)}$ 为 k 次转移矩阵。

设系统在 $k=0$ 时所处的初始状态 $S^{(0)} = (S_1^{(0)},S_2^{(0)},\cdots,S_N^{(0)})$ 为已知，经过 k 次转移后的状态为 $S^{(k)} = (S_1^{(k)},S_2^{(k)},\cdots,S_N^{(k)})(k=1,2,\cdots)$，则

$$S^{(k)} = S^{(0)} \begin{pmatrix} P_{11} & P_{12} & \cdots & P_{1N} \\ P_{21} & P_{22} & \cdots & P_{2N} \\ \vdots & \vdots & & \vdots \\ P_{N1} & P_{N2} & \cdots & P_{NN} \end{pmatrix} \tag{32}$$

式（32）为马尔可夫链预测模型。

由式（32）可以看出，系统在经过 k 次转后所处的状态 $S^{(k)}$ 取决于它的初始状态 $S^{(0)}$ 和转移矩阵 $\boldsymbol{P}$。

若该马尔可夫链是不可约的，且具有遍历性，则经过多次转移后所趋向的概率为稳态概率，即

$$\{\pi_k, k \geqslant 0\}, \lim_{k \to \infty} S^{(k)} = \{\pi_1, \pi_2, \cdots, \pi_N\} \tag{33}$$

5.2.2 市场占有率的马氏链模型的建立

假定市场上只有甲和乙两间公司生产这种产品，每一阶段或购买过程为过程事件，因此每次事件顾客都会去甲或乙公司购买一次，有以下 2 种状态：

状态 E_1：顾客在甲公司购买产品。

状态 E_2：顾客在乙公司购买产品。

（1）假设转移概率对于任何顾客都是相同的，并且不会随事件而改变。对于市场占有率问题，有转移概率矩阵

$$\boldsymbol{P} = \begin{pmatrix} P_{11} & P_{12} \\ P_{21} & P_{22} \end{pmatrix}$$

转移概率矩阵 $\boldsymbol{P}$ 反映了甲公司和乙公司产品销售的转移概率情况，见表6。

表6 甲公司和乙公司产品销售的转移概率

目前购买周期	下个购买周期	
	甲公司	乙公司
甲公司	P_{11}	P_{12}
乙公司	P_{21}	P_{22}

（2）因为于该马尔可夫链是不可约的，且具有遍历性，所以存在稳态概率（可看作市场占有率），为 (π_1, π_2)，此时有 $(\pi_1, \pi_2) = (\pi_1, \pi_2) \begin{pmatrix} P_{11} & P_{12} \\ P_{21} & P_{22} \end{pmatrix}$，其中，$\pi_1 + \pi_2 = 1$。

（3）若开展了网络推广，则可使乙公司的顾客转向甲公司的概率从 P_{21} 变为 P'_{21}，从而有新的转移矩阵 $P' = \begin{pmatrix} P_{11} & P_{12} \\ P'_{21} & P'_{22} \end{pmatrix}$，稳态概率也发生变化，变为 $(\pi'_1, \pi'_2) = (\pi'_1, \pi'_2) \begin{pmatrix} P_{11} & P_{12} \\ P'_{21} & P'_{22} \end{pmatrix}$。根据稳态概率的变化，我们可以确定产品市场占有率

的变化，从而评价网络推广方案是否有效。

5.2.3 市场占有率的马氏链模型的求解

根据问题的分析，已知乙公司目前产品市场占有率是甲公司的 1.5 倍，即 $\pi_2 = 1.5\pi_1$。又因为 $\pi_1 + \pi_2 = 1$，所以得出 $\pi_1 = 0.4, \pi_2 = 0.6$。

由于这里缺乏对甲公司和乙公司的顾客购买调查数据，根据一般情况，我们假定 $p_{11} = 0.7, p_{12} = 0.3$。根据 $(\pi_1, \pi_2) = (\pi_1, \pi_2)\begin{pmatrix} P_{11} & P_{12} \\ P_{21} & P_{22} \end{pmatrix}$，有

$$\begin{cases} \pi_1 = \pi_1 P_{11} + \pi_2 P_{21} \\ \pi_2 = \pi_1 P_{12} + \pi_2 P_{22} \\ P_{11} + P_{12} = 1 \\ P_{21} + P_{22} = 1 \end{cases} \Rightarrow 0.6 P_{21} = 0.4 P_{12} \Rightarrow \begin{cases} P_{21} = 0.2 \\ P_{22} = 0.8 \end{cases}$$

因此，转移矩阵为

$$P = \begin{pmatrix} 0.7 & 0.3 \\ 0.2 & 0.8 \end{pmatrix}$$

该过程如图 11 所示。

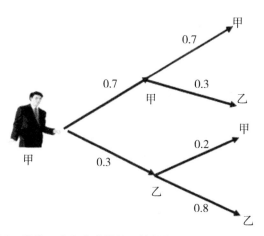

图 11 描述一个上次为甲公司的粉丝 2 天光顾行为的树状图

假设开展了网络推广，可使乙公司的顾客转向甲公司的概率从 $P_{21} = 0.2$ 变为 $P'_{21} = 0.4$，从而有新的转移矩阵

$$P' = \begin{pmatrix} 0.7 & 0.3 \\ 0.4 & 0.6 \end{pmatrix}$$

根据 $(\pi'_1, \pi'_2) = (\pi'_1, \pi'_2)\begin{pmatrix} P_{11} & P_{12} \\ P'_{21} & P'_{22} \end{pmatrix}$，稳态概率变为 $\left(\dfrac{4}{7}, \dfrac{3}{7}\right)$，当 P'_{21} 从

0.2 递增至 0.9 时，甲、乙的市场占有率计算结果见表 7，具体如图 12 所示。

表 7 甲公司和乙公司的新市场占有率

P'_{21}	0.2	0.3	0.4	0.5	0.6	0.7	0.8	0.9
甲	0.4000	0.5000	0.5714	0.6250	0.6667	0.7000	0.7273	0.7500
乙	0.6000	0.5000	0.4286	0.3750	0.3333	0.3000	0.2727	0.2500

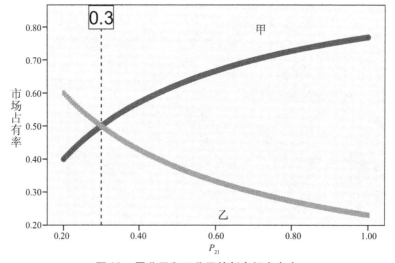

图 12 甲公司和乙公司的新市场占有率

从图 12 中可见，只要使乙公司的顾客转向甲公司的概率 $P'_{21} > 0.3$，甲公司就能追上乙公司，随着 P'_{21} 的增大，甲公司的市场占有率将不断增大，但增长速度将减缓。

5.3 模型Ⅲ——基于黑客软件的信息蔓延模型

5.3.1 模型的建立

在第二问中，引入了一个自动添加粉丝的软件，这样，传播路径除了原来的 3 条，还增加软件把信息传给粉丝这一路径，设该软件的有效传播率为 λ_4。具体的传播路径如图 13。

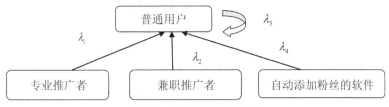

图 13 新的信息传播路径

公司购买这种软件的目的是在相同的投资金额下使传播效果最大。该软件是根据广度优先原则搜索用户的，甲公司仅需购买 1 套软件即可，因为如果有 2 套或以上的软件，会使所搜寻的用户信息发生重复。在本模型中，我们按照只有 1 套自动添加粉丝的软件来建模，并且从第 1 天就开始使用软件。

同样地，目标函数是

$$\max s(t) = x(1) + x(2) + \cdots + x(100) = \sum_{i=1}^{100} x(i) \qquad (34)$$

其中，

$$x(1) = 500\lambda_1(n_1 - m_1) + 10^5\lambda_4$$

$$x(2) = 500\lambda_1(n_2 - m_2) + 35\lambda_2 \cdot 20m_1 + 20\lambda_3 s(1) + 10^5\lambda_4$$

$$x(3) = 500\lambda_1(n_3 - m_3) + 35\lambda_2 \cdot 20(m_1 + m_2) + 20\lambda_3 s(2) + 10^5\lambda_4$$

······

$$x(t_1) = 500\lambda_1(n_{t_1} - m_{t_1}) + 35\lambda_2 \cdot 20\sum_{i=1}^{t_1-1} m_i + 20\lambda_3 s(t_1 - 1) + 10^5\lambda_4$$

$$x(t_1 + 1) = 35\lambda_2 \cdot 20\sum_{i=1}^{t_1} m_i + 20\lambda_3 s(t_1) + 10^5\lambda_4$$

$$x(t_1 + 2) = 35\lambda_2 \cdot 20\sum_{i=1}^{t_1} m_i + 20\lambda_3 s(t_1 + 1) + 10^5\lambda_4$$

······

$$x(t_2) = 35\lambda_2 \cdot 20\sum_{i=1}^{t_1} m_i + 20\lambda_3 s(t_2 - 1) + 10^5\lambda_4$$

$$x(t_2 + 1) = 20\lambda_3 s(t_2) + 10^5\lambda_4$$

······

$$x(100) = 20\lambda_3 s(99) + 10^5\lambda_4$$

以上是第 1～100 天的粉丝数计算公式，这 100 天分成了三个时间段。第一个时间段是第 1～t_1 天，这段时间里四种传播途径均发生了作用；第二个时间段是第（t_1+1）～t_2 天，这时由于专业推广者已经停止工作了，因此只剩三种信息传播路径；第三个时间段是第（t_2+1）～ 100 天，这时由于专业推广者和兼职推广者都停止工作，只有粉丝互传和软件传播这两种途径。

类似于模型 Ⅰ 的子模型 3，约束条件也是有 3 个，而发生改变的只有工资约束，因为购买 1 台黑客软件需要花费 10000 元，所以用作工资的部分要减去这 10000 元，于是工资约束应该改为 $\sum_{i=1}^{t_1} u_i n_i + 50 \sum_{i=1}^{t_2} k_i + 10^4 \leqslant 2 \times 10^5$。

综上所述，基于黑客软件的信息蔓延模型为

$$\max s(t) = x(1) + x(2) + \cdots + x(100) = \sum_{i=1}^{100} x(i)$$

$$\text{s. t.} \begin{cases} \sum_{i=1}^{t_1} u_i n_i + 50 \sum_{i=1}^{t_2} k_i + 10^4 \leqslant 2 \times 10^5 \\ 0 \leqslant n_i \leqslant 10, 0 \leqslant m_i \leqslant n_i (i = 1,2,\cdots,100) \\ 0 \leqslant t_1, t_2 \leqslant 100 \end{cases} \quad (35)$$

5.3.2 模型的求解

在模型 Ⅲ 中，假设我们购买了黑客软件，这需要 1 万元，因此我们的用来招聘专业推广员和兼职推广员的资金变为 19 万元。我们取 $n_1 = 10, u_1 = 500$，根据第一阶段的模型，专业推广者、兼职推广者和普通粉丝的有效传播率分别是 $\lambda_1 = 0.1125, \lambda_2 = 0.0079, \lambda_3 = 0.0045, \lambda_4 = 0.001$，使用 Excel 求解，模型的结果见表 8。

表 8　用人方案安排

时间	1	2	3	4	5	6	7	8	9	10
专业推广员	10	10	10	9	9	9	9	9	9	8
专业培训员	3	4	0	0	0	0	1	0	1	0
兼职推广员	0	60	140	140	140	140	140	160	160	180
累计费用	5000	13000	25000	36500	48000	59500	71000	83500	96000	109000
时间	11	12	13	14	15	16	17	18	19	20
专业推广员	8	8	8	8	8	7	0	0	0	0
专业培训员	0	1	4	5	0	0	0	0	0	0
兼职推广员	180	180	200	280	380	0	0	0	0	0
累计费用	122000	135000	149000	167000	190000	190000	190000	190000	190000	190000

由表 8 可以看出，在 19 万的推广资金的约束下，可以支付专业推广者和兼职推广者 16 天的工资，第 17 ～ 100 天只能靠普通粉丝进行信息推广。在第 100 天末时，粉丝累计有 63686434 人，预计使用推广资金 19 万元。每一天的粉丝数的增长情况如图 14 所示。

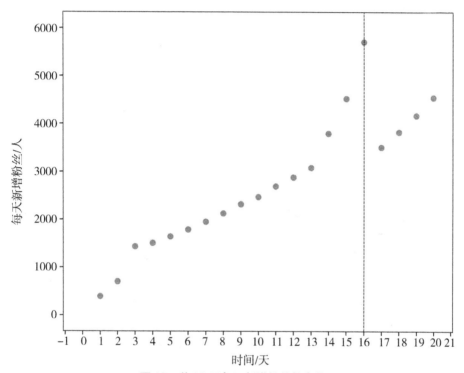

图 10　前 20 天每天新增粉丝数变化

若购买黑客软件，用人方案作出优化调整后的累计粉丝有 63686434 人，比不购买黑客软件使用的优化用人方案的累计粉丝人数大，增加了 17.07%，且所用的推广资金由 19.5 万元减为 19 万元，节省了成本 5000 元。因此，我们建议购买黑客软件进行推广。

6　模型的评价

6.1　模型的优点

（1）模型 Ⅰ 基于信息传播规律，先考虑最基本的情形，然后再层层递进，由简到繁，逐步逼近实际情况。

（2）模型 Ⅱ 通过概率模型，粗略地评估了甲公司的产品占领市场的条件，该模型简单易行，在处理精度要求不高的问题时具有较强的实用性。

（3）模型 Ⅲ 在模型 Ⅰ 的基础上，引入黑客软件这一因子，通过与之前的结果比较，分析该软件的作用，因此结论具有较强的应用价值。

6.2　模型的缺点

（1）在模型的建立中，由于随机化的因素很多，我们对此进行了一些假设，简化了模型，可能不能满足实际社交网络中的一般情况。

（2）在对一些参数的估计上，如对黑客软件的有效传播率的估计，因为缺少实际的数据，所以在估计时会带有一定的主观性。

（3）由于没有实际案例进行模型检验，故无法判定模型的稳定性。

6.3　模型的改进

根据问题分析可知，甲公司每天拥有的专业推广者是一个随机量，他们的跳槽率也是一个随机过程，因此可以选用蒙特卡罗模拟的方法进行求解，这样就可以避开人为确定若干参数的情况。例如，我们可以假设每天甲公司支付给专业推广者的工资符合 $u \sim U(400, 650)$，那么每天的跳槽率就可以根据式（25）求出，这样可以确定每天为甲公司工作的专业推广者数目。至于每种传播群体的有效传播率，我们同样可以通过模拟的方法来确定，如它们满足负指数分布，生成相应的伪随机数即可。这样，整个优化问题中，就只需要考虑每天如何安排专业推广者的工作。

6.4　给甲公司的一点建议

首先，由模型 Ⅰ 和模型 Ⅲ 的结果均可知，甲公司从一开始应该招揽尽可能多的专业推广者，并且在第 3 ～ 11 天的这一段时间应该让他们去推广信息，前 2 天和工作 12 天之后，才选取部分的专业推广者去对兼职推广者进行培训，这样的推广效果是最好的。

其次，由于乙公司的市场占有率是甲公司的 1.5 倍，这说明甲公司的传播效率比乙公司要低，并且只有乙公司的顾客转向甲公司的概率大于 0.3，甲公司才能追上乙公司。由前面的分析可以知道，购买了黑客软件后，甲公司的粉丝累计数增大了，因此甲公司在加强管理的同时，还应适当提升自己的硬件实力，如不断更新自己的传播软件。

最后，甲公司还应该应做好效益跟踪估计。充分利用社交网络上庞大的人的数据，包括注册信息数据和网络活动产生的互动数据（如参与的投票、参与的测试、分享的信息等）进行数据挖掘和分析统计，建立特征数据库，通过数据分析，识别潜在的目标用户群，掌握消费者消费需求和习惯。

参考文献

[1] 姜起源，谢金星，叶俊. 数学建模 [M]. 3 版. 北京：高等教育出版社，2003.

[2] 韩中庚. 数学建模竞赛 [M]. 北京：科学出版社，2007.

[3] 王高雄，周之铭，朱思铭，等. 常微分方程 [M]. 3 版. 北京：高等教育出版社，2006.

[4] 艾冬梅，李艳晴，张丽静，等. MATLAB 与数学实验 [M]. 北京：机械工业出版社，2010.

[5] 安德森，斯威尼，威廉斯. 数据、模型与决策：第 10 版 [M]. 于淼，等译. 北京：机械工业出版社；2003 年.

[6] 《运筹学》教材编写组. 运筹学 [M]. 3 版. 北京：清华大学出版社，2005.

[7] 杜强，贾丽艳. SPSS 统计分析从入门到精通 [M]. 北京：人民邮电出版社，2009.

[8] 孙庆川，山石，兰田田. 一个新的信息传播模型及其模拟 [J]. 图书情报工作，2010，54 (6)：52 – 56，79.

[9] 张彦超，刘云，张海峰，等. 基于在线社交网络的信息传播模型 [J]. 北京物理学报，2011，60 (5)：60 – 66.

[10] 黄华. 中国社交网站（SNS）商业模式发展研究 [D]. 上海：上海师范大学，2010.

[11] 张翰青. 基于 SNS 社交网络的模型及其拓扑分析 [D]. 上海：东华大学，2011.

[12] 吕思园. 基于复杂网络特征的 SNS 社交网站传播特征研究 [J]. 太原：山西大学，2011.

[13] 姚裕华，勇刚，张卓. 用 EXCEL 解决一类配送路线的制定和优化问题 [J]. 物流科技，2009，32 (9)：61 – 65.

2011 年全国大学生统计建模大赛

参赛论文主题可以是来源于社会、经济、金融和管理科学等方面的经过适当简化加工的实际问题，既可以是宏观经济社会问题，也可以是具体企业生产经营中的实际问题，还可以是自行设计的问卷调查、抽样调查等问题。由参赛者自行搜集数据，提出问题和假设条件，建立模型，运用统计分析方法和统计分析软件进行模型求解，阐明主要结论及意义，并对结果进行分析与检验，讨论模型的优缺点和改进方向。

摘　　要

本论文的主题为基于组合模型的一种新的城市空气质量评价方法。

随着工业化进程的加快，空气质量开始不断恶化，并直接威胁到群众的身体健康。空气质量的控制成为各国环保机构面临的一个重要课题，然而，要合理控制空气质量的恶化，首先得对空气质量做出科学的评价，只有这样才能有针对性地进行改善。本文采用香港的 14 个监测点的空气污染物（二氧化硫、可吸入悬浮粒子、二氧化氮、一氧化碳、臭氧）2011 年 1 月每天24 小时的监测数据，计算空气污染指数（air pollution index，API）和所属级别，并进行聚类分析，探讨香港地区空气污染的特点。引入云理论和投影寻踪评价法对香港空气质量进行等级评价。基于三种评价方法，进一步建立组合评价模型，目的是对香港空气质量状况作出合理评价。

首先，用 API 法对香港空气污染物监测数据进行处理，统计各监测点日首要污染物及污染等级，并做聚类分析。结果表明，香港大部分区域大部分时间均处于中等的污染范围，主要的污染物为可吸入悬浮粒子、二氧化氮，路边监测点（铜锣湾、中环、旺角）的污染较严重。由于 API 局限于最大污染物指标，不能反映综合的香港空气的污染情况，因此，本文使用以雷达图面积为特征量的云模型综合评价法，对空气质量进行定量定性的评价。结果表明，香港大部分地区均以 80% 以上的隶属度隶属于轻微偏中等的水平。

然后，建立粒子群算法的投影寻踪空气质量等级评价法，利用降维的思想对空气质量进行评价，该评价模型的平均绝对误差为 0.0377，$R^2 = 0.9973$，精度较高。将其应用于香港空气质量的评价，结果表明除了三个路边监测点和靠近珠三角一带的东涌处于中等污染水平，香港大部分地区处于轻微偏中等的水平。

采用随机模拟评价标准的方法对以上三种模型进行检验，平均精度达到87% 以上，模型有效。

最后，为了尽可能多地利用有用信息，本文应用组合原理，使用拟合优度法确定权重，并通过加权组合以上三种模型综合反映香港的空气质量。

1　选题背景及研究现状

1.1　选题的背景

在 18 世纪，局部地区开始出现空气污染现象。第二次世界大战以后，空气污染问题日益严重。在一些大量燃烧矿物燃料的城市、工业区，曾发生多起严重的空气污染事件，如伦敦烟雾事件，曾导致数以千计的市民死亡。20 世纪 60 年代，有人用空气中二氧化硫和颗粒物的浓度同空气污染事件引起受害致病的人数进行对比分析，求其相关关系，并根据实测结果，求出上述两种污染物对人群健康的影响程度指数，用这种指数对空气质量进行定量的评价。空气质量评价研究从此便迅速发展起来，到今天已经走过了近半个世纪的历程。学者们对空气质量评价方面已经做过很多探索和研究，提出了很多评价方法。

空气质量评价工作主要在人口众多、空气污染显著的城市地区进行，并成为城市环境质量评价中一个最重要的组成部分。许多国家在一些城市对空气进行定时、定期监测或自动连续监测，并定时或定期作出空气质量评价和预报，为居民和环境管理部门进行空气污染预防、治理和规划工作提供依据。

根据评价因子的个数，空气环境质量评价可以分为单因子评价和综合评价两种。由于影响空气环境质量的污染物种类很多，故对一般空气环境质量进行综合评价。空气质量的综合评价，就是将监测点的监测数据和空气质量标准相比较进行综合评价，为环保及相关职能部门的科学管理及污染防治决策提供依据，并为社会公众认识空气环境质量提供一种尺度。

评价空气质量的方法很多，如人工神经元网格法、模糊聚类法、主成分分析法、空气污染指数法等。大气环境系统本身复杂多变，要对环境质量进行准确评价比较困难，因为它涉及众多的参数和复杂的数学模式。那些在早期提出的一些评价方法有的已被淘汰，有的仍在使用，新的方法和理论也在不断地涌现。

1.2 研究现状

近 10 年来，大气环境质量分析与评价的研究取得了显著进展，除了指数法、主分量分析法、层次决策法、模糊集理论及灰色系统分析已用于大气环境质量分析与评价，随着一些新学科的创立和计算技术的发展，国内外又提出了多种大气环境质量分析与评价的新方法。现简述其中若干有代表性的成果。

李祚泳等较早开展了 B-P 网络在环境科学中的应用研究。李祚泳以大气污染物的各级标准作为 B-P 网络学习样本，建立了大气环境质量评价与分类模型。此外，李祚泳还建立了大气环境监测优化布点的人工神经网络模型。B-P 网络除可用于环境质量评价、识别和优化外，也可用于环境污染预测。李祚泳与邓新民选取工业耗煤等 4 个因子，用 B-P 网络建立了某市二氧化硫浓度的预测模型，并将预测结果与用模糊识别测结果相比较，表明前者平均预测精度优于后者的预测精度。

物元可拓集（matter-element extension sets）是蔡文教授于 20 世纪 80 年代初创立的新学科，它研究事物的可拓性，并用以解决矛盾问题，该学科为大气环境质量评价和识别研究开辟了新途径。陈德明等和冯玉国开拓了物元可拓集在大气环境质量评价中的应用，表明这种方法在一定程度上达到了精细刻画级别区间内的差异性问题。沈珍瑶将大气环境质量的物元评价结果与灰色聚类法和模糊综合评价法的评价结果进行了比较。李祚泳和于永斌将物元分析法用于大气环境优化选点。

集对分析（set pair analysis）是赵克勤于 20 世纪 80 年代末提出的一种将精确性分析与不确定分析相结合，从而描述和处理综合集成问题的新的分析方法。郭绍英率先将集对分析法用于成都市大气环境质量综合评价，结果与大气环境质量的实况相符合。

遗传优化法（genetic algorithms，GA）是一种基于达尔文进化论和孟德尔遗传学的处理复杂问题的全局优化搜索新算法。李祚泳将 GA 用于大气颗粒源解析的 CMB 方程组中参数的优化，得出各污染源对大气颗粒的优化贡献率。文献则采用遗传算法来优化 B-P 算法的网络拓扑结构，并将优化后的 B-P 网络用于大气环境质量综合评价。

近年来，指数评价法也有了新的发展。武丽敏为了强调各污染物的综合作用和相互影响，提出了将分指数写成多项式形式的新的大气质量综合指数评价法。李祚泳则通过引入余分指数和补综合指数新概念，给出了各级综合指数的计算公式，提出了用余分指数合成计算大气环境质量综合指数的新方法。此外，李祚泳还提出用标度分指数描述大气环境质量的新思想，依据大气污染物浓度等比赋值、危害程度等差分级原则，导出了标度分指数和综合指数的计算公式，并通过对标度分指数的广义对比运算的因子赋权，得到大气环境质量的标度计算公式。

近年来，出现了将多种不确定性分析相互结合用于大气环境系统分析的新途径。徐肇忠从灰色局势决策的原理出发，用灰色理论解决模糊问题，建立了 Fuzzy-Grey 大气环境质量评价模型。李胜将灰色理论和层次分析法相结合，建立了城市交通环境空气质量的评价模型，该模型将多人评判引入评价过程中，能最大限度地利用已有基础数据，避免了信息丢失。李凡修利用集对分析提出的确定性和不确定性理论，在相对确定条件下，利用模糊集对分析方法将多个指标合成为一个能从总体上衡量其优劣的相对贴近度，并将其应用于大气环境监测布点的优化。

近年来除了上述有代表性的大气环境质量分析与评价的新方法，还提出了一些其他的分析评价方法。当然，由于不同方法所用数学工具不同，适用范围和对象也不尽相同，因此各有特点。但在某些方面仍可能存在不足，如主观性、模糊性、片面性等。

2　模型准备

2.1　样本数据来源

本文所取样本为 2011 年 1 月香港 14 个监测点的监测数据，数据来源于香港环保署网站（http://www.gov.hk/sc/residents/environment/air/api.htm）。参照香港空气质量评价标准（表 1），监测的指标为二氧化硫、可吸入悬浮粒子、二氧化氮、一氧化碳与臭氧。

表1 香港空气污染指数分级及对应的污染物浓度限值

等级	API	相应污染物浓度/($\mu g \cdot m^{-3}$)				
		可吸入悬浮粒子	二氧化硫（24 h）	二氧化氮（24 h）	一氧化碳（1 h）	臭氧（1 h）
I	25	28	40	40	7500	60
II	50	55	80	80	15000	120
III	100	180	350	150	30000	240
IV	200	350	800	280	60000	400
V	300	420	1600	565	90000	800
VI	400	500	2100	750	120000	1000
VII	500	600	2620	940	150000	1200
I	25	28	40	40	7500	60

2.2 数据的预处理

本文研究的样本数据是从环保署网站导出的 2011 年 1 月空气质量监测数据。由于样本数据含有缺失值，因此采用马克威软件对数据进行缺失值插值处理，使用的方法为临近点均值插值法。根据香港空气质量的评价标准（表1），可吸入悬浮粒子、二氧化氮、二氧化硫以每 24 h 监测的平均浓度为研究对象，一氧化碳、臭氧以每日的最大观测值为研究对象。

2.3 香港地区空气质量标准

本文研究的是香港地区空气质量，空气质量评价参照的是香港环境保护署公布的空气污染指数的分级及其相应污染物浓度限制表（表1）。

香港环境保护署制定的空气质量分级标准将空气污染水平分为五级，各级别的空气污染水平会对市民带来不同程度的影响，具体见表2。

表 2　香港空气质量分级标准

空气污染水平	空气污染指数	空气质量情况
轻微	0～25	空气质量符合可接受标准，对公众没有影响
中等	26～50	空气质量仍符合可接受标准
偏高	51～100	空气质量符合短期标准，但超出长期标准
甚高	101～200	空气质量超出短期和长期标准
严重	201～500	空气质量大幅超出短期和长期标准

若空气污染水平属轻微至中等，则表示对一般公众没有影响；若空气污染水平属偏高，则表示虽然对一般公众没有即时影响，但长年持续暴露亦可对健康造成长远影响；若出现甚高或严重空气污染水平，则可能会轻微或严重加剧患有心脏病或呼吸系统疾病人士的病症，而一般人可能会出现眼部不适、气喘、咳嗽及喉咙痛等情况。

2.4　香港空气质量监测点的情况

香港环境保护署空气质量监测网络设有 11 个一般监测站及 3 个路边监测站，来度量香港的空气污染水平。一般监测站遍布香港各区，覆盖不同土地用途的区域，它们装设于 4～6 层高的大厦顶层。路边监测站则设于铜锣湾、旺角及中环的道路旁边。所有监测站的设计和运作均符合最高的国际标准，能有效地测量精确的空气污染数据。表 3 和表 4 分别表示了测量香港地区空气质量的路边监测站和一般监测站的特点。

表 3　香港市区路边监测站的特点

市区路边的空气质量监测站	设置监测站地区的特点
铜锣湾	市区内交通繁忙的路边
中环	市区内交通繁忙的路边
旺角	市区内交通繁忙的路边

表 4　香港一般空气质量监测站的特点

一般空气质量监测站	设置监测站地区的特点
中西区	市区：人口稠密兼有商业发展的住宅区
深水埗	市区：人口稠密兼有商业发展的住宅区
东区	市区：人口稠密的住宅区
观塘	市区：人口稠密兼有工商业发展的住宅区
葵涌	市区：人口稠密兼有工商业发展的住宅区
荃湾	市区：人口稠密兼有工商业发展的住宅区
大埔	新市镇：住宅区
沙田	新市镇：住宅区
东涌	新市镇：住宅区

图 1　显示了香港的空气质量监测点的分布情况。

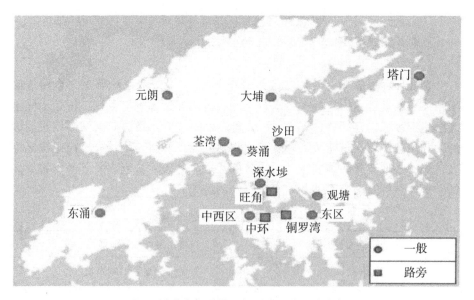

图 1　香港空气质量一般及路边监测站分布

3　论文路线

论文路线如图 2 所示。

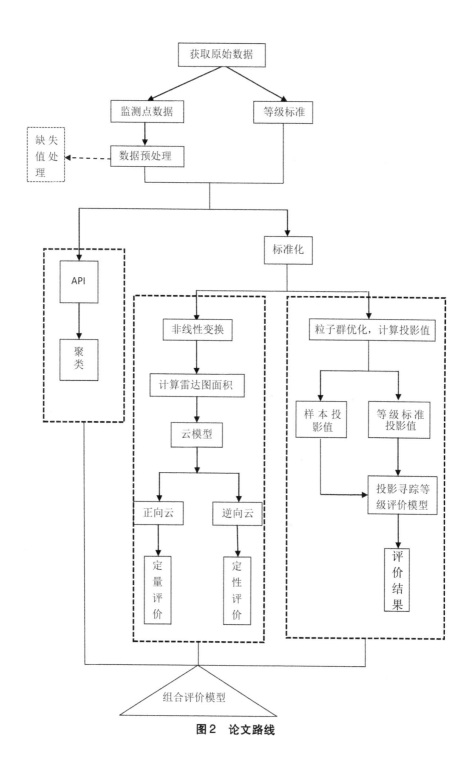

图2　论文路线

4　API 指数评价模型

空气污染指数（API）是将环境保护署每个空气质素监测站所录得的空气污染物（如二氧化氮、二氧化硫、臭氧、一氧化碳及可吸入悬浮粒子）的含量，转化为简单易明的数字，其数值为 0～500 不等。API 是一种能反映和评价空气质量的方法，该方法将常规监测的几种空气污染的浓度简化为单一的概念性数值形式，并分级表征空气质量状况与空气污染的程度，其结果简明直观，使用方便，适用于表示城市的空气质量状况和变化趋势。

为进一步综合考虑各因素对环境空气质量的影响，本文将采用系统聚类法对每个监测点日数据进行系统聚类分析，从而把相近污染区域逐步归并，将区域环境质量划分为若干类型，进一步反映香港地区空气质量的地理分布情况。

4.1　计算各污染物的污染分指数

各项污染物的分指数 I_i，由实测的污染物浓度值 C_i，按照分段线性方程计算。第 i 种污染物的第 j 个转折点（$C_{i,j}$，$I_{i,j}$）的污染分指数和相应的浓度限值见表 1。当第 i 种污染物浓度 $C_{i,j} \leqslant C_i \leqslant C_{i,j+1}$ 时，其分指数为

$$I_i = \frac{C_i - C_{i,j}}{C_{i,j+1} - C_{i,j}} \times (I_{i,j+1} - I_{i,j}) + I_{i,j}, i = 1, 2, \cdots, n, j = 1, 2, \cdots, m \quad (1)$$

式中，I_i 为第 i 种污染物的污染分指数，C_i 为第 i 种污染物的浓度监测值，$I_{i,j}$ 为第 i 种污染物 j 转折点的污染分指数值，$I_{i,j+1}$ 为第 i 种污染物 $j+1$ 转折点的污染分指数值，$C_{i,j}$ 为第 j 转折点上 i 种污染物（对应于 $I_{i,j}$）浓度限值，$C_{i,j+1}$ 为第 $j+1$ 转折点上 i 种污染物（对应于 $I_{i,j+1}$）浓度限值。计算时，$I_{i,j}$，$I_{i,j+1}$，$C_{i,j}$，$C_{i,j+1}$ 等 4 个参数值可通过查表 1 得到。

当 $C_j \geqslant C_{i,m}$ 时，选择点（$C_{i,m-1}$，$I_{i,m-1}$）及点（$C_{i,m}$，$I_{i,m}$）来确定线性函数，其分指数为：

$$I_i = \frac{C_i - C_{i,m-1}}{C_{i,m} - C_{i,m-1}} \times (I_{i,m} - I_{i,m-1}) + I_{i,m-1} \quad (2)$$

污染分指数的计算结果只保留整数，小数点后的数值全部进位。

4.2　确定空气污染指数及首要污染物

当各种污染物的污染分指数计算出后，按下式确定 API：

$$API = \max(I_1, I_2, I_3, \cdots, I_i, \cdots, I_n) \qquad (3)$$

式中，I_i 为第 i 种污染物的污染分指数，n 为污染物的个数。

也就是说，选择污染物分指数最大者为该区域空气污染指数，并确定该污染物为首要污染物。当空气污染指数不超过 50 时，不报告首要污染物。

4.3 API 法应用于香港空气质量的研究

采用式（3），以表 1、表 2 的数据为标准，各监测点月均值监测数据的空气指数计算结果见表 5。

表 5　各监测点的 API 法空气质量评价结果

监测点	描述性统计量	二氧化硫	可吸入悬浮粒子	二氧化氮	一氧化碳	臭氧	API	首要污染物
中西区	均值	18	73	71	—	54	58	可吸入悬浮粒子
	最大值	35	113	128	—	116	74	可吸入悬浮粒子
东区	均值	9	61	67	—	65	53	可吸入悬浮粒子
	最大值	25	99	121	—	107	68	可吸入悬浮粒子
大浦	均值	12	70	51	—	91	57	可吸入悬浮粒子
	最大值	30	112	99	—	137	73	可吸入悬浮粒子
葵涌	均值	15	72	78	—	49	57	可吸入悬浮粒子
	最大值	37	120	165	—	93	106	二氧化氮
观塘	均值	14	66	72	—	59	55	可吸入悬浮粒子
	最大值	28	104	126	—	102	70	可吸入悬浮粒子
沙田	均值	19	68	53	—	91	56	可吸入悬浮粒子
	最大值	36	107	115	—	149	71	可吸入悬浮粒子
深水埗	均值	19	69	79	—	55	56	可吸入悬浮粒子
	最大值	50	110	155	—	110	103	二氧化氮
铜锣湾	均值	16	80	153	257	—	102	二氧化氮
	最大值	32	118	237	403	—	132	二氧化氮
旺角	均值	15	72	119	172	—	64	二氧化氮
	最大值	40	114	210	311	—	122	二氧化氮
中环站	均值	24	83	158	175	—	103	二氧化氮
	最大值	42	125	211	379	—	126	二氧化氮
塔门	均值	13	62	20	110	102	53	可吸入悬浮粒子
	最大值	30	102	37	149	149	69	可吸入悬浮粒子

续表5

监测点	描述性统计量	二氧化硫	可吸入悬浮粒子	二氧化氮	一氧化碳	臭氧	API	首要污染物
东涌	均值	23	83	73	136	70	62	可吸入悬浮粒子
	最大值	52	142	137	229	163	85	可吸入悬浮粒子
荃湾	均值	19	70	77	126	52	57	可吸入悬浮粒子
	最大值	42	120	160	212	99	105	二氧化氮
元朗	均值	14	87	68	171	72	63	可吸入悬浮粒子
	最大值	36	173	157	321	122	103	二氧化氮

结果表明，香港地区大部分为中等污染，空气质量符合可接受标准。处于一般观测点位置的主要的污染物为可吸入悬浮粒子。而路边观测点的数据显示，路边空气质量较差，其主要是由于汽车等交通工具排放尾气造成的空气污染，主要污染物为二氧化氮。

采用同样的方法进一步观测其余14个监测点，计算1月每天的API指数，并画出首要污染物和污染等级比例的柱状图（图3、图4），基于图形进行统计分析，并同时进行聚类分析。

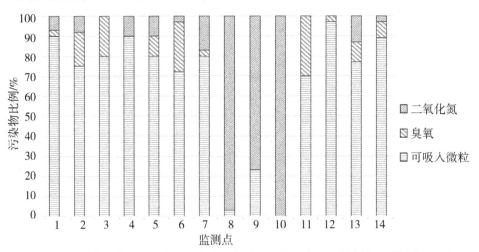

1—14分别代表中西区、东区、大浦、葵涌、观塘、沙田、深水埗、铜锣湾、旺角、中环站、塔门、东涌、荃湾、元朗。

图3　首要污染物比例柱状图

API指数的计算结果显示，一般监测点的API在60附近波动，路边监测点的API在90附近波动，且比较不稳定。

在一个月的30天中，一般监测点的首要污染物主要为可吸入悬浮粒子，路边监测点的首要污染物为二氧化氮，从空气质量污染的评价等级来看，香

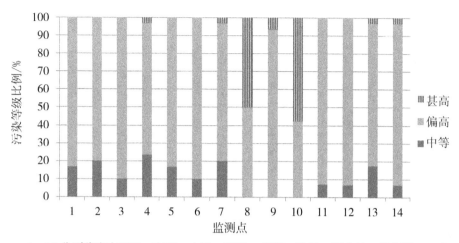

1—14 分别代表中西区、东区、大浦、葵涌、观塘、沙田、深水埗、铜锣湾、旺角、中环站、塔门、东涌、荃湾、元朗。

图4 污染等级比例柱状图

港空气污染处于偏高的水平（API 为 50～100）。

以一般监测点的日 API 数据作为样本，进行聚类分析，而路边监测点（中环、铜锣湾和旺角）与一般监测点的监测条件不一样，因此将其自归为一类（图5）。聚类分析结果如图6所示。

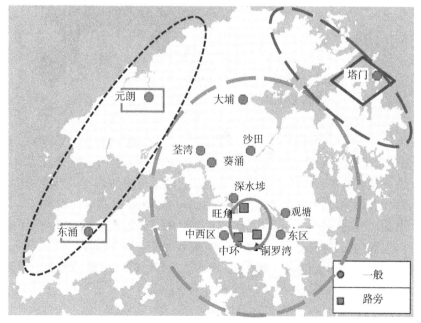

图5 香港14个空气质素监测点分布

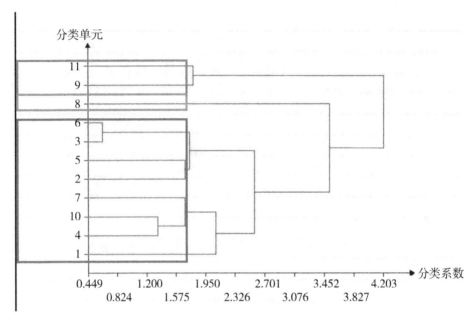

1—11 分别代表中西区、东区、大浦、葵涌、观塘、沙田、深水埗、塔门、东涌、荃湾、元朗。

图6 聚类系谱

聚类结果显示塔门归为第一类，中西区、东区、大浦、葵涌、观塘、沙田、深水埗、荃湾归为第二类，东涌、元朗归为第三类。从地理图可以看到以东涌和元朗为代表的地区靠近珠三角，空气质量较差。以塔门为代表的区域处于东南面，空气质量最好，这与它们靠近海边，上半年常受东南季风影响有关。香港大部分区域的空气处于中等污染的水平。

进一步分析，路边检测站（如中环、铜锣湾和旺角）及主要道路密集的地方，污染程度大。

对环境空气质量评价一般采用相关部门规定的环境空气质量标准，使用API 法，将空气中某种污染物的浓度值与国颁标准值进行比较来计算各种污染物的 API 分指数，求出最大值。其不足之处是没有考虑不同等级的多种污染物对分类的共同影响，而片面地重视单一样本数据的最大观测值。基于此，本文对图的特征进行提取，对多元数据融合以实现降维，并将提取的特征量作为基础变量，根据云模型理论的基本特征，构造描述系统评价所用的语言值。应用正向云进行系统的模糊评价，应用逆向云进行基础指标的分析，从而得到符合人类思维方式的集模糊性与随机性为一体的定性预定量集成综合评价结果。

5 基于雷达图的云模型空气质量评价法

本文选取雷达图的面积作为特征量，并以此作为构造云标尺的基础变量；运用云模型定性与定量转换思想进行转换，根据定量变量云化准则进行定量变量云化，并置于统一的以面积为坐标轴的图，形成定量评语标尺（图 7）。

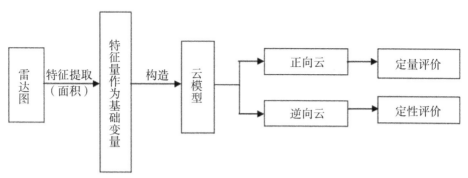

图 7　基于雷达图面积的云模型原理

5.1　雷达图的面积计算方法

5.1.1　数据预处理

设有 n 个样本点，m 个指标，第 j 个指标的均值和标准差分别为 $E(x_i)$ 和 $\delta(x_i)$。

（1）指标归一化。

$$x_{ij}^* = \frac{x_{ij} - E(x_j)}{\delta(x_j)}, i = 1,2,\cdots,n, j = 1,2,\cdots,m \qquad (4)$$

基础指标归一化使各指标均变换为均值为 1 且方差为 0 的量。

（2）非线性变化。

$$y_{ij} = \frac{2}{\pi}\arctan x_{ij}^* + 1 \qquad (5)$$

该变换使在均值附近的变换具有较好的线性性质，而偏离均值越远，变换的压缩性越强，从而将无限区间变化为有限区间 $[0,2]$，使均值由 0 变为 1。

5.1.2 雷达图的面积计算

如图 8 所示，r_1，r_2，r_3，r_4，r_5 分别为由中心到椭圆上的线，设 r_1，r_2 之间的夹角为 α_1；r_2，r_3 之间的夹角为 α_2；r_3，r_4 之间的夹角为 α_3；r_4，r_5 之间的夹角为 α_4；r_5，r_1 之间的夹角为 α_5，那么该五边形的面积为

$$S = \sum_{i=1}^{5} S_i \tag{6}$$

式中，$S_i = \dfrac{1}{2} r_i \cdot r_{i+1} \cdot \sin \alpha_i (i = 1, 2, 3, 4)$，$S_5 = \dfrac{1}{2} r_5 \cdot r_1 \cdot \sin \alpha_5$。

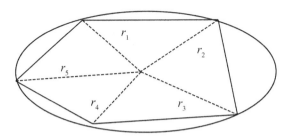

图 8 基于三角形面积计算原理的雷达图表示原理说明

5.2 云模型

云模型是用自然语言值表示的某个定性概念与其定量表示之间的不确定性转换模型。云由许多云滴组成，每一个云滴就是这个定性概念在数域空间中的一次具体实现，这种实现带有不确定性，设集合 $A = \{a\}$，称为语言域。对于语言域 A 中的语言值 a，将其映射到数域空间 X 的任意点 x，都存在一个有稳定倾向的数 $m_A(x)$，叫作 x 对 a 的确定程度。云的数字特征用期望值 Ex、熵 En、超熵 He 三个数值表征，它把语言值中的模糊性和随机性关联到一起，构成定性和定量相互间的映射，作为知识表示的基础。Ex 可以认为是所有云滴在数域中的重心位置，反映了最能代表这个定性概念在数域的坐标。En 是定性概念，是一个亦此亦彼性的度量。He 反映了在数域中可被语言值接受的数域范围，即模糊度，同时还反映了在数域中的这些点能够代表这个语言值的概率，是熵 En 的离散程度，即熵的熵，反映了每个数值代表这个语言值确定度的凝聚性，也反映云滴的凝聚程度。

5.2.1 正向云发生器

正向云发生器是最基本的云算法，实现了语言值表达的定性信息中获得定量数据的范围和分布规律，是表征语言原子最普遍、最重要的工具，是一个前向的、直接的过程。它在表达自然语言中的基本语言值 – 语言原子时最

为有用，因为社会和自然科学的各个分支都已经证明了正态分布的普适性。给定云的三个数字特征（Ex，En，He），产生正态云模型的若干二维点——云滴 $drop(x_i, \mu_i)$，称为正向云发生器（图9）。

5.2.2 逆向云发生器

逆向云发生器则是将一定数量的精确数值有效转换为恰当的定性语言值（Ex，En，He），它是从定量到定性的映射，是个逆向的、间接的过程。其作用是从给定数量的云滴中还原出一维云的三个数字特征（Ex，En，He），以实现从定量数值向定性语言值的转换（图9）。

逆向云发生器是实现从定量数值到定性概念的转换模型，它可以将一定数量的精确数据转换为以数字特征（Ex，En，He）表示的定性概念。

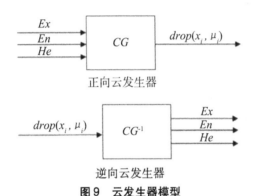

图9　云发生器模型

5.2.3 一维正态云的生成算法

输入：表示定性概念 A 的三个数字特征（Ex，En，He）和云滴数 N。

输出：N 个云滴的定量值及每个云滴代表概念 A 的确定度。

算法步骤如下：

（1）生成以 En 为期望值，以 He 为标准差的一个正态随机数 En'。

（2）生成以 Ex 为期望值，以 He 为标准差的正态随机数 x。

（3）令 x 为定性概念 A 的一次具体量化值，称为云滴。

（4）计算 $y = \exp\left[\dfrac{(x - Ex)^2}{2(En')^2}\right]$。

（5）令 y 为 x 属于定性概念 A 的确定度。

（6）$\{x, y\}$ 完整地反映了这一次定性定量转换的全部内容。

（7）重复上述步骤直至产生 N 个云滴为止。

5.2.4 逆向云算法

输入：样本点 x_i。

输出：反映定性概念的数字特征（Ex，En，He）。

算法步骤如下：

（1）根据 x_i 计算定量数据的样本均值 $x = \dfrac{1}{n}\sum\limits_{i=1}^{n} x_i$，一阶样本绝对中心距

$d = \dfrac{1}{n}\sum\limits_{i=1}^{n}\left| x_i - \overline{x}\right|$，样本方差 $S^2 = \dfrac{1}{n}\sum\limits_{i=1}^{n}\left(x_i - \overline{x}\right)$。

（2）计算期望，$Ex = \overline{x}$。

（3）计算熵，$En = \sqrt{\dfrac{n}{2}} \times \dfrac{d}{n}$。

（4）计算超熵，$He = \sqrt{S^2 - En^2}$。

5.3 云模型应用于空气质量的评价

云模型是用（Ex，En，He）来整体表征一个具体概念的，云由云滴组成，云滴之间无次序性，每个云滴是定性概念在数量上的一次实现。在空气质量评价中，可用一个云滴映射专家的一次评价。另外，为将云模型引入空气质量评价模型，做如下假设：

（1）对某一定性语言值概念上，专家群对一组污染数据隶属于该概念的确定度的分布符合正态分布。

（2）把每一定量的污染级别，看作一个自然语言的概念，对应映射成一朵云。

（3）为求解方便，设每个污染因子对总的空气质量的污染权重为1。

5.3.1 确定定量评语云标尺

参照空气的评价标准（表1），画雷达图（图10）计算不同等级的评价标准的雷达图面积。将等级数据预处理，得表6。

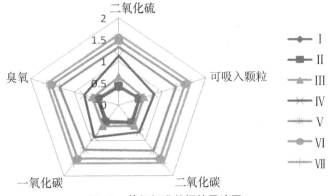

图10 等级标准数据的雷达图

表6 空气的评价标准数据预处理

等级	二氧化硫	可吸入悬浮粒子	二氧化氮	一氧化碳	臭氧	雷达图面积
I	0.406421	0.471364	0.469179	0.445716	0.453402	3.994139
II	0.438117	0.483765	0.506543	0.487958	0.495204	4.602754
III	0.652527	0.582492	0.583933	0.593676	0.598968	7.174334
IV	1.138188	0.815685	0.775104	0.906231	0.787098	15.80075
V	1.325683	1.315407	1.296097	1.266598	1.347021	33.89749
VI	1.484025	1.519831	1.520607	1.512042	1.525445	45.1543
VII	1.613171	1.646025	1.652667	1.650031	1.637146	53.0822

然后依照表7列举的方法确定香港空气质量的标准云的数字特征，计算结果见表8。

表7 标准云的数字特征确定方法

等级	雷达图面积	云的三个数字特征参数的取值方法		
		Ex	En	He
I	$S1$	$Ex_1 = S_1/2$	$En_1 = (Ex_2 - Ex_1)/3$	0.1
II	$S2$	$Ex_2 = (S_1 + S_2)/2$	$En_2 = (Ex_2 - Ex_1)/3$	0.1
III	$S3$	$Ex_3 = (S_2 + S_3)/2$	$En_3 = (Ex_3 - Ex_2)/3$	0.1
IV	$S4$	$Ex_4 = (S_3 + S_4)/2$	$En_4 = (Ex_4 - Ex_3)/3$	0.1
V	$S5$	$Ex_5 = (S_4 + S_5)/2$	$En_5 = (Ex_5 - Ex_4)/3$	0.1
VI	$S6$	$Ex_6 = (S_5 + S_6)/2$	$En_6 = (Ex_6 - Ex_5)/3$	0.1
VII	$S7$	$Ex_7 = (S_6 + S_7)/2$	$En_7 = (Ex_7 - Ex6)/3$	0.1

表8 香港空气质量的标准云的数字特征

等级	雷达图面积	云的三个数字特征参数的取值方法		
		Ex	En	He
I	3.994139	1.997069	0.767126	0.1
II	4.602754	4.298446	0.767126	0.1
III	7.174334	5.888544	0.530033	0.1
IV	15.80075	11.48754	1.866333	0.1
V	33.89749	24.84912	4.453859	0.1
VI	45.1543	39.52589	4.892258	0.1
VII	53.0822	49.11825	3.197452	0.1

调用正向云算法，生成等级 Ⅰ～Ⅶ 的云模型，构成空气质量云标尺（图 11）。

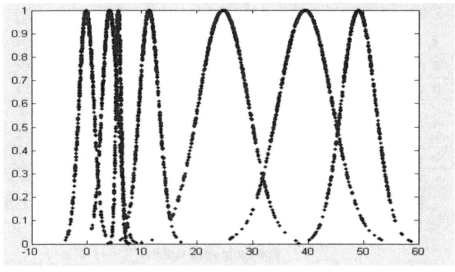

图 11 空气质量云标尺

5.3.2 定量评价

读取污染监测点的污染数据 $P[J][M]$，J 为样本个数，M 为指标个数。计算每个样本的雷达图面积，计算隶属度，取隶属度最大值，该值所在的级别为该监测点的污染级别。表 9 为以香港 1 月的空气污染物平均浓度为样本计算得到的评价结果。

表 9 基于雷达图面积的云模型评价结果

监测点	隶属度							评价等级
	μ_1	μ_2	μ_3	μ_4	μ_5	μ_6	μ_7	
中西区	0.0194	0.9501	0.0004	0	0	0	0	Ⅱ
东区	0.0241	0.9242	0.0003	0	0	0	0	Ⅱ
大浦	0.0197	0.9486	0.0004	0	0	0	0	Ⅱ
葵涌	0.0193	0.9506	0.0004	0	0	0	0	Ⅱ
观塘	0.0204	0.9444	0.0004	0	0	0	0	Ⅱ
沙田	0.0163	0.9672	0.0006	0	0	0	0	Ⅱ
深水涉	0.0272	0.9743	0.0068	0.0001	0	0	0	Ⅱ
铜锣湾	0.0071	0.9953	0.0090	0.0003	0	0	0	Ⅱ
旺角	0.0182	0.9736	0.0024	0.0002	0	0	0	Ⅱ

续表9

监测点	隶属度							评价等级
	μ_1	μ_2	μ_3	μ_4	μ_5	μ_6	μ_7	
中环站	0.0050	0.9780	0.0137	0.0003	0	0	0	Ⅱ
塔门	0.0381	0.8878	0.0002	0.0001	0	0	0	Ⅱ
东涌	0.0482	0.8443	0.0001	0.0001	0	0	0	Ⅱ
荃湾	0.0453	0.8568	0.0001	0.0001	0	0	0	Ⅱ
元朗	0.1097	0.6424	0	0	0	0	0	Ⅱ

5.3.3 定性评价

调用逆向云算法,求得三个特征量,并进行仿真,图形显示监测点的云模型。监测点塔门、旺角、沙田、大浦的云模型仿真如图 12 所示。

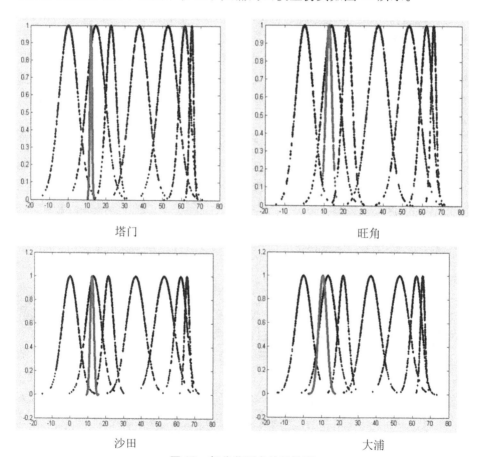

塔门   旺角

沙田   大浦

图 12   部分监测点的云仿真

6 基于粒子群算法的投影寻踪等级
评价（PSO-PPE）模型

6.1 背景知识

投影寻踪是用来处理和分析高维数据的一种探索性数据分析的有效方法，其基本思想是：利用计算机技术，把高维数据通过某种组合，投影到低维子空间上，并通过极小化某个投影指标，寻找能反映原高维数据结构或特征的投影，在低维空间上对数据结构进行分析，以达到研究和分析高维数据的目的。根据给定的判别标准，利用投影特征值对评价样本进行等级水平评价，称为投影寻踪等级评价（projection pursuit grade evaluation，PPE）模型。

近年来，随着计算智能技术的发展，涌现了各种新的仿生智能算法。粒子群优化（particle swam optimization，PSO）算法是由 Kennedy 和 Eberhart 于 1995 年提出的一种进化算法。与遗传算法类似，粒子群算法也是一种基于迭代的优化工具，系统初始化为一组随机解，通过某种方式迭代寻找最优解。但其没有遗传算法的"选择""交叉""变异"算子，编码方式也较 GA 简单，因此粒子群算法容易理解、易于实现，近年来发展很快，在许多方面得到了成功应用。

传统的投影寻踪算法常用遗传算法寻找模型的最优值，但遗传算法实现过程复杂，并且有多个参数需要调整，而粒子群算法简单、易于实现，因此本文以粒子群优化算法替代遗传算法，建立基于粒子群算法的投影寻踪等级评价（PSO-PPE）模型。

6.2 粒子群算法步骤

PSO 算法是基于群体智能理论的优化算法，群体中的粒子在每次迭代搜索的过程中，通过跟踪群体 2 个极值——粒子本身所找到的最优解 pbest 和群体找到的最优解 gbest，来动态调整自己位置和速度，完成对问题寻优。

对于求最大化目标函数 $\max F(x)$ 的函数优化问题，其计算步骤（图13）如下：

（1）初始化粒子群，包括群体规模 N，每个粒子的位置 $x_i = (x_{ij})$，$i = 1, 2, \cdots, N$，$j = 1, 2, \cdots, n$（N 为粒子的数量，n 代表空间的维数）及其对应的速度 $v_i = (v_{ij})$。

（2）计算每个粒子的适应度值（目标函数值）$Fit(x_i)$。

（3）对每个粒子，用它的适应度值 $Fit(\boldsymbol{x}_i)$ 和个体极值 $pbest_i(t)$ 比较，若 $Fit(\boldsymbol{x}_i) > pbest_i(t)$，则用 $Fit(\boldsymbol{x}_i)$ 替换掉 $pbest_i(t)$，即

$$pbest_i(t+1) = \begin{cases} pbest_i(t), Fit(\boldsymbol{x}_i) < pbest_i(t) \\ \boldsymbol{x}_i(t+1), Fit(x_i) \geqslant pbest_i(t) \end{cases} \tag{6}$$

式中，$pbest_i(t) = (x_{i1}, x_{i2}, \cdots, x_{in})$。

（4）对每个粒子，用它的适应度值 $Fit(\boldsymbol{x}_i)$ 和全局极值 $gbest$ 比较，若 $Fit(\boldsymbol{x}_i) > gbest$，则用 $Fit(\boldsymbol{x}_i)$ 替换 $gbest$；按照一定更新概率，或根据下式更新粒子的速度 v_{ij} 和位置 x_{ij}，或随机初始化更新：

$$v_{ij}(t+1) = \omega v_{ij}(t) + c_1 r_1 [pbest_i(t) - x_{ij}(t)] + c_2 r_2 [gbest(t) - x_{ij}(t)] \tag{7}$$

$$gbest = \max \{f(pbest_1(t)), f(pbest_2(t)), \cdots, f(pbest_N(t))\} \tag{8}$$

$$x_{ij}(t+1) = x_{ij}(t) + v_{ij}(t+1) \tag{9}$$

式中，$\omega \in [0.1, 0.9]$ 为加权系数，r_1，r_2 为 $[0, 1]$ 均匀分布的随机数，c_1，c_2 为加速常数（学习速率），通常取 $c_1 = c_2 = 2$。

（5）如果满足结束条件（误差足够好或到达最大循环次数）就退出，否则回到步骤（2）。

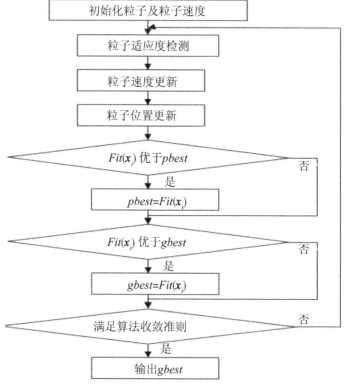

图 13　粒子群算法流程

基本粒子群优化算法在解空间内搜索时，有时会出现粒子在全局最优解附近"振荡"的现象，为了避免这个问题，我们可以做如下改进：随着迭代进行，速度更新公式中的加权因子 ω 由最大加权因子 ω_{max} 线性减少到最小加权因子 ω_{min}，即

$$\omega = \omega_{max} - iter \cdot \frac{\omega_{max} - \omega_{min}}{iter_{max}} \qquad (10)$$

式中，$iter$ 为当前迭代数，而 $iter_{max}$ 是总的迭代次数。

6.3 外部惩罚函数法

该方法的基本策略是根据约束的特点构造某种"惩罚项"，把它加进目标函数中，使约束问题的求解转化为一系列无约束问题的求解。这种"惩罚策略"，对无约束问题求解过程中企图违反约束的那些迭代点给予很大的目标函数值，迫使这一系列无约束问题的极小点或者不断地向可行域靠近，或者一直保持在可行域内移动，直到收敛于原约束问题的极小点。本文采用外部惩罚函数法，它对违反约束的点在目标函数中加入相应的惩罚，而对不可行点不予惩罚。

6.4 基于惩罚函数法的粒子群投影寻踪等级评价模型的建模步骤

6.4.1 样本评价指标集的归一化处理

设各指标值的样本集为 $\{x^*(i,j) \mid i = 1,2,\cdots,n; j = 1,2,\cdots,p\}$，其中，$x^*(i,j)$ 为第 i 个样本第 j 个指标值，n 和 p 分别为样本的个数（样本容量）和指标的数目。为消除各指标值的量纲和统一各指标值的变化范围，对于越大越优的指标和越小越优的指标，可分别采用下式进行极值归一化处理：

$$x(i,j) = \frac{x^*(i,j) - x_{min}(j)}{x_{max}(j) - x_{min}(j)} \qquad (11)$$

$$x(i,j) = \frac{x_{max}(j) - x^*(i,j)}{x_{max}(j) - x_{min}(j)} \qquad (12)$$

式中，$x_{max}(j)$，$x_{min}(j)$ 分别为第 j 个指标值的最大值和最小值，$x(i,j)$ 为指标特征值归一化的序列。

6.4.2 构造投影指标函数 $Q(a)$

投影寻踪方法就是把 p 维数据 $\{x(i,j) \mid i = 1, 2, \cdots, n; j = 1, 2, \cdots, p\}$ 通过某种组合投影到一维子空间 $z(i)$。$\boldsymbol{\alpha} = (\alpha(1), \alpha(2), \cdots,$

$\alpha(p)$）为单位向量，则在该单位向量投影方向的一维投影值 $z(i)$ 为

$$z(i) = \sum_{j=1}^{p} \alpha(j)x(i,j), i = 1,2,\cdots,n \qquad (13)$$

根据 $\{z(i)|i = 1,2,\cdots,n\}$ 的一维散布图进行分类。综合投影指标值时，要求投影值 $z(i)$ 的散布特征应为：局部投影点尽可能密集，最好凝聚成若干个点团，而在整体上投影点团之间尽可能散开。因此，投影指标函数可以表达成 $Q(a) = S_z D_z$，其中，S_z 为投影值 $z(i)$ 的标准差，D_z 为投影值 $z(i)$ 的局部密度，即

$$S_z = \sqrt{\frac{\sum_{i=1}^{n}\left[z(i) - E(z)\right]^2}{n-1}}, D_z = \sum_{i=1}^{n}\sum_{i=1}^{n}\left[R - r(i,j)\right] \cdot u(R - r(i,j))$$

$$(14)$$

式中，$E(z)$ 为序列 $\{z(i)|i = 1,2,\cdots,n\}$ 的平均值；R 为局部密度的窗口半径，它的选取既要使包含在窗口内的投影点的平均个数不太少，避免滑动平均偏差太大，又不能使它随着 n 的增大而增加太高，R 可以根据试验来确定；$r(i,j)$ 表示样本之间的距离，即 $r(i,j) = |z(i) - z(j)|$；$u(t)$ 为一单位阶跃函数，当 $t \geq 0$ 时其值为 1，当 $t < 0$ 时其函数值为 0。

6.4.3 优化投影指标函数

当各指标值的样本集给定时，投影指标函数 $Q(a)$ 只随着投影方向 α 的变化而变化。不同的投影方向反映不同的数据结构特征，最佳投影方向就是最大可能暴露高维数据某类特征结构的投影方向，因此可以通过求解投影指标函数最大化问题来估计最佳投影方向，即最大化目标函数为

$$\max Q(a) = S_z D_z \qquad (15)$$

约束条件为

$$\sum_{j=1}^{p} \alpha^2(j) = 1, j = 1,2,\cdots,p \qquad (16)$$

这是一个优化变量的复杂非线性优化问题，传统的优化方法参数较多，处理较难。本文首先采用惩罚函数法（外点法）定义辅助函数，即

$$F(x,\delta) = -Q(a) + \delta \cdot \left[\max\left(\sum_{j=1}^{p} \alpha^2(j),1\right)^2\right] \qquad (17)$$

然后应用模拟鸟群、鱼群的觅食过程中的迁徙和聚集的行为，并利用生物群体模型的粒子群优化算法来解决其高维全局寻优问题。

6.4.4 等级评价

把求得的最佳投影方向 a^* 代入式（13），可得各样本点的投影值 $z^*(i)$。根据各经验等级及其对应的投影值 $z^*(i)$ 建立投影寻踪等级评价模型

$y^* = f(z)$，然后将待评价样本进行归一化处理，计算待评价样本的投影值 $z(i)$，将其代入投影寻踪等级评价模型 $y^* = f(z)$，最后得出各评价样本的所属等级。该模型流程如图14所示。

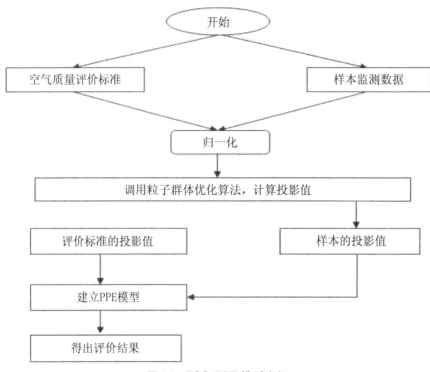

图14 PSO-PPE 模型流程

6.5 香港空气质量评价的 PSO-PPE 模型评价

6.5.1 数据指标与评级等级的选定

空气质量好坏主要与空气中主要污染物的可吸入悬浮粒子、二氧化硫、二氧化碳、臭氧、一氧化碳等的浓度有关。

各个评价指标的评级标准以香港环保署的空气质量评价标准为依据，见表1。对香港空气质量的评价主要针对香港11个一般监测点和3个路边监测点的测量数据。

6.5.2 建立等级标准的 PSO-PPE 模型

首先，等级数据归一化。

$$x(i,j) = \begin{pmatrix} 0 & 0.0472 & 0.2657 & 0.5629 & 0.6853 & 0.8252 & 1 \\ 0 & 0.0155 & 0.1202 & 0.2946 & 0.6047 & 0.7984 & 1 \\ 0 & 0.0444 & 0.1222 & 0.2667 & 0.5833 & 0.7889 & 1 \\ 0 & 0.0526 & 0.1579 & 0.3684 & 0.5789 & 0.7895 & 1 \\ 0 & 0.0526 & 0.1579 & 0.2982 & 0.6491 & 0.8246 & 1 \end{pmatrix}$$

然后，调用 PSO 算法进行优化。采用 MATLAB 软件编程进行 PSO 优化，得到的最佳投影方向为 $\boldsymbol{\alpha}^* = (0.4483, 0.4440, 0.4392, 0.4517)$，即 $\alpha(1) = 0.4483, \alpha(2) = 0.4440, \alpha(3) = 0.4392, \alpha(4) = 0.4517$，将 $\alpha(j), j = 1,2,3, 4$ 代入式（13），得到各个空气污染等级标准样本的投影值 $z^*(i) = (0.0948, 0.3685, 0.8007, 1.3875, 1.8009, 2.2359)$。

接下来，曲线拟合构造 PPE 空气质量评价模型。

观察散点图，对数据进行拟合，选择模型形式：$y = ae^{bx} + ce^{-dx}$，得到的拟合模型 PSO-PPE 模型 I 为 $y = 2.8848e^{0.3994x} - 1.8483e^{-5.6534x}$。拟合效果如图 15 所示。

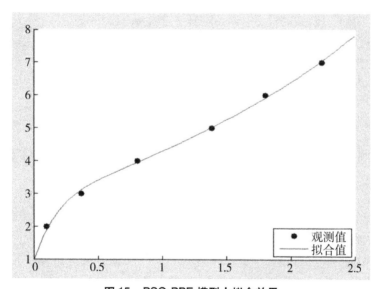

图 15 PSO-PPE 模型 I 拟合效果

拟合模型的相关系数 $R^2 = 0.9973$，拟合效果显著。

对误差进行分析，结果见表 10。

表 10   PSO-PPE 模型 I 的误差分析

实际值	1	2	3	4	5	6	7
拟合值	1.0365	1.9147	3.1121	3.9520	5.0203	5.9223	7.0461
误差	−0.0365	0.0853	−0.1121	0.0480	−0.0203	0.0777	−0.0461
相对误差	−3.65%	4.27%	−3.74%	1.2%	−0.41%	1.3%	−0.67%

误差在均值附近波动，无显著特征，如图 16 所示。

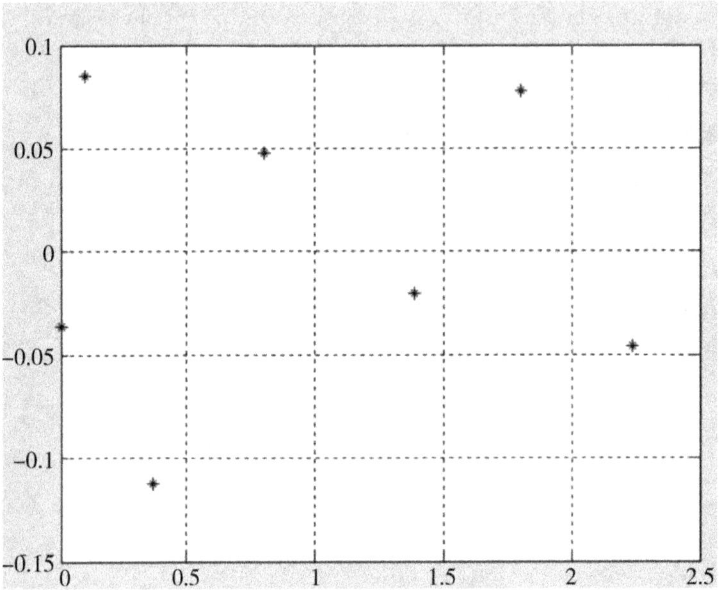

图 16   PSO-PPE 模型 I 误差

由于测量设备和现实条件的限制，监测点所测定的数据并不全面，因此选定可达到的指标分别建立模型。

下面以可吸入悬浮粒子、二氧化硫、二氧化氮、臭氧为评价指标建立 PSO-PPE 模型 II 。

最佳投影方向为 $\boldsymbol{\alpha}^* = (0.4981, 0.5045, 0.4947, 0.5026)$ 。

投影值为 $z^*(i) = (0.0087, 0.0880, 0.3401, 0.5609, 1.2643, 1.6201, 1.999)$ 。

PSO-PPE 模型 II 为 $y = 3.0348\mathrm{e}^{0.4167x} - 2.1089\mathrm{e}^{-5.933x}$ 。

相关系数为 $R^2 = 0.9884$ 。

该模型的误差分析见表 11，拟合效果如图 17 所示。

表 11　PSO-PPE 模型Ⅱ误差分析

实际值	1	2	3	4	5	6	7
拟合值	1.0431	1.8970	3.2165	3.7583	5.1385	5.9610	6.9833
误差	-0.0431	0.0515	-0.0722	0.0604	-0.0277	0.0065	0.0024
相对误差	-4.31%	5.15%	-7.22%	6.04%	-2.77%	0.65%	0.24%

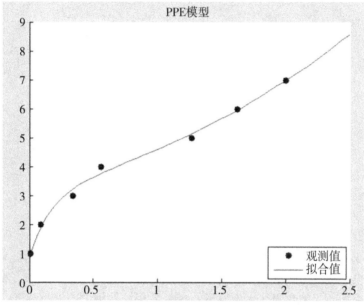

图 17　PSO-PPEⅡ模型拟合效果

以可吸入悬浮粒子、二氧化硫、二氧化氮、一氧化碳为评价指标建立
PSO-PPE 模型Ⅲ。

最佳投影方向为 $\alpha^* = (0.5052, 0.5059, 0.4979, 0.4910)$。

投影值为 $z^*(i) = (0, 0.0797, 0.3334, 0.7470, 1.2267, 1.6011, 1.9999)$。

PSO-PPE 模型Ⅲ为 $y = 2.8425e^{0.4559x} - 1.8023e^{-6.9041x}$。

相关系数为 $R^2 = 0.9964$。

该模型的误差分析见表 12，拟合效果如图 18 所示。

表 12　PSO-PPE 模型Ⅲ误差分析

实际值	1	2	3	4	5	6	7
拟合值	1.0402	1.9081	3.1288	3.9855	4.9723	5.8982	7.0744
误差	1.0402	1.9081	3.1288	3.9855	4.9723	5.8982	7.0744
相对误差	-4.02%	4.56%	-4.2920	0.36%	0.55%	1.67%	-1.06%

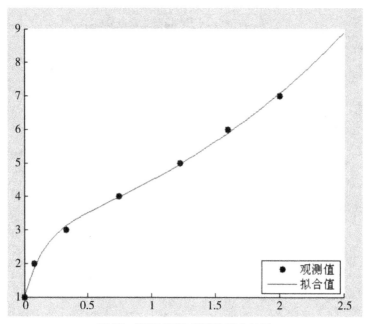

图 18   PSO-PPE 模型Ⅲ拟合效果

6.5.3   模型结果分析

由于样本数据的限制，不同观测点的观测指标并不一致，因此对其使用不同的模型进行评价。东涌、荃湾、元朗、塔门观测指标为二氧化硫、可吸入悬浮粒子、二氧化氮、一氧化碳、臭氧，因此使用 PSO-PPE 模型Ⅰ对空气质量进行评价；中西区、东区、葵涌、观塘、深水埗、沙田、大浦的观测指标为二氧化硫、可吸入悬浮粒子、二氧化氮、臭氧，因此使用 PSO-PPE 模型Ⅱ对空气质量进行评价；铜锣湾、中环、旺角、观测指标为二氧化硫、可吸入悬浮粒子、二氧化氮、一氧化碳，因此使用 PSO-PPE 模型Ⅲ对空气质量进行评价。

选择的样本数据为 14 个监测点的月均值和月最大观测值数据，数据为 2011 年 1 月的月均值观测数据，计算样本的投影值，然后代入相应的 PSO-PPE 模型求得空气质量等级计算值，判断样本与标准等级之间的距离，从而判断该空气质量的污染等级。

表 13   PSO-PPE 模型评价结果

监测点	月均值投影值	y	污染等级	月最大投影值	y	污染等级
中西区	0.0334	1.3933	Ⅱ	0.1126	2.0993	Ⅲ
东区	0.0260	1.3195	Ⅱ	0.0935	1.9444	Ⅲ

续表 13

监测点	月均值投影值	y	污染等级	月最大投影值	y	污染等级
大浦	0.0327	1.3865	Ⅱ	0.102	2.0151	Ⅲ
葵涌	0.0324	1.3833	Ⅱ	0.1252	2.1940	Ⅲ
观塘	0.0314	1.3734	Ⅱ	0.0976	1.9789	Ⅲ
沙田	0.0394	1.4509	Ⅱ	0.1199	2.1549	Ⅲ
深水埗	0.0384	1.4413	Ⅱ	0.1369	2.2769	Ⅲ
塔门	0.0233	1.2275	Ⅱ	0.0613	1.6493	Ⅲ
东涌	0.0478	1.5080	Ⅲ	0.1381	2.2017	Ⅲ
荃湾	0.0373	1.3925	Ⅱ	0.1122	2.0369	Ⅲ
元朗	0.0400	1.4221	Ⅱ	0.1245	2.1176	Ⅲ
铜锣湾	0.0699	1.9363	Ⅲ	0.1313	2.2898	Ⅲ
旺角	0.0489	1.7346	Ⅲ	0.1236	2.2395	Ⅲ
中环站	0.0799	2.0240	Ⅲ	0.1283	2.2705	Ⅲ

7 模型检验

为了对上述三种模型进行检验，使用随机模拟的方法，根据环境质量标准，对前 5 个级别分别设置了 5 组样本，共 25 组样本，并计算了三种评价方法的评价结果（表 14）。结果显示，使用 API 做等级评价的准确率达 80%，云模型达 85%，PSO-PPE 模型达 96%，这表明模型通过检验，能有效对城市空气质量的进行评价。

表 14 随机模拟样本的三种方法评价结果

样本序号	可吸入悬浮颗粒	二氧化硫	二氧化氮	一氧化碳	臭氧	空气质量样本等级	API	云模型	PSO-PPE
1	3	10	15	734	15	Ⅰ	Ⅰ	Ⅱ	Ⅰ
2	1	4	4	3344	9	Ⅰ	Ⅰ	Ⅰ	Ⅰ
3	13	2	4	6793	58	Ⅰ	Ⅱ	Ⅱ	Ⅱ
4	11	29	15	2459	31	Ⅰ	Ⅰ	Ⅱ	Ⅰ
5	10	11	10	3273	7	Ⅰ	Ⅰ	Ⅰ	Ⅰ
6	28	69	60	14292	48	Ⅱ	Ⅱ	Ⅱ	Ⅱ

续表 14

样本序号	可吸入悬浮颗粒	二氧化硫	二氧化氮	一氧化碳	臭氧	空气质量样本等级	API	云模型	PSO-PPE
7	32	72	45	11506	52	Ⅱ	Ⅱ	Ⅱ	Ⅱ
8	43	71	79	11511	57	Ⅱ	Ⅲ	Ⅱ	Ⅱ
9	53	60	68	10110	59	Ⅱ	Ⅱ	Ⅱ	Ⅱ
10	32	75	53	14747	60	Ⅱ	Ⅲ	Ⅱ	Ⅱ
11	137	165	118	25398	168	Ⅲ	Ⅲ	Ⅲ	Ⅲ
12	99	147	99	25924	234	Ⅲ	Ⅲ	Ⅲ	Ⅲ
13	144	247	82	25555	236	Ⅲ	Ⅲ	Ⅲ	Ⅲ
14	120	176	130	21578	237	Ⅲ	Ⅲ	Ⅲ	Ⅲ
15	147	304	91	22855	238	Ⅲ	Ⅲ	Ⅲ	Ⅲ
16	227	760	227	39151	290	Ⅳ	Ⅲ	Ⅳ	Ⅳ
17	242	483	223	59576	258	Ⅳ	Ⅳ	Ⅳ	Ⅳ
18	190	750	156	53659	387	Ⅳ	Ⅳ	Ⅳ	Ⅳ
19	250	735	151	58249	395	Ⅳ	Ⅳ	Ⅳ	Ⅳ
20	346	379	262	35249	372	Ⅳ	Ⅳ	Ⅳ	Ⅳ
21	407	806	311	82484	654	Ⅴ	Ⅳ	Ⅴ	Ⅴ
22	401	1566	327	76722	766	Ⅴ	Ⅴ	Ⅴ	Ⅴ
23	358	1036	529	81847	623	Ⅴ	Ⅴ	Ⅴ	Ⅴ
24	414	1442	524	64852	556	Ⅴ	Ⅴ	Ⅴ	Ⅴ
25	367	1156	385	62597	704	Ⅴ	Ⅴ	Ⅴ	Ⅴ

8　空气质量组合评价模型

在实际应用中，不同的评价方法往往只能提供某一方面的有用信息，在选择了某种方法后，不可避免地会丢失另外一些有用信息，从而导致评价误差相对较大。为了尽可能多地利用有用信息，1969 年，J. N. Bates 和 C. W. J. granger 在《运筹学》季刊中，提出了"组合预测"的思想。根据组合定理，即使一个评价结果不理想的方法，如果它含有系统的独立信息，它与另一个较好的评价方法进行组合后，同样可以增加系统的评价性能。因此，组合评价能够更大化地利用有用信息，比单一评价方法更为科学、有效。

本文采用了 3 种方法对香港空气质量进行单一的模型评价：API 法、云模型评价法、粒子群投影寻踪法。评价结果见表 15。

表 15   三个模型对香港空气质量的月均水平进行综合评价结果

监测点	API 法	云模型评价法	粒子群投影寻踪法
中西区	58	Ⅱ	Ⅱ
东区	53	Ⅱ	Ⅱ
大浦	57	Ⅱ	Ⅱ
葵涌	57	Ⅱ	Ⅱ
观塘	55	Ⅱ	Ⅱ
沙田	56	Ⅱ	Ⅱ
深水埗	56	Ⅱ	Ⅱ
塔门	53	Ⅱ	Ⅱ
东涌	62	Ⅱ	Ⅲ
荃湾	57	Ⅱ	Ⅱ
元朗	63	Ⅱ	Ⅱ
铜锣湾	102	Ⅱ	Ⅲ
旺角	64	Ⅱ	Ⅲ
中环站	103	Ⅱ	Ⅲ

API 法将常规监测的几种空气污染的浓度简化成为单一的概念性数值形式，并分级表征空气质量状况与空气污染的程度，其结果简明直观，使用方便，适用于表示城市的空气质量状况和变化趋势。API 评价结果均接近于二级的标准，稍微超出，而按照 API 分级标准直接将其归为Ⅲ（轻微污染水平），造成污染的放大，对社会造成不好的影响，这主要是由于 API 模型从各种污染物的 API 分指数中提取最大值来进行空气质量评价，结果带有片面性。云模型评价法与粒子群投影寻踪法的结果均克服了这个缺陷，这些方法综合考虑各个因子的影响，从而得到更合理的评价结果。

云模型评价法，将空气质量等级判定看作一种模式识别问题，以雷达图面积为特征量，从随机性和模糊性的角度对空气环境质量优劣作定性和定量的评述。采用雷达图的面积作为特征量，可以有效地将多维数据降维。用云模型来统一刻画语言值中大量存在的随机性、模糊性及两者之间的关联性，作为定性定量转换的不确定性模型，能够充分体现语言概念的随机性和模糊性。基于雷达图的面积 – 云模型理论的质量评价方法，充分利用云模型理论定性定量信息转换的强大功能，以此来解决质量评价问题中的关键问题，即得到的质量评价结果更加符合人类思维方式。

粒子群投影寻踪法依据样本自身的数据特征求求最优的投影方向，通过线性投影计算反映评价样本综合特征信息的投影特征指标，根据这一指标可以形象、直观地对样本进行分类或评价，避免了诸如各评价因素权重确定的人为任意性。

因此，应用这三种模型的组合模型方法对空气质量进行评价，可以发挥各模型的优势，避免单一模型在因素与函数关系方面的弊端，有利于提高评价的准确性以及反应信息的全面性。

8.1.1 组合评价模型

假设对某一问题有 M 种评价方法，经过分析，可以确定第 i 种方法的权重 w_i（$i=1, 2, \cdots, M$），那么组合模型可表示为

$$Y_t = \sum_{i=1}^{M} w_i y_{ti}, \sum w_i = 1 \tag{18}$$

式中，Y_t 为第 t 个样本的组合评价值；y_{ti} 为第 t 个样本第 i 种评价模型的评价值。

8.1.2 拟合优度法确定权重

组合模型常用等权组合和不等权组合两种形式，但实验表明不等权的组合结果较为准确。由于本文三种评价模型的结果较分散，故采用拟合优度法确定权重。该模型能给予预测标准误差最小的模型最大的权重，保证预测结果拟合优度。权重公式定义如下：

$$w_i = \frac{\sum_{i=1}^{M} Se_i - Se_i}{\sum_{i=1}^{M} Se_i} \cdot \frac{1}{M-1} \tag{19}$$

$$Se_i = \sqrt{\frac{\sum_{i=1}^{n}(y_{ti} - y_t)^2}{n-1}}, i = 1,2,\cdots,n \tag{20}$$

式中，y_t 为第 t 个样本的实际值。

8.1.3 组合模型评价结果分析

使用组合评价模型时，首先要确定各种方法的权重，该过程已知样本的实际评价值，而实际的监测数据并不能满足这点，因此可在模型检验过程中用 SAS 随机模拟不同级别的空气质量污染物浓度样本，以及综合采用 API 法、云模型评价法、粒子群投影寻踪法评价结果。代入权重的计算模型，计算得到的三个模型的权重分别为 0.2520，0.2976 和 0.4504。

对香港空气质量的月均水平进行组合，评价结果见表16。

表 16   组合模型的评价结果

监测点	组合评价值	污染等级
中西区	2.252	Ⅱ级 – 轻度污染
东区	2.252	Ⅱ级 – 轻度污染
大浦	2.252	Ⅱ级 – 轻度污染
葵涌	2.252	Ⅱ级 – 轻度污染
观塘	2.252	Ⅱ级 – 轻度污染
沙田	2.252	Ⅱ级 – 轻度污染
深水涉	2.252	Ⅱ级 – 轻度污染
铜锣湾	2.9544	Ⅲ级 – 中等污染
旺角	2.7024	Ⅲ级 – 中等污染
中环站	2.9544	Ⅲ级 – 中等污染
塔门	2.252	Ⅱ级 – 轻度污染
东涌	2.704	Ⅲ级 – 中等污染
荃湾	2.252	Ⅱ级 – 轻度污染
元朗	2.252	Ⅱ级 – 轻度污染

9   模型的评价

9.1   优点

API 法能够直观地显示首要空气污染物的信息，有利于普通公众了解空气环境质量的优劣。

云模型选取雷达图的面积作为特征量，在实际意义上实现了对多维数据的有效处理。其采用的正向云算法和逆向运算法能够实现定性定量的转换。云模型将最终评价结果用云模型数字特征图来表示，更加直观；同时，通过前向云发生器对结果云模型进行随机计算，可获得各个空气质量等级的云滴分布，进而能够更全面地对空气质量进行评价

投影寻踪模型的优点也在于此，利用投影寻踪进行等级评价，其实质是一种降维处理技术，即通过投影寻踪技术将多维分析问题通过最优投影方向转换为一维问题进行分析研究。

投影寻踪要求根据设计的投影指标，在相关约束下进行优化。传统的优

化方法往往需要目标函数具有连续、可导的特性，这无疑会增大投影指标构造的难度，必然会限制发展。通过粒子群算法可得到对数据信息利用最充分、信息损失量最小的最佳投影方向，克服传统优化方法的缺点，而且实现过程更加简单，更便于实际的操作应用。

结合三种模型，本文建立空气质量的组合评价模型，组合评价能够更大化地利用有用信息，比单一评价方法更为科学、有效。

9.2 缺点及改进

使用 API 评价污染严重和多因子污染物城市的污染现状，有一定的弊端，它忽略了次要污染物，而有时次要污染物在某种程度上危害更大。

云模型与投影寻踪模型对空气质量的综合评价具有有效性，而 API 法在报告首要污染物中可以发挥很大的作用，因此可以考虑改进现在的空气污染评价系统，将这些方法综合起来构建组合评价模型，用以开发一个评价系统。

可以把云模型拓展到对所有空间数据质量的综合评估。凡是由多个或多级指标元素控制的质量综合评价问题，都可以引入云模型理论。然而，该方法评价结果的可靠性取决于一些因子的选取，如云模型参数中超熵 He 的确定等，需要结合评估人员的实际经验及反复测试。因此，对于针对空气质量的云模型综合评价，如何更加合理地确定这些参数是需要进一步研究的问题。

投影寻踪模型的唯一参数即密度窗宽，它的选取既要使包含在视窗内的样本数不能太少，同时也不能使它随样本数目的增大而增加太多，本文选取的是 $r_{\max} + \dfrac{p}{2}$（其中 $r_{\max}$ 为样本间距离最大值，p 为指标个数）。目前没有选定此值的最好方法，而且缺乏理论依据，需要进一步完善。

参考文献

[1] 陈广洲，汪家权，解华明. 粒子群算法在投影寻踪模型优化求解中的应用 [J]. 计算机仿真，2008，25（8）：159－165.

[2] 付强，赵小勇. 投影寻踪模型原理及其应用 [M]. 北京：科学出版社，2006：2－6.

[3] 赵小勇，付强，邢贞相. 投影寻踪等级评价模型在土壤质量变化综合评价中的应用. 土壤学报 [J]. 2007，44（1）：164－168.

[4] 冯梅，徐浙峰. 淮安市区空气质量评价及趋势分析 [J]. 环境科学与管

理，2008，33（10）：175 – 177.

[5] 王红梅，黄晓 . 20 年来昆明市环境空气质量变化趋势及影响因素分析 [J]，环境科学导刊，2010，29（2）：71 – 74.

[6] 陈广洲，汪家权，解华明 . 粒子群算法在投影寻踪模型优化求解中的应用 [J]. 计算机仿真，2008，25（8）：159 – 161.

[7] 安俊岭，王自发，黄美元等 . 区域空气质量数值预报模型 [J]. 气候与环境研究，1999，4（3）：244 – 251.

[8] 连风宝 . 空气污染指数的计算方法及软件 [J]. 大众标准化，2001（4）：39 – 42.

[9] 张国英，沙云，刘旭红 . 高维云模型及其在多属性评价中的应用 [J]. 北京理工大学学报，2004，24（12）：1065 – 1069.

[10] 周志波 . 浅谈空气污染指数及改善空气质量的途径 [J]. 价值工程：247.

[11] 潘洪平，张敬，高海云，等 . 云模型在战损等级评定中的应用 [J]. 四川兵工学报，2008，29（6）：3 – 4.

[12] 陈贵林 . 一种定性定量信息转换的不确定性模型——云模型 [J]. 计算机应用研究，2010，27（6）：2006 – 2010.

[13] 刘文远，李芳，洪文学 . 基于多维数据雷达图表示的图形分类器研究 [J]. 计算机工程与应用，2007，43（22）：161 – 164.

[14] 张峰，张鹏林，吕志勇，等 . 云模型在城镇空气质量评价中的应用 [J]. 环境科学与技术 2009，32（6）：160 – 164.

[15] 席景科，谭海樵 . 空间聚类分析及评价方法，计算机工程与设计 [J]. 2009，30（7）：1712 – 1715.

[16] 陈玉玲 . 基于实例的系统聚类分析法在环境空气质量评价中的应用 [J]. 环境科学与管理，2010，35（8）：159 – 162.

[17] 张欣莉，丁晶，李祚泳，等 . 投影寻踪新算法在水质评价模型中的应用 [J]. 中国环境科学，2000，20（2）：187 – 189.

[18] 罗胜，刘广社，张保明，等 . 基于云模型的数字影像产品质量综合评价 [J]. 测绘科学技术学报，2008，25（2）：123 – 126.

[19] 周平，周玉良，黄夏坤 . 投影寻踪插值模型在水资源综合评价中应用 [J/OL]. 中国科技论文在线，2006，http：//www. paper. edu. cn.

[20] 范明霞 . 包头市环境空气质量评价及其治理对策 [J]. 北方环境，2010，22（1）：65 – 68.

[21] 陈大伟 . 信息生命周期管理为中国传媒助力 [J]. 中国传媒科技，2004（17）：23.

［22］张世英，王雪坤，张晖东. 双市场非均衡模型的建模方法——中国资本市场和货币市场非均衡模型［J］. 管理工程学报，1996，10（1）：1－8.

［23］刘思峰，方志耕，祁豫玮. 南京经济社会发展的总体思路与战略重点［J］. 南京社会科学，2004（S1）：20－30.

［24］SHI Y，EBERHART R. A modified particle swarm optimizer［C］//1998 IEEE international conference on evolutionary computation proceedings，1998：69－73.

［25］付强，金菊良，梁川. 基于实码加速遗传算法的投影寻踪分类模型在水稻灌溉制度优化中的应用［J］. 水利学报，2002（10）：39－45.

2011 年全国大学生电工数学建模竞赛

风是跟地面大致平行的空气流动，是由于冷热气压分布不均匀而产生的空气流动现象。

风能是一种可再生、清洁的能源，风力发电是最具大规模开发技术经济条件的非水电再生能源。现今风力发电主要利用的是近地风能。近地风具有波动性、间歇性、低能量密度等特点，因此风电功率也是波动的。大规模风电场接入电网运行时，大幅度的风电功率波动会给电网的功率平衡和频率调节带来不利影响。如果可以对风电场的发电功率进行预测，电力调度部门就能够根据风电功率变化预先安排调度计划，保证电网的功率平衡和运行安全。因此，如何对风电场的发电功率进行尽可能准确的预测，是亟须解决的问题。

根据电力调度部门安排运行方式的不同需求，风电功率预测分为日前预测和实时预测。日前预测是预测明日 24 h 的 96 个时点（每 15 min 为 1 个时点）的风电功率数值。实时预测是滚动地预测每个时点未来 4 h 内的 16 个时点（每 15 min 为 1 个时点）的风电功率数值。在附件 1 国家能源局颁布的《风电场功率预测预报管理暂行办法》中给出了误差统计的相应指标。

某风电场由 58 台风电机组构成，每台机组的额定输出功率为 850 kW。附件 2 中给出了 2006 年 5 月 10 日至 2006 年 6 月 6 日内该风电场中指定的 4 台风电机组（A，B，C，D）输出功率数据（分别记为 P_A，P_B，P_C，P_D），另设该 4 台机组总输出功率为 P_4，全场 58 台机组总输出功率数据记为 P_{58}。

问题 1：风电功率实时预测及误差分析。

请对给定数据进行风电功率实时预测并检验预测结果是否满足附件 1 中关于预测精度的相关要求。具体要求：

（1）采用不少于 3 种预测方法（至少选择 1 种时间序列分析类的预测方法）。

（2）预测量：①P_A，P_B，P_C，P_D；②P_4；③P_{58}。

（3）预测时间范围分别如下（预测用的历史数据范围可自行选定）：①5 月 31 日 0 时 0 分至 5 月 31 日 23 时 45 分；②5 月 31 日 0 时 0 分至 6 月

6 日 23 时 45 分。

（4）试根据附件 1 中关于实时预测的考核要求分析你所采用方法的准确性。

（5）你推荐哪种方法？

问题 2：试分析风电机组的汇聚对于预测结果误差的影响。

我国主要采用集中开发的方式开发风电，各风电机组功率汇聚通过风电场或风电场群（多个风电场汇聚而成）接入电网。众多风电机组的汇聚会改变风电功率波动的属性，从而可能影响预测的误差。

在问题 1 的预测结果中，试比较单台风电机组功率（P_A，P_B，P_C，P_D）的相对预测误差与多机总功率（P_4，P_{58}）的相对预测误差，其中有什么带有普遍性的规律吗？从中你能对风电机组汇聚给风电功率预测误差带来的影响做出什么样的预期？

问题 3：进一步提高风电功率实时预测精度的探索。

提高风电功率实时预测的准确程度对改善风电联网运行性能有重要意义。请你在问题 1 的基础上，构建有更高预测精度的实时预测方法（方法类型不限），并用预测结果说明其有效性。

通过求解上述问题，请分析论证阻碍风电功率实时预测精度进一步改善的主要因素。风电功率预测精度能无限提高吗？

附件 1：《风电场功率预测预报管理暂行办法》

附件 2：风功率数据 P_A

风功率数据 P_B

风功率数据 P_C

风功率数据 P_D

58 台机总风功率数据 P_{58}

摘　　要

本文基于某风电场 58 台风电机组输出功率的历史数据，首先使用三种短期预测模型对一天进行实时预测，以及使用三种长期预测模型对一周进行实时预测，接着通过对预测结果的考核，分析各模型的准确性，从而提出我们推荐的方法；然后比较单机功率和多机总功率的相对误差，找出其中带有的规律；最后建立组合模型提高实时预测的精度，并由内外因两方面分析影响预测精度的因素。

预测方法一 ——短期预测模型。问题 1 首先要求对一天的风电功率进行短期实时预测，我们建立 ARIMA 模型、GARCH 模型及卡尔曼滤波模型对 4 台单机功率、它们的总功率及 58 台机组的总功率分别进行预测，并对预测结果进行误差、准确率和合格率这三方面的分析。结果显示 GARCH 模型不仅精度最高，而且预测效果最有效，ARIMA 模型和卡尔曼滤波模型的效果相近，因此对该案例做短期预测时，我们推荐使用 GARCH 模型进行预测。

预测方法二——长期预测模型。问题 1 还要求对一周的风电功率进行长期实时预测，我们建立简单指数平滑模型、GM(1，1) 模型及神经网络预测模型对以上 6 个预测量进行预测。结果显示，简单指数平滑模型适合于预测趋势，GM(1，1) 模型适用于预测风电功率发生骤变时间，神经网络模型可以作长期点预测，且长期预测的误差都大于短期预测的误差。因此，在本案例中，我们推荐要根据长期预测的目的来选择合适的模型。

针对问题 2，比较各预测方法的结果，发现有如下规律：单台风电机组功率的预测误差小于多机总功率的相对误差，并且汇聚的风电机组的数目越多，其总功率的相对误差越小。这与实际相符，说明问题 1 的模型是合理的。

预测方法三——基于短期预测的组合模型。问题 3 要求探究提高预测精度的方法，我们根据 GARCH 模型及卡尔曼滤波模型的特点，根据数据特征，在不同时段选取不同的模型进行预测。通过与未组合模型进行精度对比，发现组合模型更加有效。由各模型的准确性数据可知，几乎都稳定在 98%，说明风电功率预测精度不能无限提高。其外因是风电功率会受到海拔、地形等影响，内因是风电功率会发生突变，而预测模型都存在一定的滞后性，这将产生误差。

本文最大的亮点是能纵向和横向对各预测模型的效果进行对比，即既在每一类预测方法中比较各模型的效果，又把三类预测方法进行两两比较，从而对该案例的分析更全面而客观。

1 问题的重述

1.1 问题的背景

风能是一种可再生、清洁的能源，风力发电是最具大规模开发技术经济条件的非水电再生能源。现今风力发电主要利用的是近地风能。近地风具有波动性、间歇性、低能量密度等特点，因而风电功率也是波动的。大规模风电场接入电网运行时，大幅度的风电功率波动会对电网的功率平衡和频率调节带来不利影响。如果可以对风电场的发电功率进行预测，电力调度部门就能够根据风电功率变化预先安排调度计划，保证电网的功率平衡和运行安全。因此，如何对风电场的发电功率进行尽可能准确的预测，是亟须解决的问题。

1.2 基本情况

根据电力调度部门安排运行方式的不同需求，风电功率预测分为日前预测和实时预测。日前预测是预测明日 24 h 的 96 个时点（每 15 min 为 1 个时点）的风电功率数值。实时预测是滚动地预测每个时点未来 4 h 内的 16 个时点（每 15 min 为 1 个时点）的风电功率数值。在附件 1 国家能源局颁布的《风电场功率预测预报管理暂行办法》中给出了误差统计的相应指标。

某风电场由 58 台风电机组构成，每台机组的额定输出功率为 850 kW。附件 2 中给出了 2006 年 5 月 10 日至 2006 年 6 月 6 日时间段内该风电场中指定的 4 台风电机组（A，B，C，D）输出功率数据（分别记为 P_A，P_B，P_C，P_D，另设该 4 台机组总输出功率为 P_4）及全场 58 台机组总输出功率数据（记为 P_{58}）。

1.3 需要解决的问题

问题 1：风电功率实时预测及误差分析。

请对给定数据进行风电功率实时预测并检验预测结果是否满足附件 1 中的关于预测精度的相关要求。具体要求：

（1）采用不少于 3 种预测方法（至少选择 1 种时间序列分析类的预测方法）。

（2）预测量：① P_A，P_B，P_C，P_D；② P_4；③ P_{58}。

（3）预测时间范围分别如下（预测用的历史数据范围可自行选定）：① 5 月 31 日 0 时 0 分至 5 月 31 日 23 时 45 分；② 5 月 31 日 0 时 0 分至 6 月

6 日 23 时 45 分。

（4）试根据附件 1 中关于实时预测的考核要求分析我们所采用方法的准确性。

（5）给出我们推荐使用的方法。

问题 2：试分析风电机组的汇聚对于预测结果误差的影响。

我国主要采用集中开发的方式开发风电，各风电机组功率汇聚通过风电场或风电场群（多个风电场汇聚而成）接入电网。众多风电机组的汇聚会改变风电功率波动的属性，从而可能影响预测的误差。

在问题 1 的预测结果中，试比较单台风电机组功率（P_A，P_B，P_C，P_D）的相对预测误差与多机总功率（P_4，P_{58}）的相对预测误差，其中有什么带有普遍性的规律吗？从中能对风电机组汇聚给风电功率预测误差带来的影响做出什么样的预期？

问题 3：进一步提高风电功率实时预测精度的探索。

提高风电功率实时预测的准确程度对改善风电联网运行性能有重要意义。请在问题 1 的基础上，构建有更高预测精度的实时预测方法（方法类型不限），并用预测结果说明其有效性。

通过求解上述问题，分析论证阻碍风电功率实时预测精度进一步改善的主要因素。风电功率预测精度能无限提高吗？

2 问题的分析

对于风电功率实时预测问题，就我们拥有的资料而言，是一个通过对数据进行处理并建立统计学模型从而进行短期和长期预测的问题。鉴于数据量的庞大，要想提高预测的精度，就要求我们合理提取数据进行比较和处理。我们应采用何种方式提取数据，如何决定提取的数据的长度，是解决这一问题的关键。

2.1 问题 1 的分析

首先，我们拥有 2006 年 5 月 10 日至 6 月 6 日期间 4 台风电机组以 15 min 为周期的输出功率数据记录。通过我们的分析，发现在纵向上，也就是每天相同时刻的数据记录，存在极大的波动且毫无规律性，不利于作为建模所需数据。因此，横向选取数据再进行处理显然更具说服力。

然后，我们考虑到在一天之中气候及风速等自然因素的波动性不强，变化不大，无法达到实现预测应有的波动性，于是我们选取连续两天也就是

96 组数据记录作为短期与长期实时预测的建模数据。

最后，根据题设要求及历史数据的不平稳性等特征，我们首先选取了累积式自回归－滑动平均模型（ARIMA 模型）这一针对不平稳时间序列的模型作为问题 1 的模型Ⅰ。然后为了对残差项中可能的信息进行挖掘以及消除异方差性，我们创新性地运用了广义自回归条件异方差模型 GARCH 这一计量经济学的模型作为模型Ⅱ。此外，为了缓和时序分析方法带来的预测时延问题，更好地捕捉新信息并不断对状态进行修正，我们合理选用卡尔曼滤波作为模型Ⅲ。

由于所有统计学预测模型最终都会使数据趋于平稳，而真实风电功率是不可能会有这样的特性的，因此对于问题 1 的长期实时预测，我们只能建立模型预测风电功率的趋势。在这里我们选取了指数平滑模型、灰色预测模型及神经网络预测模型。

2.2　问题 2 的分析

问题 2 要求在问题 1 基础上探究单机组及各机组通过风电场或风电场群接入电网后的多机组风电功率的预测误差比较，在此我们只能分析各模型的预测结果，探究相对误差从单机组到多机组间是否具有类似单调性等变化性质，以及比较 P_A，P_B，P_C，P_D 预测数据之和与 P_4 的预测数据，分析机组汇聚是否会为功率预测带来影响。

2.3　问题 3 的分析

问题 3 要求构建更高预测精度的方法，以及分析论证阻碍精度提高的因素和探究精度无限提高的可能性。我们所拥有的只有问题 1 建立的模型，因此我们决定通过比较模型的优劣，采用配置权数等方式构建组合模型来提高精度。此外，由于风速的不确定性及地理气候等因素带来的对功率的影响，对阻碍因素我们决定从物理数据（如气候）、地理位置、历史情况等进行分析。

3　模型的假设

（1）假设风电机组的停机或人为因素控制功率输出不会影响原始数据的有效性。

（2）假设附录所给的数据是真实的，且存在一定的统计规律。

（3）假设在短期内该风电场不会发生类似台风、气旋等大型自然现象。

（4）假设在短期内该风电场所有机组均能正常运作。

4 符号的说明

符号说明见表1。

表1 符号说明

符号	说明	符号	说明
x_t	t 时刻的风电功率序列值	P_i	风电机组 i 的功率
σ_ε^2	残差 ε_t 的方差	X_t	t 时刻的状态变量
ε_t	t 时刻风电功率序列残差	$Kg(t)$	t 时刻的卡尔曼增益矩阵
B	延迟算子	A	状态转移的参数矩阵
E	平均值记号	B	误差传递矩阵
Var	方差记号	C	观察矩阵
$Y(t)$	t 时刻的观察值	$P(\cdot)$	状态的方差阵

由于本文使用的符号数量较多，故这里只给出了部分比较重要的符号，其他符号在行文中出现时会加以说明。

5 风电功率实时预测模型的建立与求解

5.1 问题 1 的探讨

问题 1 要求我们对该风电场的风电功率作实施预测及分析精度，本节主要通过建立三种短期实时预测模型（ARIMA 模型、GARCH 模型和卡尔曼滤波模型），分别对 5 月 31 日做短期实时预测，以及通过建立三种长期实时预测模型（指数平滑模型、灰预测模型和神经网络预测模型），分别对 5 月 31 日至 6 月 6 日做长期实时预测。得到预测结果后，对其的准确率和合格率两方面进行考核，从而分析出两种情况下的最优模型。

5.2 模型 I——ARIMA 模型

5.2.1 模型的分析

由附件 2 的原始数据可知，该序列为非平稳序列，故需要对其进行差分从而实现平稳化，进而建立自回归移动平均模型，记为 $ARIMA(p,d,q)$ 模

型，模型的结构为

$$
\begin{cases}
\Phi(B)\,\nabla^d x_t = \Theta(B)\varepsilon_t \\
E(\varepsilon_t) = 0, Var(\varepsilon_t) = \sigma_\varepsilon^2, E(\varepsilon_t\varepsilon_s) = 0, s \neq t \\
E(x_s\varepsilon_t) = 0, \forall s < t
\end{cases}
\tag{1}
$$

式中，$\nabla^d = (1-B)^d$；$\Phi(B) = 1 - \varphi_1 B - \cdots - \varphi_p B^p$，为平稳可逆 $ARMA(p,q)$ 模型的自回归系数多项式；$\Theta(B) = 1 - \theta_1 B - \cdots - \theta_q B^q$，为平稳可逆 $ARMA(p,q)$ 模型的移动平滑系数多项式。

5.2.2　模型的建立步骤

根据 $ARIMA(p,d,q)$ 模型的特点，近期的序列值对预测值的影响大，远期的序列值对预测值的影响小，因此在进行短期预测时，历史数据的范围应取近期的值。对 5 月 31 日进行短期实时预测，我们选取 5 月 29 日和 30 日这两天的 192 个序列数据作为历史数据，使用最小二乘法对 $ARIMA(p,d,q)$ 模型进行口径确定。$ARIMA(p,d,q)$ 模型的具体建模步骤如图 1 所示。

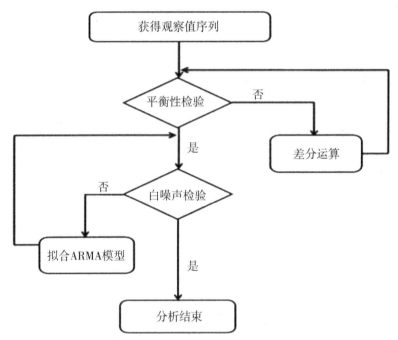

图 1　$ARIMA(p,d,q)$ 模型的具体建模步骤

5.2.3　模型的拟合与短期实时预测

通过前两步的分析，对风电机组 A、B、C、D 输出功率数据，以及这 4 台机组总输出功率数据及全场 58 台机组总输出功率数据建立 $ARIMA(p,d,q)$ 模型，通过 SAS 软件求解，最终得到的相对最优模型详见表 2（使用延迟算子表示）。

表 2　ARIMA 模型的口径

模型	口径
$ARIMA(3,1,1)$	$(1 + 0.23882B^3)\,\nabla x_t = (1 - 0.45458B)\,\varepsilon_t$
$ARIMA(1,1,2)$	$(1 + B)\,\nabla x_t = (1 + 0.42141B - 0.55441B^2)\,\varepsilon_t$
$ARIMA(4,1,0)$	$(1 + 0.46223B + 0.44081B^2 + 0.36007B^3 + 0.20095B^4)\,\nabla x_t = \varepsilon_t$
$ARIMA(1,1,1)$	$(1 - 0.5426B)\,\nabla x_t = (1 - 0.90629B)\,\varepsilon_t$
$ARIMA(1,1,1)$	$(1 - 0.73246B)\,\nabla x_t = (1 - 0.9005B)\,\varepsilon_t$
$ARIMA(2,1,2)$	$(1 - 1.42614B + 0.65947B^2)\,\nabla x_t = (1 - 1.43804B + 0.58478B^2)\,\varepsilon_t$

以上模型的各参数均通过检验，并且它们的残差序列均为白噪声序列，说明模型对历史数据的信息提取得比较完整，模型拟合得好，可以用于预测。

实时预测是一种动态预测，即每得到一个新的观测值时，将其替换原预测数据，再对后面数据进行滚动预测。由于得到的结果数据很大，这里只列出 5 月 31 日 0 时、6 时、12 时、18 时的 P_A, P_B, P_C, P_D, P_4 及 P_{58} 的预测值，详见表 3，其余的预测数据体现为预测图中的预测线。

表 3　ARIMA 模型的实时预测结果

项目	模型	0 时	6 时	12 时	18 时
P_A	$ARIMA(3,1,1)$	222.3801	35.0036	137.7951	453.02
P_B	$ARIMA(1,1,2)$	229.7259	87.3507	233.6784	492.8053
P_C	$ARIMA(4,1,0)$	210.646	42.02	227.2084	669.9882
P_D	$ARIMA(1,1,1)$	169.9113	78.4402	179.6823	490.9171
P_4	$ARIMA(1,1,1)$	834.4146	305.1595	642.09	1887.9622
P_{58}	$ARIMA(2,1,2)$	11247.3128	3482.3596	8258.3573	20267.3668

使用 ARIMA 模型对 5 月 31 日数据进行预测，如图 2 所示。

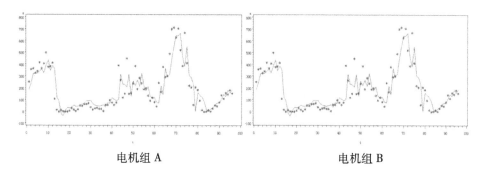

电机组 A　　　　　　　　　　电机组 B

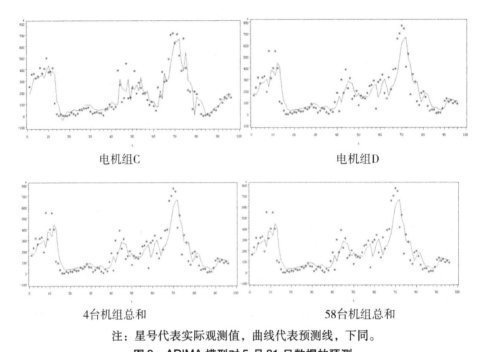

电机组C 电机组D

4台机组总和 58台机组总和

注：星号代表实际观测值，曲线代表预测线，下同。
图2　ARIMA 模型对 5 月 31 日数据的预测

由图 2 可以看出，ARIMA 模型对短期预测的效果比较好，大多数观测值都落在预测线上，但对于骤变点的预测效果还不理想。

5.3　模型Ⅱ——GARCH 模型

5.3.1　模型的分析及建立步骤

对 5 月 29 日和 30 日的历史数据的残差序列进行分析，发现存在长期记忆性的异方差。方法齐性变换为异方差序列的精确拟合提供了一个很好的解决方法，但是我们不容易得知该残差序列的表达式。因此，可以考虑使用广义自回归条件异方差模型来消除异方差。GARCH 模型的结构为

$$\begin{cases} x_t = f(t, x_{t-1}, x_{t-2}, \cdots) + \varepsilon_t \\ h_t = \omega + \sum_{i=1}^{p} \eta_i h_{t-i} + \sum_{j=1}^{q} \lambda_j \varepsilon_{t-j}^2 \\ \varepsilon_t = \sqrt{h_t} e_t \end{cases} \tag{2}$$

式中，$f(t, x_{t-1}, x_{t-2}, \cdots)$ 为 $\{x_t\}$ 的回归函数；$e_t \sim N(0,1)$。这个模型简记为 $GARCH(p,q)$。具体的建模步骤如图 3 所示。

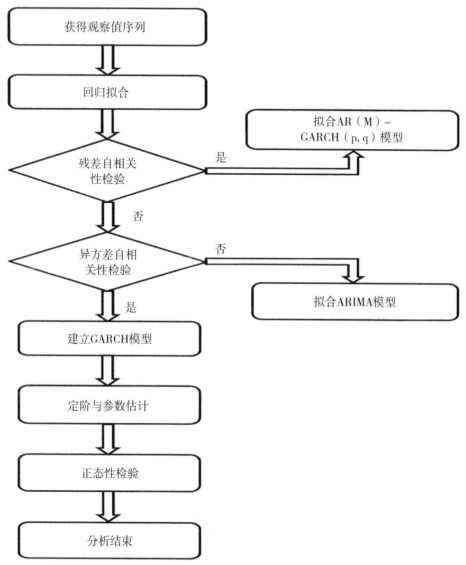

图3　$GARCH(p,q)$ 模型的具体建模步骤

5.3.2　模型的拟合与短期实时预测

通过前两步的分析，对风电机组 A、B、C、D 输出功率数据，以及该 4 台机组总输出功率数据及全场 58 台机组总输出功率数据建立 $GARCH(p,q)$ 模型，将置信水平设为80％，通过 SAS 软件求解，最终得到相对最优模型，它们均通过了残差自相关性检验和异方差自相关性检验，口径详见表4。

表 4　GARCH 模型的口径

模型	口径
$GARCH(1,1)$	$\begin{cases} x_t = 77.41 + 0.746x_{t-1} + \varepsilon_t \\ \varepsilon_t = \sqrt{h_t}e_t \\ h_t = 16575 + 0.2009\varepsilon_{t-1}^2 \end{cases}$
$GARCH(1,1)$	$\begin{cases} x_t = 0.935x_{t-1} + \varepsilon_t \\ \varepsilon_t = \sqrt{h_t}e_t \\ h_t = 18096 + 0.1867\varepsilon_{t-1}^2 \end{cases}$
$GARCH(1,(5))$	$\begin{cases} x_t = 0.9251x_{t-1} + \varepsilon_t \\ \varepsilon_t = \sqrt{h_t}e_t \\ h_t = 22610 + 0.1924\varepsilon_{t-1}^2 \end{cases}$
$GARCH(1,1)$	$\begin{cases} x_t = 0.9346x_{t-1} + \varepsilon_t \\ \varepsilon_t = \sqrt{h_t}e_t \\ h_t = 14771 + 0.1629\varepsilon_{t-1}^2 \end{cases}$
$GARCH(1,1)$	$\begin{cases} x_t = 0.9758x_{t-1} + \varepsilon_t \\ \varepsilon_t = \sqrt{h_t}e_t \\ h_t = 106135 + 0.1443\varepsilon_{t-1}^2 \end{cases}$
$GARCH(1,1)$	$\begin{cases} x_t = 0.9829x_{t-1} + \varepsilon_t \\ \varepsilon_t = \sqrt{h_t}e_t \\ h_t = 11537940 + 0.1371\varepsilon_{t-1}^2 \end{cases}$

　　类似 ARIMA 模型的预测步骤，使用 GARCH 模型对风电机组 A、B、C、D 输出功率数据，以及这 4 台机组总输出功率数据及全场 58 台机组总输出功率进行实时预测，可以得到预测结果。同样地，由于得到的结果数据很大，这里只列出 5 月 31 日 0 时，6 时，12 时，18 时的 P_A, P_B, P_C, P_D, P_4 及 P_{58} 的预测值，详见表 5，其余的预测数据体现为预测图中的预测线。

表 5　GARCH 模型的实时预测结果

项目	模型	0 时	6 时	12 时	18 时
P_A	$GARCH(0,1)$	235.7303	47.11057	146.9211	364.9073
P_B	$GARCH(0,1)$	201.0412	58.3397	89.3143	363.8887
P_C	$GARCH(0,(5))$	129.4655	54.58869	172.6206	579.1559

续表5

项目	模型	0 时	6 时	12 时	18 时
P_D	$GARCH(0,1)$	144.9489	44.25467	178.5418	470.978
P_4	$GARCH(0,1)$	733.5504	211.4356	606.4583	1840.394
P_{58}	$GARCH(0,1)$	11560.43	2446.876	8996.473	22108.43

GARCH 模型对 5 月 31 日数据的预测如图 4 所示。

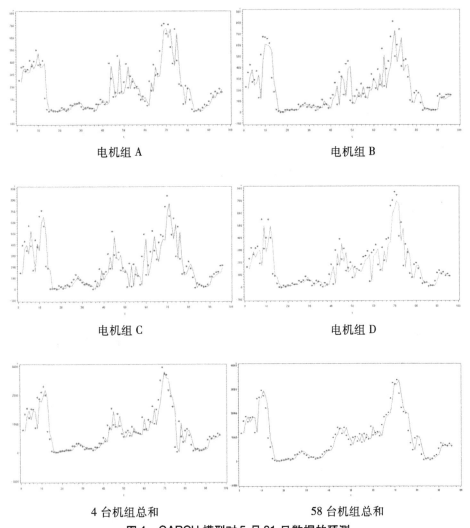

电机组 A

电机组 B

电机组 C

电机组 D

4 台机组总和

58 台机组总和

图 4　GARCH 模型对 5 月 31 日数据的预测

由图 4 可以看出，GARCH 模型对短期预测的效果同样比较好，绝大多数观测值都落在预测线上。通过比较图 4 与图 2，可以发现，图 4 的结果不仅预测更加准确，而且对于骤变点的预测效果有了很大的提高，这是由于 GARCH 模型消除了残差序列的异方差性，从而使拟合精度得到提高。

5.4　模型Ⅲ——卡尔曼滤波模型

5.4.1　模型的分析

从所选取的历史数据可以得知，它们所形成的序列具有强烈的波动性，会导致预测不精确。为了缓和 ARIMA 模型带来的预测延时问题，更好地捕捉新信息并不断对状态进行修正，我们考虑使用卡尔曼滤波模型。该模型可以有效消除序列的波动性，并利用状态方程的递推性，按线性无偏最小均方差估计准则，采用递推算法对滤波器的状态变量做最佳估计。

5.4.2　模型的结构

要实现卡尔曼滤波法预测风电功率，首先必须推导出正确的状态方程和测量方程，前面已建立了风电功率的 ARIMA 模型，可将 ARIMA 模型转换到状态空间，建立卡尔曼滤波的状态方程和测量方程。

对于一般的 $ARIMA(p,d,q)$ 模型，其方程为 $\Phi(B)\nabla^d x_t = \Theta(B)\varepsilon_t$，把它写成简易的形式：

$$x_t = a_1 x_{t-1} + \cdots + a_{p+d}x_{t-p-d} + \varepsilon_t + b_1\varepsilon_{t-1} + \cdots + b_q\varepsilon_{t-q} \tag{3}$$

式中，序列 $\{\varepsilon_t\}$ 是白噪声序列。

为了更容易转换，先将式（3）改为

$$x_t = a_1 x_{t-1} + \cdots + a_m x_{t-m} + \varepsilon_t + b_1\varepsilon_{t-1} + \cdots + b_m\varepsilon_{t-m+1} \tag{4}$$

式中，$m = \max(p+d, q+1)$。

如果使用矩阵表示，以上模型可写成状态空间模型，即卡尔曼滤波模型的结构为

$$\begin{cases} X_t = AX_{t-1} + BE_t \\ Y_t = CX_t \end{cases} \tag{5}$$

式中，$X_t = (x_t, x_{t-1}, \cdots, x_{t-m-1})^\mathrm{T}$，$E_t = (\varepsilon_t, \varepsilon_{t-1}, \cdots, \varepsilon_{t-m+1})^\mathrm{T}$，$C = (1, 0, \cdots, 0)$，$A = \begin{pmatrix} a^* & a_m \\ I_{m-1} & 0 \end{pmatrix}$，$B = \begin{pmatrix} b^* \\ 0 \end{pmatrix}$，$a^* = (a_1, a_2, \cdots, a_{m-1})$，$b^* = (1, b_1, \cdots, b_{m-1})$。

5.4.3　模型的短期实时预测

由卡尔曼滤波模型的结构可知，这是一个动态模型，符合做滚动预测的要求。使用它做短期实时预测，主要过程如下：

（1）利用系统的过程模型，来预测下一状态的系统。

假设要预测的系统状态是 t，根据系统的模型，可以基于系统的上一状态的最优结果来预测出下一状态。在式（5）中没有控制量，取随机误差为 0，则得到

$$X(t|t-1) = A\hat{X}(t-1) \qquad (6)$$

式中，$X(t|t-1)$ 是利用上一状态预测的结果，是上一状态最优的估计结果。

（2）更新 $X(t|t-1)$ 的方差阵 $P(t|t-1)$，即

$$P(t|t-1) = AP(t-1)A^{\mathrm{T}} + BQB^{\mathrm{T}} \qquad (7)$$

式中，$P(t|t-1)$ 是 $X(t|t-1)$ 对应的方差阵，$P(t-1)$ 是 $\hat{X}(t-1)$ 对应的方差阵，Q 是系统过程的方差阵。式（6）、式（7）就是对系统的预测式。

（3）求当前状态的最优化估算值 $\hat{X}(t)$，即

$$\hat{X}(t) = X(t|t-1) + Kg(t)\left[Y(t) - CX(t|t-1)\right] \qquad (8)$$

式中，$Kg(t)$ 为卡尔曼增益，$Kg(t) = P(t|t-1)C^{\mathrm{T}}\left[CP(t|t-1)C^{\mathrm{T}} + R\right]^{-1}$；$R$ 为测量值的方差阵。

（4）更新 t 状态下 $\hat{X}(t)$ 的方差阵，即

$$\hat{P}(t) = \left[I - Kg(t)C\right]P(t|t-1) \qquad (9)$$

式中，I 为同阶单位矩阵。当系统进入 $t+1$ 状态时，$\hat{P}(t)$ 即式（7）的 $\hat{P}(t-1)$。

通过以上过程，我们可以得到风电机组 A，B，C，D 输出功率，以及这 4 台机组总输出功率数据及全场 58 台机组总输出功率的预测结果。同样地，由于得到的结果数据很大，这里只列出 5 月 31 日 0 时、6 时、12 时、18 时的 $P_{\mathrm{A}}, P_{\mathrm{B}}, P_{\mathrm{C}}, P_{\mathrm{D}}, P_4$ 及 P_{58} 的预测值，详见表 6，其余的预测数据体现为预测图中的预测线。

表 6　卡尔曼模型的实时预测结果

项目	0 时	6 时	12 时	18 时
P_{A}	122. 9855917	14. 33913182	209. 4163463	567. 2162713
P_{B}	113. 4978495	18. 65328187	404. 2014112	683. 1994612
P_{C}	163. 5841035	23. 97873621	221. 9009304	524. 9048502
P_{D}	137. 8134978	18. 54307795	167. 4798344	509. 0317543
P_4	754. 41093	73. 61649512	1005. 116653	2260. 049152
P_{58}	9628. 805691	811. 3542595	11649. 3554	28922. 68684

使用卡尔曼滤波模型对 5 月 31 日数据进行预测，如图 5 所示。

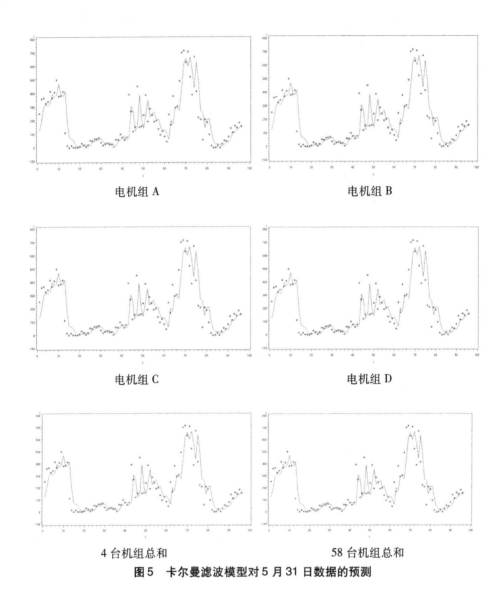

电机组 A   电机组 B

电机组 C   电机组 D

4 台机组总和   58 台机组总和

图 5   卡尔曼滤波模型对 5 月 31 日数据的预测

由图 5 可以看出，卡尔曼滤波模型对短期预测的效果比较好，大多数观测值都落在预测线上。与前两个模型的预测图进行比较，可以发现，该模型预测效果虽然比不上 GARCH 模型，但与 ARIMA 模型相比，对小值的预测更加准确，这是由于卡尔曼模型消除了序列的波动性。但是，其对于骤变点的预测效果仍不理想。

5.5 三种短期实时预测模型的比较

根据附件 1，要评价以上三种模型的优劣性及准确性，主要要对预测误差、准确率和合格率这三方面指标进行对比。其中，预测误差的要求是：风电场功率预测系统提供的日预测曲线最大误差不超过 25%，实时预测误差不超过 15%，全天预测结果的均方根误差应小于 20%。准确率与合格率越大越好。下面给出日平均误差、均方根误差、准确率与合格率的公式。

日平均误差：

$$r_3 = \frac{1}{n} \sum_{k=1}^{n} \left| \frac{p_{pk} - p_{mk}}{p_{mk}} \right| \tag{10}$$

式中，p_{mk} 为 k 时段的实际平均功率，p_{pk} 为 k 时段的预测平均功率，n 为日考核总时段数。

均方根误差：

$$\sigma = \sqrt{\frac{\sum_{i=1}^{n} d_i^2}{n}} \tag{11}$$

式中，n 为测量次数，d_i 为一组测量值与平均值的偏差。

准确率：

$$r_1 = \left[1 - \sqrt{\frac{1}{n} \sum_{k=1}^{n} \left(\frac{p_{mk} - p_k}{cap} \right)^2} \right] \times 100\% \tag{12}$$

式中，r_1 为预测计划曲线准确率，p_{mk} 为 k 时段的实际平均功率，p_{pk} 为 k 时段的预测平均功率，n 为日考核总时段数，cap 为风电场开机容量，本题为 850 kW。

合格率：

$$r_2 = \frac{1}{n} \sum_{k=1}^{n} B_k \times 100\% \tag{13}$$

式中，当 $\left(1 - \frac{p_{mk} - p_k}{cap} \right) \times 100\% \geqslant 75\%$ 时 $B_k = 1$，当 $\left(1 - \frac{p_{mk} - p_k}{cap} \right) \times 100\% < 75\%$ 时 $B_k = 0$。

通过对 ARIMA 模型、GARCH 模型和卡尔曼滤波模型这三种短期实时预测模型的预测结果进行上述四项指标的计算，得到的结果见表 7。

表7 短期实时预测模型效果对比

项目	r_3	σ	r_1	r_2
P_A	(2.41, 0.054, 1.64)	(95, 14.2, 108)	(0.89, 0.98, 0.87)	(0.94, 1, 0.91)
P_B	(1.51, 0.10, 1.44)	(121, 30.7, 128)	(0.86, 0.96, 0.85)	(0.88, 1, 0.86)
P_C	(3.86, 0.083, 4.55)	(127, 24.5, 134)	(0.85, 0.97, 0.84)	(0.86, 1, 0.85)
P_D	(2.94, 0.097, 1.82)	(103, 24.6, 112)	(0.88, 0.97, 0.87)	(0.94, 1, 0.92)
P_4	(1.05, 0.054, 1.59)	(317, 57, 351)	(0.91, 0.98, 0.90)	(0.98, 1, 0.98)
P_{58}	(0.88, 0.0064, 2.98)	(3078, 83.8, 3801)	(0.94, 0.99, 0.92)	(0.99, 1, 0.98)

注：每个向量的三个数据从左到右分别代表 ARIMA 模型、GARCH 模型和卡尔曼滤波模型的指标值。

由表 7 可以看出，对预测误差而言，无论是日平均误差还是均方根误差，GARCH 模型得到的预测结果中两种误差都是最小的，说明其预测得最准确，ARIMA 模型的预测结果略精确于卡尔曼滤波模型；对准确率和合格率而言，GARCH 模型得到的预测结果都是最高的，说明其预测得最有效，同样，ARIMA 模型的预测结果略有效于卡尔曼滤波模型。出现这种结果的主要原因是 GARCH 模型能有效消除残差序列的自相关性和异方差性。

因此，对于短期实时预测，我们推荐使用 GARCH 模型。

5.6 模型Ⅳ——指数平滑模型

5.6.1 模型的分析

在实际生活中，我们会发现，对风速的预测而言，一般都是近期的结果对现在的影响会大些，远期的结果对现在的影响会小些。为了更好地反映这种影响作用，我们考虑时间间隔对事件发展的影响，各期权重随时间间隔的增大而呈负指数衰减。由于附录中的数据没有明显的周期性，因此我们采用简单指数平滑模型对原始序列进行预测，模型的结构如下：

$$\widetilde{x}_t = \alpha x_t + \alpha(1-\alpha)x_{t-1} + \alpha(1-\alpha)^2 x_{t-2} + \cdots \quad (14)$$

式中，α 为平滑系数，它满足 $0 < \alpha < 1$。

5.6.2 平滑系数的选取与长期实时预测

根据平滑系数的取值范围，我们估算 $0.5^{15} \approx 3.1 \times 10^{-5}$，即与当前预测数据相差超过 15 期的数据几乎对当前数据没产生什么影响。因此只需选取 5 月 31 日 0 时之前 15 期数据作为历史数据即可。平滑系数 α 的值选取的一般原则是：对于变化缓慢的序列，常取较小的 α 值；对于变化迅速的序列，

常取较大的 α 值。通常 α 的值介于 $0.05 \sim 0.3$ 之间，预测效果比较好。通过附录 2 的相关数据发现，6 个预测量的 5 月 31 日 0 时之前 15 期数据变化趋势比较大，因此 α 可以取的值为 0.25 左右，不妨取 $\alpha_A = 0.22$，$\alpha_B = 0.25$，$\alpha_C = 0.24$，$\alpha_D = 0.28$，$\alpha_4 = 0.23$，$\alpha_{58} = 0.29$，通过 MATLAB 软件运算，我们得到 6 个预测量 5 月 31 日到 6 月 6 日的长期预测，如图 6 所示。

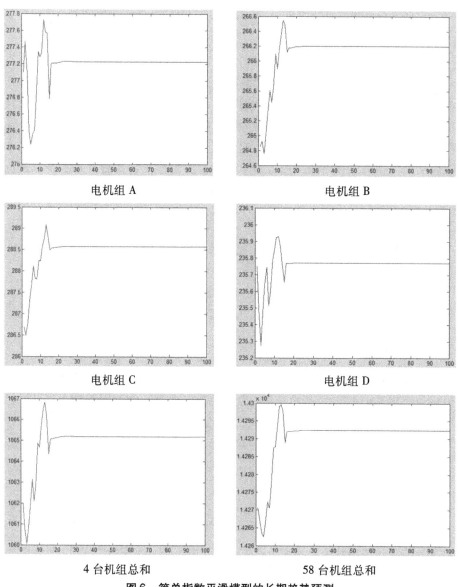

电机组 A

电机组 B

电机组 C

电机组 D

4 台机组总和

58 台机组总和

图 6　简单指数平滑模型的长期趋势预测

由图 6 可以看出，使用简单指数平滑模型做长期预测，顺延十几期后预测值收敛于某个定值。这并不难解释，这主要是由于简单指数平滑模型是一种修匀模型，因此只能用于预测整个序列的大致走势，而不能预测到某时刻的准确数据，更不能对突变的情况进行预测。但是，我们可以知道 6 个预测量从 5 月 31 日到 6 月 6 日有递增趋势，即风电功率增大了。

5.7 模型 V——灰预测模型

5.7.1 模型的分析

由之前的讨论可以发现，各预测模型对于骤变点的预测均不理想，都存在一定的滞后性。灰色预测是指利用 GM 模型对系统行为特征的发展变化规律进行估计预测，同时也可以对行为特征的异常情况发生的时刻进行估计计算，以及对在特定时区内发生事件的未来时间分布情况做出研究。这些工作实质上是将随机过程当作灰色过程，随机变量当作灰色变量，并主要以灰色系统理论中的 GM(1，1) 模型来进行处理。该模型的结构为：

$$x^{(1)}(k+1) = \left[(x^{(0)}(1) - \frac{b}{a}\right]e^{-ak} + \frac{b}{a}, \ k = 1,2,\cdots,n-1 \quad (15)$$

5.7.2 灰色系统 GM(1，1) 模型的建立与求解

5.7.2.1 数据的检验与处理

首先，为了保证建模方法的可行性，需要对已知数据列做必要的检验处理。设参考数据为 $x^{(0)} = (x^{(0)}(1), x^{(0)}(2), \cdots, x^{(0)}(n))$，计算数列的级比

$$\lambda(k) = \frac{x^{(0)}(k-1)}{x^{(0)}(k)}, \ k = 2,3,\cdots,n \quad (16)$$

如果所有的级比 $\lambda(k)$ 都落在可容覆盖 $(e^{-\frac{2}{n+1}}, e^{-\frac{2}{n+2}})$ 内，则数列 $x^{(0)}$ 可以作为模型 GM(1，1) 的数据进行灰色预测。否则，需要对数列 $x^{(0)}$ 做必要的变换处理，使其落入可容覆盖内，即取适当的常数 c，作平移变换

$$y^{(0)}(k) = x^{(0)}(k) + c, k = 1,2,\cdots,n \quad (17)$$

则使数列 $y^{(0)} = (y^{(0)}(1), y^{(0)}(2), \cdots, y^{(0)}(n))$ 的级比 $\lambda_y(k) = \frac{y^{(0)}(k-1)}{y^{(0)}(k)}$ $\in X, k = 2,3,\cdots,n$。

在本模型中，我们选取 5 月 30 日的 96 个值作为参考序列 $x^{(0)}$。经检验，它所有的级比都落在可容覆盖 $(e^{-\frac{1}{5}}, e^{-\frac{2}{11}})$ 内，因此数列 $x^{(0)}$ 可以作为模型 GM(1，1) 的原始数据进行灰色预测。

5.7.2.2 建立模型 GM(1，1)

建立模型后，可以得到预测值：

$$\hat{x}^{(1)}(k+1) = \left[x^{(0)}(1) - \frac{b_k}{a_k}\right]e^{-ak} + \frac{b_k}{a_k}, \quad k = 1,2,\cdots,n-1 \qquad (18)$$

$$\hat{x}^{(0)}(k+1) = \hat{x}^{(1)}(k+1) - \hat{x}^{(1)}(k), \quad k = 1,2,\cdots,n-1 \qquad (19)$$

通过 MATLAB 软件运算，我们得到 6 个预测量 5 月 31 日到 6 月 6 日的长期预测，如图 7 所示。

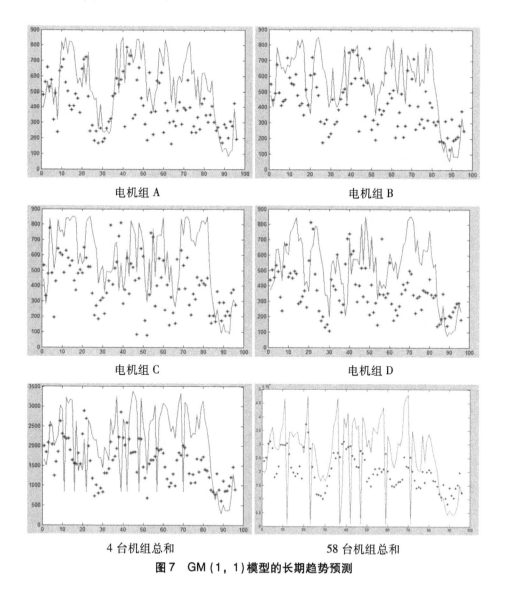

电机组 A　　　　　　　　　　　　电机组 B

电机组 C　　　　　　　　　　　　电机组 D

4 台机组总和　　　　　　　　　　58 台机组总和

图 7　GM (1，1) 模型的长期趋势预测

由图 7 可以看出，使用 GM(1，1) 模型做长期预测，并不能很好地预测到未来的风电功率，但该模型对骤变点敏感，预测结果能和它们有同步的变化走势。这是由于 GM(1, 1) 基于系统行为特征的发展变化规律进行预测，因此只能预测到未来序列的突变时刻，也不能进行长期的精确预测。不过，我们可以预测到 6 个预测量从 5 月 31 日到 6 月 6 日的突变时刻，这为电力调度部门及时调整调度计划提供了依据。

5.8　模型Ⅵ——神经网络预测模型

5.8.1　模型的分析

通过对附件 2 数据分析发现，5 月 10 日至 6 月 6 日的风电功率没有明显的周期性特征，变化的规律比较随机，因此可以尝试使用神经网络这种智能方法进行预测。虽然它没有具体的模型表达式，但多层前向网络能够学习复杂的非线性系统的内在特性，这使它成为处理与系统建模和控制有关问题的合适方法。理论已经证明，仅有一个隐含层的神经元和隐含层采用 S 型传递函数的多层神经网络能够以任意精度逼近任意连续函数。

5.8.2　神经网络预测模型的建立与求解

（1）网络初始化。根据系统输入输出序列 (X, Y) 确定网络输入层节点数 $n = 2016$，隐含层节点数为 $m = 5$，输出层节点数为 1，初始化入层、隐含层和输出层神经元之间的连接权值 ω_{ij} 和 ω_{jk}，初始化隐含阈值 a，输出层阈值 b，给定学习速率和神经元激励函数。我们取 $a = 0.5, b = 0.8$。

（2）隐含层输出计算。根据输入 X，输出层和隐含层间连接权值 ω_{ij} 以及隐含层阈值 a，计算隐含层，输出 H_j。

$$H_j = f\left(\sum_{i=0}^{n} \omega_{ij} x_i - a_j \right), j = 1, 2, \cdots, l \tag{20}$$

式中，l 为隐含层节点数，f 为隐含层激励函数。我们选择 tansig 函数，其表达式为

$$f(x) = \frac{2}{1 + e^{-2x}} - 1 \tag{21}$$

（3）输出层输出计算。根据隐含层 H_j，连接权值 ω_{jk} 和阈值 b，计算 BP 神经预测，输出 O：

$$O_k = \sum_{j=1}^{l} H_j \omega_{jk} - b_k, k = 1, 2, \cdots, m \tag{22}$$

（4）误差计算。根据网络预测输出 O 和期望输出 Y，计算网络预测误差 e：

$$e_k = Y_k - O_k, k = 1, 2, \cdots, m \tag{23}$$

（5）权值更新。根据网络预测误差 e 更新网络连接权值 ω_{ij} 和 ω_{jk}：

$$\omega_{ij} = \omega_{ij} + \eta H_j (1 - H_j) x(i) \sum_{k=1}^{m} \omega_{jk} e_k, i = 1, 2, \cdots, n; j = 1, 2, \cdots, l \tag{24}$$

$$\omega_{jk} = \omega_{jk} + \eta H_j e_k, j = 1, 2, \cdots, l, k = 1, 2, \cdots, m \qquad (25)$$

（6）阈值更新。根据网络预测误差 e 更新网络节点阈值 a, b：

$$a_j = a_j + H_j(1 - H_j) \sum_{k=1}^{m} \omega_{jk} e_k, j = 1, 2, \cdots, l \qquad (26)$$

$$b_k = b_k + e_k, k = 1, 2, \cdots, m \qquad (27)$$

（7）判断算法迭代是否结束，若没有结束，返回（2）。

通过 MATLAB 软件运算，我们得到 6 个预测量 5 月 31 日到 6 月 6 日的长期预测，如图 8 所示。

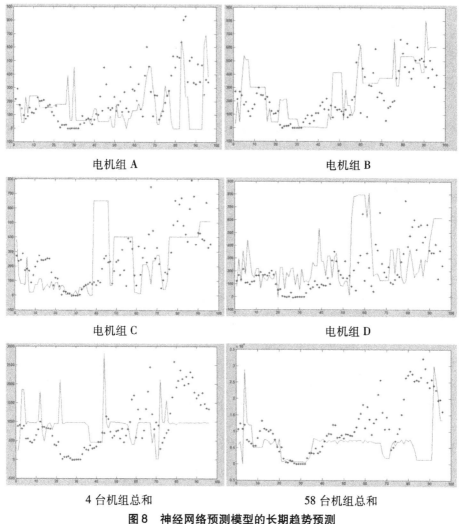

电机组 A　　　　　　　　　　　　电机组 B

电机组 C　　　　　　　　　　　　电机组 D

4 台机组总和　　　　　　　　　　58 台机组总和

图8　神经网络预测模型的长期趋势预测

由图 8 可以看出，使用神经网络预测模型做长期预测，精度是相对最高的。这是因为神经网络预测模型是种智能仿真模型，对随机序列的拟合具有较好的效果。但是，也是由于智能算法的随机性，有时的预测结果与实际相去甚远，这在图 8 中的某些时段也有体现。

5.9 三种长期实时预测模型的比较

对于长期预测，精度相对于短期预测而言是较差的，但长期预测的主要目的不在于预测某一个准确的值，而是预测序列的趋势，因此不能使用附件 1 中的指标来评价长期实时预测模型的有效性。

在选择模型的时候，主要根据电力调度部门的需求进行选择。如果要知道风电功率未来的大致趋势，我们推荐使用简单指数平滑模型，它的原理简单，且对历史数据的要求不高，具有很强的操作性。如果要了解风电功率未来的骤变点，应该选择 GM(1, 1) 模型，这是由于 GM(1, 1) 基于系统行为特征的发展变化规律进行预测，对骤变点敏感。如果要了解未来序列的大致数值，我们推荐使用神经网络智能预测模型，它是长期预测相对最准确的模型。

6 风电功率实时预测模型的精度再探讨

6.1 风电机组的汇聚对于预测结果误差的影响分析（问题 2）

首先，观察图 9，比较风电机组功率 (P_A, P_B, P_C, P_D)，预测总和与 P_4 预测值可发现，这两组值相差极小，这说明了所建立模型各风电组功率预测值线性可叠加，因此由数据叠加带来对相对误差的影响可近似看作不存在，于是我们可以认为单机组 P_A, P_B, P_C, P_D，多机组 P_4, P_{58} 预测的相对误差差异仅由风电机组采取风电场群接入电网的汇聚方式引起。

从前面的短期预测模型（ARIMA、GARCH 和卡尔曼滤波）的预测结果（表 7）来看，相对误差的三项指标（准确率 r_1、合格率 r_2、日平均误差 r_3）从单台风电机组到多机组 P_4 和 P_{58}，分别呈现出递增、递增和递减性，这说明预测机组数越大，模型在这种机组汇聚方式下的预测误差会越小，准确率、合格率会越高。这是符合常理的，因为如果预测的结果是总体的情况，范围变大，自然相对精度会提高。

因此，我们得到的预期是风电机组汇聚越多，就能使模型的风电功率预测误差变得越低。

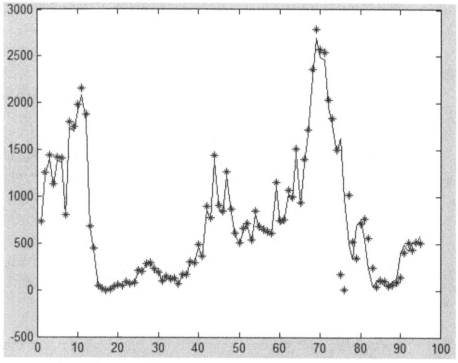

注：离散星号点为各个时刻 P_4 预测值；曲线为 4 个机组预测值之和。

图9 四机组预测值之和与 P_4 预测值比较

6.2 对预测精度的再探讨（问题3）

由前文的分析讨论可知，由于长期实时预测的主要作用是预测序列的趋势，因此提高短期实时预测的精度才有较高的应用价值。基于这一点，要建立可提高短期实时预测精度的模型。由 GARCH 模型和卡尔曼滤波模型的分析结果可知，前者由于消除了残差序列的自相关性和异方差性，具有较高的精度，而后者消除了原序列的波动性，对小值数据的预测具有较好的效果。我们考虑，若能吸收这两方面的优点，建立一个组合模型，则可以提高短期实时预测的精度。

6.3 模型Ⅶ——基于 GARCH 和卡尔曼滤波的组合模型

6.3.1 组合模型的预测规则

提高短期实时预测的精度，主要是针对预测不准确的时段而言的，预测不准确说明对该时段预测所选用的模型不恰当，故发现某点的预测偏差较大时，应考虑重新选取合适的模型对后面序列进行预测。根据 GARCH 模型和卡尔曼滤波模型的特点，我们作如下规定：

（1）当出现风电功率小于 50 kW 的时点，后面序列使用卡尔曼滤波模型进行预测。

（2）当观测到的新值与前一期的值相差超过 20% 时，后面序列使用卡尔曼滤波模型进行预测。

（3）其余情况使用 GARCH 模型对后面的序列进行预测。

给出这样的规定是由于卡尔曼滤波模型能消除波动性，预测骤变情况和小值情况较好，而 GARCH 模型对于相对平稳的序列预测有较高的精度。我们仍使用 5 月 29 日和 30 日的数据作为历史数据，GARCH 模型的口径及卡尔曼滤波模型依赖的 ARIMA 模型的口径和之前讨论的一致。

6.3.2　组合模型的有效性分析

按照以上规则和前文得到的模型口径，通过 MATLAB 软件求解，可得到组合模型预测结果的日平均误差、均方根误差、准确率和合格率，具体见表 8。

表 8　组合模型的有效性分析表

项目	r_3	σ	r_1	r_2
P_A	(0.051, 0.054, 1.64)	(11.3, 14.2, 108)	(0.99, 0.98, 0.87)	(1, 1, 0.91)
P_B	(0.102, 0.10, 1.44)	(26.8, 30.7, 128)	(0.98, 0.96, 0.85)	(1, 1, 0.86)
P_C	(0.081, 0.083, 4.55)	(23.5, 24.5, 134)	(0.98, 0.97, 0.84)	(1, 1, 0.85)
P_D	(0.083, 0.097, 1.82)	(19.7, 24.6, 112)	(0.99, 0.97, 0.87)	(1, 1, 0.92)
P_4	(0.052, 0.054, 1.59)	(54.2, 57, 351)	(0.98, 0.98, 0.90)	(1, 1, 0.98)
P_{58}	(0.006, 0.0064, 2.98)	(80.6, 83.8, 3801)	(0.99, 0.99, 0.92)	(1, 1, 0.98)

注：每个向量的三个数据从左到右分别代表组合模型、GARCH 模型和卡尔曼滤波模型的指标值。

由表 8 可知，对预测误差和而言，无论是日平均误差还是均方根误差，组合模型得到的预测结果都是最小的，说明其预测得最准确；对准确率和合格率而言，组合模型得到的预测结果都是最高的，说明其预测结果最有效。这说明组合模型融合了 GARCH 模型和卡尔曼滤波模型的优点，提高了预测精度。另外，不难发现，组合模型的结果和 GARCH 模型的结果相差不大，说明 GARCH 模型也是一个拟合得比较成功的模型。

通过使用组合模型进行预测，我们发现阻碍风电功率实时预测精度进一步改善的主要因素是骤变点的存在。由于预测模型都存在一定的滞后性，每当数据发生骤变时，预测结果将会不准确，因此"人算不如天算"这句话是有一定的合理性的。

6.4 影响精度的因素分析

通过对各模型预测的准确性分析发现，即便是精度很高的组合模型，其预测准确率都只在 98% 附近波动，而不能进一步提高预测的精度。这说明，如果只对历史数据进行挖掘，随着对数据规律认识的深入，预测精度会不断提高，最终稳定在一个较高的值，但风电功率预测精度不可能无限提高。这是因为，除了风电功率会发生骤变，还有一些不可忽略的外因，如预测地点的地表状况和海拔，都会直接影响该地的风电功率。因此，若要使预测更加准确，则必须要进一步考虑外因，建立物理模型。

7 风电功率实时预测模型的评价

7.1 模型的优点

模型 I——ARIMA 模型，优点是巧妙利用原有历史数据的差分平稳性，从原来的非平稳序列提取出平稳性的信息，在短期内能呈现较好的预测效果。

模型 II——GARCH 模型，优点在于对残差项中可能的信息进行挖掘及消除异方差性，在短期预测中呈现出极佳的预测效果。

模型 III——卡尔曼滤波模型，优点在于能缓和时序分析方法带来的预测时延问题，更好地捕捉新信息并不断对状态进行修正，从而使预测更为精确。

模型 IV——指数平滑模型，模型的原理简单，便于计算。

模型 V——灰预测模型，能对系统行为特征的发展变化规律进行估计预测，同时也可以对行为特征的异常情况发生的时刻进行估计计算，在一定程度上弥补普通统计预测方法，使最终结果趋向平稳的缺点。

模型 VI——神经网络预测模型，合理利用历史数据的大随机性，呈现出长期数据的波动性。

模型 VII——组合模型，融合了 GARCH 模型和卡尔曼滤波模型的优点。

7.2 模型的缺点

模型 I～III 仅适用于短期预测，长期下来数据必会趋于平稳而脱离现实。

模型Ⅳ～Ⅵ由于掌握的数据有限，无法多方面权衡长期的不确定性等因素，因此精度不高，仅能起一定的指导性及参考作用。

模型Ⅶ具有一定的滞后性。

参考文献

［1］时庆华，高山，陈昊. 2 种风电功率预测模型的比较［J］. 能源技术经济，2011，23（6）：31－35.

［2］杨桂兴，常喜强，王维庆，等. 对风电功率预测系统中预测精度的讨论［J］. 电网与清洁能源，2011，27（1）：67－71.

［3］周晖，方江晓，黄梅. 风电功率 GARCH 预测模型的应用研究［J］. 电力系统保护与控制，2011，39（5）：108－119.

［4］周松林，茆美琴，苏建徽. 风电功率短期预测及非参数区间估计［J］. 中国电机工程学报，2011，31（25）：10－16.

［5］王健，严干贵，宋薇，等. 风电功率预测技术综述［D］. 吉林：东北电力大学电气工程学院，2011.

［6］刘玉. 基于实测数据分析的大型风电场风电功率预测研究［J］. 黑龙江电力，2011，33（1）：11－15.

［7］张志鹏，王伟平，郑海超. 卡尔曼滤波及其在时间序列预测中的应用［J］. 仪表技术，2010（7）：37－39.

［8］姜启源，谢金星，叶俊编. 数学模型［M］. 3 版. 北京：高等教育出版社，2003.

［9］黄燕，吴平. SAS 统计分析及应用［M］. 北京：机械工业出版社，2007.

［10］王燕. 应用时间序列分析［M］. 2 版. 北京：中国人民大学出版社. 2008.

［11］张德丰. MATLAB 神经网络应用设计［M］. 北京：机械工业出版社，2009.

2014 年全国研究生数学建模竞赛

D 题　人体营养健康角度的中国果蔬发展战略研究

据相关资料显示，人体需要的营养素主要有蛋白质、脂肪、维生素、矿物质、糖和水。其中，维生素对于维持人体新陈代谢的生理功能是不可或缺的，多达 30 余种，分为脂溶性维生素（如维生素 A、D、E、K 等）和水溶性维生素（如维生素 B_1、B_2、B_6、B_{12} 及维生素 C 等）。矿物质无机盐等亦是构成人体的重要成分，约占人体体重的 5%，主要有钙、钾、硫等及微量元素铁、锌等。另外，适量地补充膳食纤维对促进良好的消化和排泄固体废物有着举足轻重的作用。

水果和蔬菜是重要的农产品，主要为人体提供矿物质、维生素、膳食纤维。近年来，中国水果和蔬菜种植面积和产量迅速增长，水果和蔬菜品种也日益丰富，中国居民生活水平不断提高，人们对人体营养均衡的意识也有所增强。然而，多数中国居民喜食、饱食、偏食、忽视人体健康所需的营养均衡的传统饮食习惯尚未根本扭转，这就使我国的果蔬消费（品种和数量）在满足居民身体健康所需均衡营养的意义下，近乎盲目无序，进而影响到果蔬生产。

因此，预测我国果蔬的消费与生产趋势，科学地规划与调整我国果蔬的中长期的种植模式，具有重要的战略意义。为此请你们协助完成以下任务：

第一，科学决策的基础是比较准确地掌握情况。但我国蔬菜和水果品种繁多，无论是中国官方公布的数据，还是世界粮农组织、美国农业部等，发布的数据均不完整，缺失较为普遍，而且品种、口径不一。我们既不可能也没有必要了解全部数据，对这样的宏观问题，恰当的方法是选取主要的水果和蔬菜品种进行研究。因此，要求主要的水果、蔬菜品种不仅总计产量应分别超过它们各自总产量的 90%，而且这部分品种所蕴含的营养素无论在成分上还是在含量上都满足研究的需要。请你们运用数学手段从附件表格中筛选出主要的水果和蔬菜品种，并尝试用多种方法建立数学模型对其消费量进行估计，研究其发展趋势。

第二，摸清我国居民矿物质、维生素、膳食纤维等营养素摄入的现状。请结合为保障人体健康所需要的各种营养成分的范围和前面预测的人均消费结果，评价中国居民目前矿物质、维生素、膳食纤维等营养的年摄入水平是否合理。按照水果和蔬菜近期的消费趋势，至 2020 年，中国居民的人体营养健康状况是趋于好转还是恶化？请给出支持你们结论的充分依据。

第三，不同的蔬菜、水果尽管各种营养素含量各不相同，但营养素的种类大致相近，存在着食用功能的相似性。因此，水果与水果之间、蔬菜与蔬菜之间、水果与蔬菜之间从营养学角度在一定程度上可以相互替代、相互补充。由于每种蔬菜、水果所含有的维生素、矿物质、膳食纤维成分、含量不尽相同，价格也有差异，因此在保证营养均衡满足健康需要条件下，如何选择消费产品是个普遍的问题。请你们为当今中国居民（可以分区域分季节）提供主要的水果和蔬菜产品的按年度合理的人均消费量，使人们能够以较低的购买成本（假定各品种价格按照原有趋势合理变动）满足自身的营养健康需要。

第四，为实现人体营养均衡，满足健康需要，国家可能需要对水果和蔬菜各品种的生产规模做出战略性调整。一方面国家要考虑到居民人体的营养均衡，并使营养摄入量尽在合理范围内；另一方面也要顾及居民的购买成本，使其购买成本尽量低；同时还要使种植者能够尽量获得较大收益；而且，作为国家宏观战略，还要考虑进出口贸易、土地面积等其他因素。请你们基于上述考虑，建立数学模型重新计算中国居民主要的水果和蔬菜产品的按年度合理人均消费量，并给出到 2020 年我国水果和蔬菜产品生产的调整战略。

第五，结合前面的研究结论，给相关部门提供 1000 字左右的政策建议。

数据说明：

（1）为了保持中国居民生产、消费等数据的一致性，建议以一种数据库为主，其他数据库作为参考进行数据收集、矫正和整理。当某些数据收集困难时，可用相关数据替代，但要阐述替代的合理性。

（2）中国居民膳食营养素参考摄入量表见数据文件夹。

（3）蔬菜类、水果类营养成分表见数据文件夹。

（4）数据收集主要关注（不限于）以下数据库：中华人民共和国农业部种植业管理司（http：//www. zzys. moa. gov. cn）、世界粮农组织数据库（http：//faostat. fao. org）、美国农业部数据库（http：//apps. fas. usda. gov）、中华人民共和国国家统计局（http：//www. stats. gov. cn/tjsj/ndsj）、联合国贸易数据库（http：//comtrade. un. org）、历年中国农业统计资料、历年农产品成本收益资料汇编。

摘　　要

本文基于人体健康的角度，研究中国果蔬的发展状况。首先应用主成分分析法，根据载荷因子的降维排序选取具有代表性的果蔬作为研究对象；然后使用灰色预测、神经网络和 Mult-GM-BP 模型三种方法对主要果蔬消费量进行预测；接着通过计算 2013 年和 2020 年深圳人均营养素摄入量，以点带面分析其居民摄入水平是否合理，以及其健康状况的变化趋势；再使用单目标和多目标规划模型，给居民购买蔬果提供建议，以及给国家提出 2020 年果蔬生产的调整战略；最后，向国家相关部门提供一份合理建议。

问题一要求预测主要果蔬的消费量。基于果蔬种类的繁多及官方数据发布的缺失情况，本问需要首先对原始可使用数据进行预处理以提高预测精度，运用 SPSS 软件通过主成分分析法分析相关数据，根据各果蔬的载荷因子大小进行降序处理并筛选主要影响因子。本文选取了香蕉、梨、苹果、葡萄、柿子五种水果，胡萝卜、冬瓜、西红柿、茄子四种蔬菜，共计九种主要果蔬进行研究。由于生产到消费过程存在一定的耗损及转化，结合产量到消费量数据的变换结果，应用灰色预测、动态 BP 神经网络和 Mult-GM-BP 模型三种方法对主要果蔬消费量进行预测，分别对三种预测结果进行逆向拟合，结合残差及误差分析，结果发现 Mult-GM-BP 模型的精度最高，神经网络模型次之，灰预测模型精度最低。2014—2020 年主要果蔬的消费量都将呈持续增长趋势，而且在水果种类中，苹果和梨的消费量将持续快速增长，香蕉、葡萄和柿子的增长速度则较低；在蔬菜种类中，冬瓜和西红柿消费量上升的速度将比胡萝卜和茄子快。到 2020 年，香蕉、梨、苹果、葡萄、柿子、胡萝卜、冬瓜、西红柿、茄子的预测消费量分别为 1229.80 万吨、1755.35 万吨、4008.72 万吨、1123.69 万吨、335.00 万吨、985.44 万吨、5883.09 万吨、2833.58 万吨、1761.07 万吨。

问题二主要评价中国居民矿物质、维生素和膳食纤维等营养素的摄入水平。首先选取深圳市作为研究对象，按户籍情况和年龄段这两个方向使用二次指数平滑法预测模型预测该市到 2020 年的总人口；然后使用年龄状态预测模型预测每一个年龄段的人数；接着通过计算 2013 年和 2020 年深圳居民每个年龄段的钙、锌、维生素 A、维生素 C 和膳食纤维的摄入量，分别从年龄段、性别和工作强度三个角度评价居民的健康状况，结果显示，深圳市居民的营养素年摄入水平基本合理，但每个年龄段的居民都会有某种营养素摄入不足；最后通过对比 2013 年和 2020 年各年龄段的营养素摄入量，数值基本都在健康范围以内，可知深圳市居民营养健康状况趋于好转。

问题三是优化问题，即在满足自身营养健康需求的前提下，合理优化居民购买成本。首先，选取维生素 E、钙和膳食纤维的年摄入量作为约束条件，以果蔬的年人均购买成本最低为目标函数建立单目标线性规划模型，算得最低的年人均购买成本为 44831.77 元。然而，营养素的摄入不仅仅由这九种果蔬提供，因此对于约束条件中维生素 E、钙和膳食纤维的年摄入量，应扣除由其他食物提供的量，改进后的线性规划模型求得最低的年人均购买成本为 14169.00 元。接着，基于价格浮动对目标函数的约束进一步改进模型，求得在离初始日期 90 天时，最低的年人均购买成本为 21121.79 元，为一年最高；在离初始日期 270 天时，最低的年人均购买成本为 1920.16 元，为一年最低。最后，对 30 种常见果蔬进行 K 均值聚类，找出营养功能可相互替代的果蔬，以降低人均购买成本。

问题四是典型的多目标规划问题。基于兼顾营养合理摄入、低成本高营养收益果蔬的选取、种植者收益优化的要求及国家宏观战略调控（土地面积、进出口等）的考虑，建立多目标规划模型对年人均果蔬消费量进一步优化，求得在离初始日期 90 天时，最低的年人均购买成本为 21121.79 元，为一年最高；在离初始日期 270 天时，最低的年人均购买成本为 1920.16 元，为一年最低。同时，对该模型进行灵敏度分析，结果表明购买成本对茄子消费量的变化不是非常敏感，而且横向的灵敏度分析发现，该多目标规划模型的稳健性较高，能控制在 15% 以内，并根据相关数据分析提出扩大冬瓜的种植面积的果蔬产品生产调整战略。

1   问题重述

据相关资料显示，人体需要的营养素主要有蛋白质、脂肪、维生素、矿物质、糖和水。另外，适量地补充膳食纤维对促进良好的消化和排泄固体废物有着举足轻重的作用。水果和蔬菜是重要的农产品，主要为人体提供矿物质、维生素、膳食纤维。中国居民生活水平不断提高，人们对人体营养均衡的意识也有所增强。然而，多数中国居民喜食、饱食、偏食、忽视人体健康所需的营养均衡的传统饮食习惯尚未根本扭转，进而影响到果蔬生产。因此，预测我国果蔬的消费与生产趋势，科学地规划与调整我国果蔬的中长期的种植模式，具有重要的战略意义。

第一，科学决策的基础是比较准确地掌握情况。但我国蔬菜和水果品种繁多，官方发布的数据均不完整，缺失较为普遍，而且品种、口径不一。对这样的宏观问题，恰当的方法是选取主要的水果和蔬菜品种进行研究。因此，要求主要的水果、蔬菜品种不仅总计产量应分别超过它们各自总产量的

90%，而且这部分品种所蕴含的营养素无论在成分上还是在含量上都满足研究的需要。本文运用数学手段从附件表格中筛选出主要的水果和蔬菜品种，并尝试用多种方法建立数学模型对其消费量进行估计，研究其发展趋势。

第二、摸清我国居民矿物质、维生素、膳食纤维等营养素摄入现状。结合保障人体健康所需要的各种营养成分的范围和前面预测的人均消费结果，评价中国居民目前矿物质、维生素、膳食纤维等营养的年摄入水平是否合理。按照水果和蔬菜近期的消费趋势，至 2020 年，探讨中国居民的人体营养健康状况是趋于好转还是恶化，给出支持结论的依据。

第三，不同的蔬菜、水果尽管各种营养素含量各不相同，但营养素的种类大致相近，存在着食用功能的相似性。因此，水果与水果之间、蔬菜与蔬菜之间、水果与蔬菜之间从营养学角度在一定程度上可以相互替代、相互补充。由于每种蔬菜、水果所含有的维生素、矿物质、膳食纤维成分、含量不尽相同，价格也有差异，因此在保证营养均衡满足健康需要条件下，如何选择消费产品是个普遍的问题。按年度合理人均消费量为当今中国居民（可以分区域、分季节）提供主要的水果和蔬菜产品，使人们能够以较低的购买成本（假定各品种价格按照原有趋势合理变动）满足自身的营养健康需要。

第四，为实现人体营养均衡满足健康需要，国家可能需要对水果和蔬菜各品种的生产规模做出战略性调整。一方面国家要考虑到居民人体的营养均衡，并使营养摄入量尽量在合理范围内；另一方面也要顾及居民的购买成本，使其购买成本尽量低，同时还要使种植者能够尽量获得较大收益；此外，作为国家宏观战略，还要考虑进出口贸易、土地面积等其他因素。基于上述考虑，建立数学模型重新计算中国居民主要的水果和蔬菜产品的按年度合理人均消费量，并给出到 2020 年我国水果和蔬菜产品生产的调整战略。

第五，结合前面的研究结论，给相关部门提供 1000 字左右的政策建议。

2　问题分析

问题一：基于果蔬种类的繁多及官方数据发布的缺失情况，本问需要首先对原始可使用数据进行预处理以提高预测精度，拟运用 SPSS 软件通过主成分分析法分析相关数据，根据各果蔬的载荷因子大小进行降序处理并筛选主要影响因子。然后结合产量到消费量数据的变换结果，根据灰色预测模型、动态 BP 神经网络及 Mult-GM-BP 模型各自的特点对主要果蔬的消费量进行预测。最后，分别对三种预测结果进行逆向拟合，结合残差及误差分析得出最优模型及最优结果，正确判断其发展趋势。

问题二：评价中国居民矿物质、维生素和膳食纤维的摄入水平的合理性，需要对人口数及主要果蔬总消费量进行预测，为提高人口数据预测精度，本问拟选取深圳市作为研究对象，按户籍情况和年龄段这两个方向，主要建立二次指数平滑法预测模型及年龄状态预测模型，动态预测该市到2020年的人口结构和预测每一个年龄段的人数；接着通过计算2013年和2020年深圳居民每个年龄段的主要营养因素的摄入量，分年龄段、性别和工作强度三个角度评价居民的健康状况，以点带面合理判断中国居民人体营养健康状况好转或恶化情况。

问题三：本问基于单目标最优化的思路进行分析。由于各种果蔬所含营养素种类相近，并且其价格有区域性和季节性差异，因此，在价格有所变动时，可以灵活地选择果蔬种类。要使人们以较低的成本购买果蔬，并且满足自身所需营养素摄入量，我们计划使用线性规划的方法，以主要果蔬的年人均消费量作为决策变量，果蔬的最低购买成本作为目标函数，每人每年所需各种营养量作为约束条件，建立优化模型，求解出各种主要果蔬的年人均消费量。进一步地，可以考虑价格的变动，改进模型，使结果更加合理。

问题四：本题是一个多目标优化问题。需要我们依据最优的年人均消费量，针对国家的果蔬生产规模提出合理的调整战略。对于国家来说，一方面，要考虑到消费者摄入的营养素在合理范围之内，实现营养均衡；另一方面，要考虑到果蔬种植者的利益，尽可能最大化。首先，我们不妨延续问题三的思路，以9种果蔬的年人均消费量作为决策变量，上述两个方面作为目标函数，人体需摄入营养素以及消费量和产量的供需关系作为约束条件，建立模型。然后，利用问题一预测出的2020年的人均消费、果蔬的进出口量以及果蔬种植面积，对国家的果蔬生产规模调整策略作出合理的定性分析。

3　模型假设

（1）数据库中选取的相关数据真实可靠。

（2）主要果蔬的产量损耗率保持不变。

（3）深圳人口占全国人口的比重不变。

（4）深圳未来十年没有发生重大的天灾人祸。

（5）深圳的育龄女性的生育能力不会发生实质性的改变。

（6）假设迁移到深圳的人口年龄满足正态分布规律。

（7）主要果蔬的产量均大于需求量。

4 符号说明

符号说明见表1。

表1 符号说明

符号	意义
m	主成分分析的指标个数
y_m	第 m 主成分
a_p	p 个主成分的累计贡献率
R	相关系数矩阵
α	田间地头到大市场的损耗率
β	大市场到零售的损耗率
θ	零售到餐桌的损耗率
μ	内生控制灰度
a	发展灰度
S_1	灰色预测值与真实值残差平方和
S_2	BP 神经网络预测值与真实值残差平方和
S_3	Mult-GM-BP 模型预测值与真实值残差平方和
Q_{ij}	第 j 年龄组对第 i 种果蔬的消费量
T_i	深圳市对第 i 种果蔬的消费总量
a_j	第 j 年龄组的比例
b	由于吃得少而导致消费量的减少比率
K_{kj}	第 j 个年龄段第 k 种营养素的人均摄入量
q_{ki}	第 i 种水果第 k 种营养素的含量
r_j	第 j 个年龄段的人数
P	主要果蔬的年人均购买成本
x_i	主要果蔬的年人均消费量
m_i	0 - 1 变量，第 i 种果蔬在该季节是否上市
a_i	主要果蔬的种植成本

5 基于三种预测模型的主要果蔬消费量预测（问题一）

5.1 基于主成分分析的主要果蔬选取模型

5.1.1 模型的分析

由于我国的水果蔬菜种类很多，且国内外网站发布的数据均不完整，很难完全了解它们的各种数据。本文以中国农业统计年鉴为主，外文网站数据库为辅的方式提供及完善相关的果蔬数据。

在水果方面，主要通过查阅农业部中事业管理司的数据库，得到香蕉、苹果、柑橘、梨、葡萄、菠萝、红枣、柿子、西瓜、柚子、柠檬和橙子共 12 种水果在 1978—2013 年的产量及进出口数据，通过主成分分析法，得到各种水果的载荷因子。由于载荷因子代表着每种水果对某一主成分的贡献，因此本文通过对载荷因子的降序处理，选取数值最大的几种水果进行研究。同理，在蔬菜方面，通过中国农业年鉴的数据库，本文得到胡萝卜、萝卜、竹笋、冬瓜、西红柿、茄子、南瓜和土豆共 8 种蔬菜的产量及进出口数据，应用主成分分析并对载荷因子降维排序，选取数值最大的几种蔬菜进行研究。

5.1.2 模型的建立

（1）对原始数据进行标准化处理。假设进行主成分分析的指标变量有 m 个，即 $x_1, x_2, \cdots, x_m$，共有 n 个评价对象，第 i 个评价对象的第 j 个指标的取值为 x_{ij}。将各指标值 x_{ij} 转换成标准化指标 $\tilde{x}_{ij}$：

$$\tilde{x}_{ij} = \frac{x_{ij} - \bar{x}_j}{s_j}, \ i = 1, 2, \cdots, n, \ j = 1, 2 \cdots, m \tag{1}$$

式中，

$$\bar{x}_j = \frac{1}{n} \sum_{i=1}^{n} x_{ij}, \ s_j = \frac{1}{n-1} \sum_{i=1}^{n} (x_{ij} - \bar{x}_j)^2, \ j = 1, 2, \cdots, m \tag{2}$$

即分别为第 j 个指标的样本均值和样本标准差。对应地，称

$$x_i = \frac{x_i - \bar{x}_i}{s_i}, \ i = 1, 2, \cdots, n \tag{3}$$

为标准化指标变量。

（2）计算相关系数矩阵 $\boldsymbol{R}$：

$$r_{ij} = \frac{\sum_{k=1}^{n} x_{ki} \cdot x_{kj}}{n-1}, \ i, j = 1, 2, \cdots, m \tag{4}$$

式中，$r_{ii} = 1$，$r_{ij} = r_{ji}$，r_{ij} 是第 i 个指标与第 j 个指标的相关系数。

（3）计算特征值和特征向量。计算相关系数矩阵对应的特征值 $\lambda_1 \geqslant \lambda_2 \geqslant \cdots \lambda_p \geqslant 0$，以及对应的特征向量 $u_1, u_2, \cdots, u_p$，其中 $u_j = (u_{1j}, u_{2j}, \cdots, u_{np})^{\mathrm{T}}$，由特征向量组成 m 个新的指标变量，即

$$
\begin{cases}
y_1 = u_{11}x_1 + u_{21}x_2 + \cdots + u_{n1}x_n \\
y_2 = u_{12}x_1 + u_{22}x_2 + \cdots + u_{n2}x_n \\
\quad \cdots\cdots \\
y_m = u_{1m}x_1 + u_{2m}x_2 + \cdots + u_{nm}x_n
\end{cases}
\tag{5}
$$

式中，y_1 是第一主成分，y_2 是第二主成分，$\cdots$，y_m 是第 m 主成分。

（4）选择 $p(p \leqslant m)$ 个主成分，计算特征值 $\lambda_j(j = 1, 2, \cdots, m)$ 的信息贡献率和累积贡献率。称

$$
b_j = \frac{\lambda_j}{\sum\limits_{k=1}^{m} \lambda_k} \quad (j = 1, 2, \cdots, m)
\tag{6}
$$

为主成分 y_j 的信息贡献率；称

$$
a_p = \frac{\sum\limits_{k=1}^{p} \lambda_k}{\sum\limits_{k=1}^{m} \lambda_k}
\tag{7}
$$

为主成分 $y_1, y_2, \cdots, y_p$ 的累积贡献率。当 a_p 接近于 1 时，选择前 p 个指标变量 $y_1, y_2, \cdots, y_p$ 作为 p 个主成分，从而针对各主成分系数数值的大小确定主要研究对象。

5.1.3 模型的求解

对于这 12 种水果，利用 SPSS 软件对进行主成分分析，前几个特征根及其贡献率见表 2。

表 2 解释的总方差

成分	初始特征值			提取平方和载入		
	合计	方差百分比/%	累积百分比/%	合计	方差百分比/%	累积百分比/%
1	9.748	81.232	81.232	9.748	81.232	81.232
2	1.013	8.439	89.671	1.013	8.439	89.671
3	0.513	4.273	93.945	0.513	4.273	93.945
4	0.244	2.037	95.982	—	—	—
5	0.197	1.629	96.611	—	—	—
6	0.139	1.178	97.790	—	—	—

续表2

成分	初始特征值			提取平方和载入		
	合计	方差百分比/%	累积百分比/%	合计	方差百分比/%	累积百分比/%
7	0.108	0.891	98.581	—	—	—
8	0.081	0.657	99.238	—	—	—
9	0.052	0.452	99.690	—	—	—
10	0.024	0.208	99.898	—	—	—
11	0.012	0.101	99.999	—	—	—
12	0.000	0.001	100.000	—	—	—

注：提取方法为主成分分析。

由表2可以看出，第三个特征根的累计贡献率就达到90%以上，主成分分析效果很好。故选取三个主成分，并列出其特征根对应的特征向量，见表3。

表3　标准化变量的3个主成分对应的特征向量

标准化变量	第1个特征向量	第2个特征向量	第3个特征向量	标准化变量	第1个特征向量	第2个特征向量	第3个特征向量
x_1	0.349	0.3972	0.2457	x_7	0.2241	0.2826	0.0397
x_2	0.359	0.4343	0.3577	x_8	0.1201	0.1021	0.0812
x_3	0.3623	0.2991	0.2849	x_9	0.3192	0.1941	0.1022
x_4	0.3623	0.3138	0.4128	x_{10}	0.2452	0.2865	0.2266
x_5	0.3605	0.3507	0.2534	x_{11}	0.0128	0.1057	0.1692
x_6	0.3102	0.1646	0.1645	x_{12}	0.1607	0.2792	0.1607

由此可以得到三个主成分为

$$y_1 = 0.349x_1 + 0.359x_2 + \cdots + 0.1607x_{12} \tag{8}$$

$$y_2 = 0.3972x_1 + 0.4343x_2 + \cdots + 0.2792x_{12} \tag{9}$$

$$y_3 = 0.2457x_1 + 0.3577x_2 + \cdots + 0.1607x_{12} \tag{10}$$

从主成分的系数可以看出，各水果对主成分都呈现正相关关系，根据三个主成分系数的比对，前5个指标在各个主成分中系数最大，有强相关性，表示主成分主要反映了香蕉、梨、苹果、葡萄、柿子这5种水果的信息，因此可以对这5种水果进行研究。

同理，对于这 8 种蔬菜，利用 SPSS 软件对进行主成分分析，前几个特征根及其贡献率见表4。

表4　解释的总方差

成分	初始特征值			提取平方和载入		
	合计	方差的 %	累积 %	合计	方差的 %	累积 %
1	9.059	75.487	75.487	9.059	75.487	75.487
2	1.836	15.292	90.779	1.836	15.292	90.779
3	0.644	5.363	96.142	—	—	—
4	0.257	2.149	98.291	—	—	—
5	0.149	1.231	99.522	—	—	—
6	0.045	0.379	99.901	—	—	—
7	0.011	0.088	99.999	—	—	—
8	0.000	0.001	100.000	—	—	—

注：提取方法为主成分分析。

由表4可以看出，第二个特征根的累计贡献率就达到90%以上，主成分分析效果很好。故选取两个主成分，并列出其特征根对应的特征向量。同理，根据其主成分系数对比，发现前4个指标在各个主成分中系数最大，表示主成分在8个指标中主要反映胡萝卜、冬瓜、西红柿、茄子的信息，因此可以对这4种蔬菜进行研究。

5.2　果蔬产量与果蔬消费量的变换关系

果蔬消费量与果蔬产量呈正相关关系，但从生产到消费的过程会有一定的损耗比重，且在生产到大市场的这一过程更伴随进出口贸易的转化。为此，假定同种果蔬在产量转化过程中，各个部分的损耗率保持不变：

果蔬消费量 $= [$产量$\times (1 - \alpha) -$出口量$+$进口量$] \times (1 - \beta) \times (1 - \theta)$

$$(11)$$

式中，α 表示田间地头到大市场的耗损率，β 表示大市场到零售的耗损率，θ 表示零售到餐桌的耗损率。

根据中国农业年鉴和相关数据库提供的数据，主要果蔬产量经过以上公式折算后可得到对应的果蔬消费量。

针对果蔬消费量的预测问题，本文分别从三个不同的角度建立数学模型对其进行预测，并对比各自模型拟合出的结果，对其模型的适用性进行探究。

5.3　基于灰色预测的果蔬消费量预测模型

5.3.1　模型的分析

GM（1,1）模型是关于数列预测的一个变量、一阶微分的灰色预测模型。对于中短期的果蔬消费量的分析与预测，本文建立 GM（1,1）模型，首先对中短期内主要果蔬消费量进行预测。

5.3.2　模型的建立

（1）构造累加生成序列。建立 1978—2013 年的主要果蔬消费量序列如下：

$$X^{(0)} = (X^{(0)}(1), X^{(0)}(2), X^{(0)}(3), X^{(0)}(4), \cdots, X^{(0)}(36))$$

对原始数据做一次累加生成新的数据列 $X^{(1)}$，即

$$X^{(1)} = (X^{(1)}(1), X^{(1)}(2), X^{(1)}(3), X^{(1)}(4), \cdots, X^{(1)}(36))$$

那么，GM(1,1) 模型对应的微分方程为

$$\frac{\mathrm{d}X^{(1)}}{\mathrm{d}t} + aX^{(1)} = \mu \tag{12}$$

式中，a 为发展灰度，μ 称为内生控制灰度。

（2）计算 $\hat{\boldsymbol{\alpha}} = \begin{pmatrix} a \\ \mu \end{pmatrix}$。设 a 为待估参数向量，令 $\hat{\boldsymbol{\alpha}} = \begin{pmatrix} a \\ \mu \end{pmatrix}$，并且构造向量 $\boldsymbol{Y}_n$ 和矩阵 $\boldsymbol{B}$，分别为

$$\boldsymbol{B} = \begin{pmatrix} -\frac{1}{2}(X^{(1)}(1) + X^{(1)}(2)) & 1 \\ -\frac{1}{2}(X^{(1)}(2) + X^{(1)}(3)) & 1 \\ \vdots & \vdots \\ -\frac{1}{2}(X^{(1)}(n-1) + X^{(1)}(n)) & 1 \end{pmatrix}, \boldsymbol{Y}_n = \begin{pmatrix} X^{(0)}(2) \\ X^{(0)}(3) \\ \vdots \\ X^{(0)}(n) \end{pmatrix}$$

再利用最小二乘法求解系数 $\hat{\boldsymbol{\alpha}}$：

$$\hat{\boldsymbol{\alpha}} = \begin{pmatrix} a \\ \mu \end{pmatrix} (\boldsymbol{B}^{\mathrm{T}} \boldsymbol{B})^{-1} \boldsymbol{B}^{\mathrm{T}} \boldsymbol{Y}_n \tag{13}$$

求解微分方程，可得预测模型果蔬消费量对应的时间函数，即 GM (1,1) 白化预测模型解：

$$\hat{X}^{(1)}(k+1) = \left[X^{(0)}(1) - \frac{\mu}{a} \right] \mathrm{e}^{-ak} + \frac{\mu}{a}, \quad k = 0,1,2,\cdots,n \tag{14}$$

5.3.3 模型的求解

根据《中国农业年鉴》中主要果蔬产量历年的相关数据，以苹果为例，结合 MATLAB 软件，求得

$$a = -0.1850, \mu = 300.6696$$

$$\frac{\mathrm{d}X^{(1)}}{\mathrm{d}t} - 0.185X^{(1)} = 300.6696$$

根据预测公式，计算 $\hat{X}^{(1)}(k)$：

$$\hat{X}^{(1)}(k+1) = 1771.591\mathrm{e}^{0.18505k} - 1624.84$$

以柿子与梨为例检验求解出的果蔬消费量灰色预测模型，拟合 1978—2013 年实际值与预测值的数据并预测其 2014—2020 年的果蔬消费量增长情况，画出实际值和预测值的变化曲线，预测值（虚线）和实际值（实线）非常接近。因此，预测模型是可靠的。

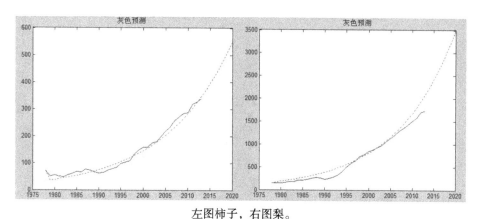

左图柿子，右图梨。

图 1　实际值与预测值的比较

对未来 2014—2020 年主要果蔬消费量进行预测，见表 5。

表 5　2014—2020 年主要水果消费量预测

单位：万吨

年份	香蕉	梨	苹果	葡萄	柿子	胡萝卜	冬瓜	西红柿	茄子
2014	856.70	1124.55	2704.45	675.57	184.75	848.95	5091.50	2446.50	1431.55
2015	931.70	1210.00	2907.60	748.10	197.45	858.95	5164.18	2480.70	1465.05
2016	1013.25	1301.94	3126.00	828.43	211.05	869.15	5238.13	2515.35	1499.30
2017	1101.95	1400.80	3360.80	917.40	225.60	879.40	5312.75	2550.50	1534.35
2018	1198.40	1507.25	3613.25	1015.90	241.10	889.80	5388.50	2586.15	1570.20

续表5

年份	香蕉	梨	苹果	葡萄	柿子	胡萝卜	冬瓜	西红柿	茄子
2019	1303.25	1621.75	3884.70	1125.00	257.70	900.35	5465.71	2622.25	1606.90
2020	1417.35	1744.95	4176.50	1245.80	275.45	911.35	5543.00	2658.90	1644.50

5.3.4 模型残差检验及误差分析

（1）残差检验。原始数据的还原值与其实际观测值之间的残差值为

$$\varepsilon^{(0)}(t) = X^{(0)}(t) - \hat{X}^{(0)}(t)$$

(15)

相对误差值为

$$q(t) = \frac{\varepsilon^{(0)}(t)}{x^{(0)}(t)} \times 100\%$$

(16)

（2）相关度检验。还原值数列与实际观测值数列在 t 时刻的关联系数为

$$\zeta(t) = \frac{x(t)_{\min} + k \times x(t)_{\max}}{x(t) + k \times x(t)_{\max}}, t = 1,2 \cdots M$$

(17)

式中，$x(t) = |x^{(0)}(t) - \hat{x}^{(0)}(t)|$，$k$ 为灰数（$0 < k < 1$）。

于是，还原值数列与实际观测值数列关联度为

$$\gamma = \frac{1}{M} \sum_{t=1}^{M} \zeta(t)$$

(18)

一般地，当 $k = 0.5$ 且 $\gamma > 0.5$ 时，可以认为是满意的。

（3）后验差检验。$X^{(0)}$ 的均值与方差分别为

$$\overline{X^{(0)}} = \frac{1}{M} \sum_{t=1}^{M} X^{(0)}(t)$$

(19)

$$S_1^2 = \frac{1}{M} \sum_{t=1}^{M} \left[X^0(t) - \overline{X^{(0)}} \right]^2$$

(20)

$\varepsilon^{(0)}$ 的均值和方差分别为

$$\overline{\varepsilon^{(0)}} = \frac{1}{M-1} \sum_{t=1}^{M} \varepsilon^{(0)}(t)$$

(21)

$$S_2^2 = \frac{1}{M-1} \sum_{t=1}^{M} \left[\varepsilon^0(t) - \overline{\varepsilon^{(0)}} \right]^2$$

(22)

于是，方差比 $c = \frac{s_2}{s_1}$，小误差概率 $P = p(|\varepsilon^{(0)}(t) - \overline{\varepsilon^{(0)}}|) < 0.6745s_1$。

上述是模型检验的三种方法。这三种方法都是通过对残差的考查来判断模型的精度，其中，平均相对误差和模拟误差都要求越小越好，关联度 ε 要求越大越好，均方比值 c 越小越好（因为 c 小说明 s_2 小而 s_1 大，即残差方差

小而原始数据方差大，即残差比较集中、摆动幅度小，原始数据比较分散、摆动幅度大，所以模拟效果好），以及小误差概率 p 越大越好，给定 α, ε_0，c_0, p_0 的一组取值，就确定了检验模型模拟精度的一个等级。

常用的精度等级见表 6。

表 6　精度检验等级参照

精度等级	指标临界值			
	相对误差 α	关联度 ε_0	均方差比值 c_0	小误差概率 p_0
一级	0.01	0.90	0.35	0.95
二级	0.05	0.80	0.50	0.80
三级	0.10	0.70	0.65	0.70
四级	0.20	0.60	0.80	0.60

在本文的灰色模型中，算得 $\alpha = 0.0069, \varepsilon_0 = 0.9557, c_0 = 0.27, p_0 = 0.9623$，所以模型的精度在三种检验方法中均为一级，所预测的结果相当具有参考价值。

5.4　基于动态 BP 神经网络的主要果蔬消费量预测模型

5.4.1　模型的分析及建立

我们通过 1978—2007 年的主要果蔬消费量，利用前 30 个数据推测后 6 个数据，建立动态 BP 神经网络模型进行未来主要果蔬消费量的预测。

人工神经网络（artificial neural network，ANN）是对人脑或自然的神经网络若干基本特性的抽象和模拟，是一种非线性的动力学系统。它具有大规模的并行处理和分布式的信息存储能力，良好的自适应性、自组织性，以及很强的学习、联想、容错及抗干扰能力。目前人工神经网络模型有数十种，较典型的有 BP 网、Hopfield 网络及 CPN 网络等。本文采用 Rumelhart、Mcclelland 等人提出的误差反向传播方法的 BP 神经网络来预测未来的果蔬消费量。

BP 网络属于多层状形的人工神经网络，由若干层神经元组成，它们可以分成输入层、隐含层和输出层，各层的神经元作用都是不同的，结构如图 2 所示。输入信息从输入层到隐含层（一层或多层）传向输出层，若在输出层得不到期望输出，则转入反向传播，将误差信号沿原来方向返回，通过学习来修改各层神经元的权值，使误差信号最小。每层神经元的状态都将影响下一层神经元的状态。每个神经元的状态都对应着一个作用函数（f）和阈值（a）。BP 网络的基本处理单元量为非线性输入 – 输出的关系，输入层神经元阈值为 0，且 $f(x) = x$；而隐含层和输出层的作用函数为非线性的 Sigmoid 型函数，其表达式为

$$f(x) = 1/(1 + e^{-x}) \tag{23}$$

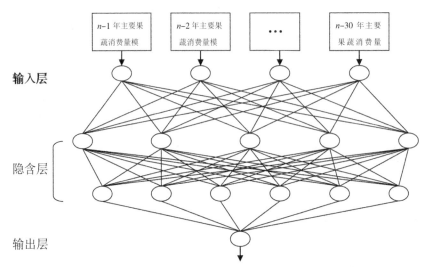

图2　第 n，$n+1$，$\cdots$，$n+5$ 年主要果蔬消费量的 BP 网络神经模型

设有 l 对学习样本 $(X_k, O_k)(k = 1, 2, \cdots, l)$，其中 X_k 为输入，O_k 为期望输出，X_k 经神经网络传播后得到的实际输出为 Y_k，则 Y_k 与要求的期望输出 O_k 之间的均方差为

$$E_k = \frac{1}{2} \left(\sum_{P}^{M} Y_{k,p} - O_{k,p} \right)^2 \tag{24}$$

式中，M 为输出层单元数，$Y_{k,p}$ 为第 k 样本对第 p 特性分量的实际输出，$O_{k,p}$ 为第 k 样本对第 p 特性分量的期望输出。样本集的总误差为

$$E = \sum_{k=1}^{l} E_k \tag{25}$$

由梯度下降法修改网络的权值，使 E 取得最小值，所有学习样本对 W_{ij} 的修正为

$$\Delta W_{ij}(k) = -\eta \left(\frac{\delta E_k}{\delta W_{ij}} \right) \tag{26}$$

式中，η 为学习速率，可取 $0 \sim 1$ 之间的数值。

所有学习样本对权值 W_{ij} 的修正为

$$\Delta W_{ij} = \sum_{k=1}^{l} \Delta W_{ij}(k) \tag{27}$$

通常为增加学习的稳定性，对 W_{ij} 进行修正：

$$\Delta W_{ij}(t) = \sum_{k=1}^{l} \Delta W_{ij}(k) + \beta \big[W_{ij}(t) - W_{ij}(t-1) \big] \qquad (28)$$

式中，β 为充量常量，$W_{ij}(t)$ 为 BP 神经网络第 t 次迭代循环训练后的连接权值，$W_{ij}(t-1)$ 为 BP 网络第 $t-1$ 次迭代循环训练后的连接权值。

在 BP 神经网络学习的过程中，先调整输出层与隐含层之间的连接权值，然后调节中间隐含层的网络权值，最后调整隐含层与输入层的隐含权值。实现 BP 网络训练学习程序如图 3 所示。

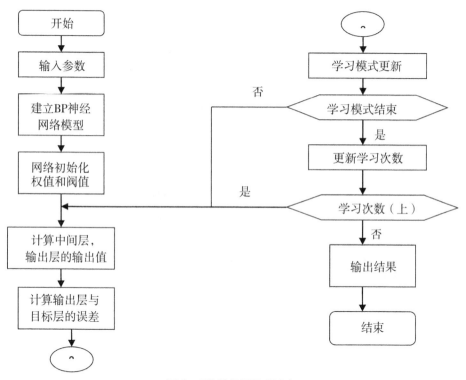

图 3　BP 神经网络程序框

若将 1978—2007 年的主要水果消费量作为样本输入，2008—2013 年的主要水果消费量作为网络输出，BP 网络通过不断学习，归纳出评价标准与评价级别间复杂的对应关系。然后，BP 网络又提取 1981—2010 年的主要水果消费量作为样本输入，2011—2016 年的主要水果消费量作为样本输出，如此循环下去，从而预测出未来水果消费量。利用这样的网络模型即可进行未来 7 年的水果消费量预测。

5.4.2　模型的求解

整合 1978—2013 年主要水果消费量的数据，首先代入柿子消费量并输出学习效果，如图 4 所示。

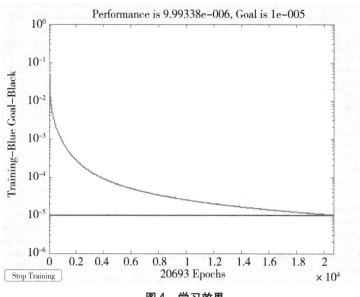

图4　学习效果

我们设定的网络隐层第一层节点数为 20，隐层第二层节点数为 40，学习误差为 10^{-5}，学习率为 0.01。对于柿子而言，网络在学习训练了 20693 次后达到指定的精度。

由图 4 可以看出，在训练后的误差不超过 10^{-5}，精度高，故可用该模型进行预测。柿子的预测结果如图 5 所示。

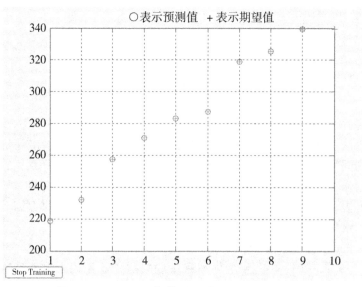

图5　2014—2020 年柿子预测结果（单位：万吨）

结合图 4、图 5，我们可以看出，网络训练后误差达到了我们要求的范围内。从预测结果的误差来看，在 1978—2013 年共 36 年的时间里，用柿子前 30 年的消费量预测相应未来 6 年的消费量，其输出结果误差不超过 10^{-5}，在我们允许的范围之内。鉴于此，我们可知 BP 神经网络系统在预测方面有较高的精度，且动态神经网络在此基础上提高了数据随时间序列变动的精确性。

因此，应用以上模型对 2014—2020 年主要果蔬消费量 J_i 进行预测，所得误差都在 10^{-5} 以内，验证模型的正确性。2014—2020 年主要果蔬消费量见表 7。

表 7　2014—2020 年主要果蔬消费量预测

单位：万吨

年份	香蕉	梨	苹果	葡萄	柿子	胡萝卜	冬瓜	西红柿	茄子
2014	779.72	1289.40	2785.90	671.19	218.97	899.48	5354.16	2576.91	1511.21
2015	783.57	1353.80	2984.80	714.94	232.02	909.98	5430.29	2612.82	1546.39
2016	883.40	1426.30	3168.10	794.47	257.41	920.69	5507.99	2649.20	1582.35
2017	956.15	1505.30	3326.40	855.10	271.10	931.46	5586.21	2686.11	1619.15
2018	1040.18	1579.50	3598.50	906.98	283.42	942.38	5777.01	2723.54	1656.80
2019	1155.80	1707.30	3849.10	1054.40	287.56	953.45	5746.34	2761.45	1695.33
2020	1207.30	1729.20	3966.90	1101.93	318.72	964.64	5828.24	2799.93	1734.81

5.5　基于灰色预测及动态 BP 神经网络的 Mult-GM-BP 预测模型

5.5.1　模型的分析与建立

灰色预测和动态 BP 神经网络动态模型均具有较好的预测效果。但是，灰色预测模型一般适用于具有良好光滑性的数据，有时即使原始数据满足该要求，还会引起一定的误差。另外，灰色预测公式从理论上还存在一定的缺陷，会引起理论误差，使预测可靠性不高。虽然 BP 神经网络具有非线性映射能力和较好的泛化性能，但它容易使算法陷入局部极值，使权值收敛到局部极小点，可能导致网络训练失败。另外，BP 神经网络对初始网络权重非常敏感，以不同的权值初始化网络，往往会收敛于不同的局部极小点。为了弥补这两种模型的不足，消除两种预测结果的差距，使两个预测模型结果统一，本文采用多元线性回归方法。

设因变量 Z 为主要果蔬消费量的实际值，第一个解释变量为灰色模型的预测值 $\hat{X}^{(0)}$，第二个解释变量为 BP 神经网络动态模型的预测值 $\hat{\theta}$，对于有限样本情况下的两动态预测结果，可建立以下多元线性回归模型以统一预测结果：

$$Z = \lambda_0 + \lambda_1 \hat{X}^{(0)} + \lambda_2 \hat{\theta} \qquad (29)$$

该模型为灰色系统和 BP 神经网络动态预测的复合模型，记为 Mult-GM-BP。

5.5.2 模型的代入与求解

前文已经使用了灰色预测和 BP 神经网络两种方法对 5 种水果、4 种蔬菜的消费量进行预测，若能求出各自对应的 $\lambda_0, \lambda_1, \lambda_2$ 这三个参数，便能对 2014—2020 年果蔬的消费量进行预测。首先，我们使用 2004—2013 年的数据来拟合参数。

以香蕉为例，使用灰色预测和 BP 神经网络对 2004—2013 年香蕉的消费量进行预测，得到的数据见表 8。

表 8　香蕉 2004—2013 年的预测值

单位：万吨

年份	2004	2005	2006	2007	2008	2009	2010	2011	2012	2013
灰色预测	649.91	743.54	787.50	832.90	891.01	943.42	998.12	1106.43	1270.90	1346.90
神经网络	605.61	651.81	690.12	779.67	783.47	883.39	956.05	1040.01	1155.87	1207.52

然后，使用 MATLAB 对这两组数据进行线性拟合，并得出香蕉关于组合模型 3 个参数 $\lambda_0, \lambda_1, \lambda_2$ 的值，得到的回归模型为

$$y = -0.293 + 0.009x_1 + 0.990x_2 \qquad (30)$$

式中，x_1 表示灰色预测的结果，x_2 表示 BP 神经网络预测的结果。

同理，可以求得其他 8 种果蔬关于组合模型 3 个参数的对应值，根据相应回归模型的确立，代入各果蔬基于灰色预测及 BP 神经网络预测的消费量，运用组合模型预测 2014—2020 年果蔬的消费量，结果见表 9。

表 9　2014—2020 年主要果蔬消费量预测

单位：万吨

年份	香蕉	梨	苹果	葡萄	柿子	胡萝卜	冬瓜	西红柿	茄子
2014	799.23	1312.47	2819.45	689.94	234.55	919.83	5405.69	2609.00	1535.84

续表9

年份	香蕉	梨	苹果	葡萄	柿子	胡萝卜	冬瓜	西红柿	茄子
2015	803.10	1377.33	3019.74	733.99	247.69	930.40	5482.35	2645.16	1571.26
2016	903.63	1450.33	3204.33	814.08	273.26	941.18	5560.59	2681.79	1607.48
2017	935.89	1529.89	3363.73	875.13	287.05	952.03	5639.36	2718.96	1644.53
2018	1061.51	1604.61	3637.74	927.38	299.45	963.03	5831.50	2756.65	1682.45
2019	1127.94	1733.30	3890.09	1075.83	303.62	974.17	5800.61	2794.83	1721.25
2020	1229.80	1755.35	4008.72	1123.69	335.00	985.44	5883.09	2833.58	1761.07

　　基于三种模型的预测结果, 针对不同模型不同的特性及适用性, 本文拟通过三种模型预测结果的比对, 以及与 1978—2013 年实际数据的拟合, 对其进行一定探究, 并以香蕉为例, 画出三种模型关于主要果蔬消费量的预测, 如图 6 所示。

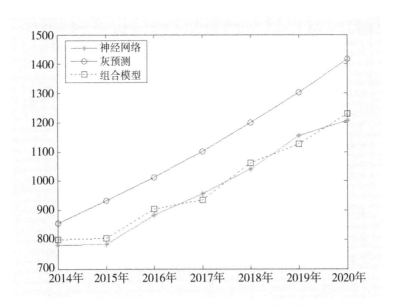

图 6　三种模型 2014—2020 年主要果蔬消费量预测结果

　　由图 6 可知, 无论是灰色预测方法, 还是神经网络预测法, 抑或是组合模型, 2014—2020 年香蕉、梨、苹果、葡萄、柿子这 5 种主要水果消费量及胡萝卜、冬瓜、西红柿、茄子这 4 种主要蔬菜消费量都将呈持续增长趋势。

5.6 模型的对比及讨论

本节结合灰色系统理论与动态 BP 神经网络已有的研究成果，提出了灰色残差预测模型 GM 和动态 BP 神经网络预测模型 D-BP 对果蔬消费量进行预测。其中，GM 模型适用于含增长趋势的光滑数据序列。由于数据一般不能完全光滑，该模型存在一定的理论误差；D-BP 模型对训练数据没有特别的要求，但其算法容易陷入局部极值，使权值收敛于局部极小点。另外，D-BP 模型对初始网络权重非常敏感，以不同的权值设置初始化网络，往往会收敛于不同的局部极小点。实证结果表明，D-BP 模型具有比 GM 模型更高的预测精度。

为更进一步提高 GM 模型与 D-BP 模型对果蔬消费量的预测精度，本文提出了将两者结合起来的动态复合模型 Mult-GM-BP 进行预测。该模型结合了两种模型的特点，在 BP 神经网络学习训练的基础上，由于包含灰色模型，其精度受原始数据的影响，对于含增长趋势的光滑数据序列，其预测可靠性很高。

三种模型 1978—2013 年预测值与真实值的误差，两两比较，如图 7 所示。

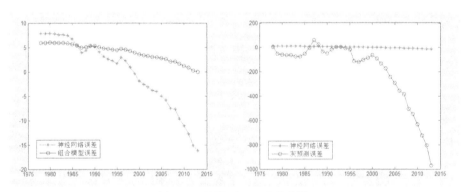

图7 三种模型两两误差比较

可以发现，组合模型的预测误差小于神经网络预测的预测误差，神经网络的预测误差小于灰色预测模型的预测误差。

同时，通过对应的残差平方和公式

$$S^2 = (x_1 - \tilde{x}_1)^2 + (x_2 - \tilde{x}_2)^2 + \cdots (x_n - \tilde{x}_n)^2 \qquad (31)$$

得到结果

$$S_1 = 3643012, S_2 = 1729.99, S_3 = 679.48$$

其中, S_1 表示灰色预测预测值与真实值残差平方和, S_2 表示 BP 神经网络预测值与真实值残差平方和, S_3 表示 Mult-GM-BP 模型预测值与真实值残差平方和。

以上分析表明, Mult-GM-BP 动态预测模型的精度比 GM 和 D-BP 更好。

为此, 本文选取 Mult-GM-BP 动态预测模型的预测结果为最终预测结果。根据数据可知, 2014—2020 年香蕉、梨、苹果、葡萄、柿子这 5 种主要水果消费量及胡萝卜、冬瓜、西红柿、茄子这 4 种主要蔬菜消费量都将呈持续增长趋势。但是, 在水果种类中, 苹果和梨的消费量将持续快速增长, 而香蕉、葡萄和柿子的增长速度则较低; 在蔬菜种类中, 冬瓜和西红柿消费量上升的速度将比胡萝卜和茄子更快。

6 我国人体健康状况的评估 (问题二)

6.1 问题的分析

本问题要求评价中国居民目前矿物质、维生素、膳食纤维的年摄入量的合理性, 故要得到人口数以及主要果蔬的总消费量。在上一节中, 已经求得香蕉、梨、苹果、葡萄、柿子、胡萝卜、冬瓜、西红柿、茄子这九种果蔬的总消费量, 因此我们只需要求得总数人及其预测值即可。

然而, 若以全国人口作为研究对象, 则对于这个庞大的系统, 难以得到精确的预测数据, 特别是关于人口结构的预测, 不同地区、不同城市有很大的不同, 因此有必要缩窄研究的范围。深圳是改革开放的重点城市, 流动人口较多, 对该市的人口进行预测, 具有较高的现实意义。

人口预测是典型的预测类问题, 影响人口数量和结构的因素众多, 归结起来主要有人口基数、育龄女性的比例、人口迁移率、经济的发展状况等方面, 如图 8 所示。但因为这方面的数据比较缺乏, 所以我们只能按户籍情况和年龄段这两个方向来预测人口结构。对户籍情况的分析, 我们只从数据结构来进行预测, 即根据 1979—2013 年的数据, 使用二次指数平滑法来预测未来 7 年的户籍和非户籍人口数, 进而将其加总即为深圳市的人口数量。对于年龄段人数的预测, 我们考虑了死亡率和人口迁移率的影响, 使用状态模型进行动态预测, 使其结果更加精确。

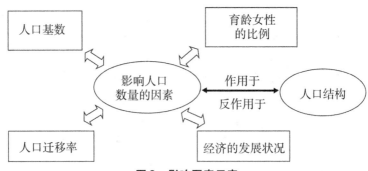

图8　影响因素示意

6.2　人口增长的二次指数平滑模型

据分析可知，深圳市人口数量由常住人口和和流动人口两部分组成，因此要分别预测出这两部分的人口，才能得出深圳市的总人口。

将1979—2010年的户籍人口和非户籍人口制成散点图，如图9所示。可以看出，人口的总体增长态势呈递增状况，并且在第25年之后（1994年后），呈直线上升趋势，这是由于改革开放后大量外地人口涌入深圳所致。

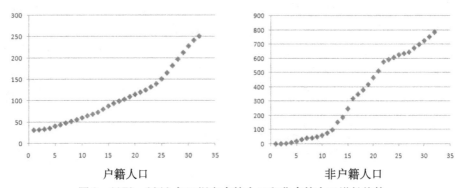

户籍人口　　　　　　　　非户籍人口

图9　1979—2010年深圳市户籍人口和非户籍人口增长趋势

结合当今深圳的发展形势，深圳未来7年仍然会保持人口增长的势头，如果此时使用简单移动平均法和加权移动平均法来预测就会出现滞后偏差，因此可以考虑使用二次指数平滑法来分别预测户籍人口和非户籍人口数。

6.2.1　模型的建立

当增长趋势为直线增长时，如果仅仅使用一次指数平滑法进行预测，仍然会产生滞后性，因此在一次指数平滑的基础上再进行修正，这便是二次指数平滑法。其计算公式为

$$S_t^{(1)} = \alpha y_t + (1-\alpha)S_{t-1}^{(1)} \tag{32}$$

$$S_t^{(2)} = \alpha S_t^{(1)} + (1-\alpha)S_{t-1}^{(2)} \tag{33}$$

式中，$S_t^{(1)}$ 为一次指数的平滑值，$S_t^{(2)}$ 为二次指数的平滑值。当时间序列 $\{y_t\}$ 从某时期开始具有直线趋势时，可用以下的直线趋势模型进行预测：

$$\hat{y}_{t+T} = a_t + b_t T, T = 1, 2, \cdots$$

$$\begin{cases} a_t = 2S_t^{(1)} - S_t^{(2)} \\ b_t = \dfrac{\alpha}{1-\alpha}\left[S_t^{(1)} - S_t^{(2)}\right] \end{cases} \tag{33}$$

6.2.2 参数与初始值的讨论

由直线趋势模型［式（34）］可以发现，参数 α 与初始值 $S_1^{(1)}$ 是未知的，而且它们数值的选取与所预测的结果有密切的关系。因此，它们的选取是否合理将决定最终的结果的准确性。

由公式

$$\hat{y}_{t+1} = \alpha y_t + (1-\alpha)\hat{y}_t \tag{35}$$

可以看出，加权系数 α 的取值范围是 ［0, 1］，它的大小规定了在新预测值中新数据和原预测值所占的比重。α 值越大，新数据所占的比重就越大，原预测值所占的比重就越小，反之亦然。一般而言，α 值的选择可以遵循以下规则：

（1）若数据的波动不大，比较平稳，则 α 值应取小一点，如 $0.1 \sim 0.5$，以减少修正幅度，使预测模型能包含较多早期数据的信息。

（2）若数据具有迅速且明显的变动倾向，则 α 值应取大一点，如 $0.6 \sim 0.8$，使预测模型的灵敏度高一些，以便迅速跟上数据的变化。

相对而言，初值 $S_0^{(1)}$ 的选取相对次要一些。一般而言，当时间序列的数据较多，如在 20 个以上时，初始值对以后的预测值影响很小，可选用第一期数据为初始值；如果时间序列的数据较少，在 20 个以下时，初始值对以后的预测影响较大，这是要认真确定初始值了，可以以最初几期实际值的平均值作初始值。

6.2.3 对两种人口数量的预测

由图 9 可以看出，从 1994 年开始，两类人口数都呈直线上升，因此不妨取加权系数 $\alpha = 0.75$。由于有 35 期的数据，因此不妨将初始值取为 $S_0^{(1)} = 31.26$（固定人口），$s_0^{(1)} = 0.15$（流动人口）。根据式（34）的直线趋势模型，使用 MATLAB 软件，我们得到固定人口、流动人口以及总人口的预测数量，见表 10。

表10   各类人口预测数量

单位：万人

年份	2014	2015	2016	2017	2018	2019	2020
固定人口	297.7	309.3	320.9	332.5	344.1	355.6	367.2
流动人口	906.1	936.1	966.2	996.3	1026.3	1056.4	1086.5
总人口	1203.8	1245.4	1287.1	1328.8	1370.4	1412	1453.7

进一步地，根据已知数据，做出户籍人口和非户籍人口的预测，如图10所示。可以看出，数据经过两次修匀，所得到的直线趋势模型能较好地拟合已有数据，并且可以看出未来的人口趋势仍是直线上升的。

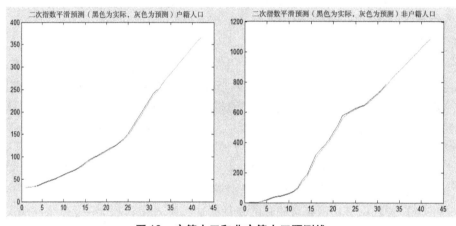

图10   户籍人口和非户籍人口预测线

6.3   关于年龄结构的状态模型

影响每一个年龄段人数的因素众多，但归结起来主要为每个年龄段人口的死亡率、人口的迁移率及中青年人口占总人口的比例，如图11所示。一般而言，死亡率越低，人口迁移率越低。

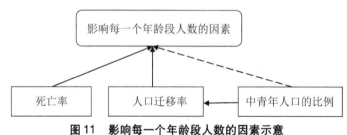

图11   影响每一个年龄段人数的因素示意

6.3.1 模型的建立

我们仅考虑死亡率的影响。由于统计年鉴给出的是每个年龄段的人数，我们假设每个年龄的人数均匀分布，即每个年龄的人数都占该年龄段总人数的 1/5。基于这个假设，2014 年各年龄段的人数为

$$N_{2014,1} = (1-a_1)N_{2013,1} - 0.2(1-a_1)N_{2013,1} + N = 0.8(1-a_1)N_{2013,1} + N \tag{36}$$

$$N_{2014,j} = (1-a_j)N_{2013,j} - 0.2(1-a_j)N_{2013,j} + 0.2(1-a_{j-1})N_{2013,j-1}$$
$$= 0.8(1-a_j)N_{2013,j} + 0.2(1-a_{j-1})N_{2013,j-1},\ j = 2,3,\cdots,20 \tag{37}$$

$$N_{2014,21} = (1-a_{21})N_{2013,21} + 0.2(1-a_{20})N_{2013,20} \tag{38}$$

式（36）中，a_1 表示第一年龄段（0～4 岁）的死亡率，因此 $(1-a_1)N_{2013,1}$ 表示 2013 年这个年龄段的人到了 2014 年还活着的人数；根据人数均匀分布假设，4 岁的人下一年将转入下一年龄段，$0.2(1-a_1)N_{2013,1}$ 正是表示这部分人数；N 表示 2013 年新生儿的数量，经查阅相关资料，$N = 71371$，为了简化问题，之后 10 年的新生儿数量都取 N。式（37）中，其余部分不变，增加的人数是上一年龄段的转入部分。式（38）中，因为这是最后一个年龄段了（100 岁及以上），所以没有转出部分。

根据归纳法原理，将上面各式写成一般的形式

$$N_{i,1} = 0.8(1-a_1)N_{i-1,1} + N,\ i = 2014,2015,\cdots,2020 \tag{39}$$

$$N_{i,j} = 0.8(1-a_j)N_{i-1,j} + 0.2(1-a_{j-1})N_{i-1,j-1},\ j = 2,3,\cdots,20 \tag{40}$$

$$N_{i,21} = (1-a_{21})N_{i-1,21} + 0.2(1-a_{20})N_{i-1,20} \tag{41}$$

式（39）至式（41）是只考虑死亡率影响下，每个年龄段的人数求解公式。为了引入人口迁移率，我们用 λ 表示人口迁移率，在这里规定，如果 λ 为正，说明当年有部分外地人迁入深圳，相反地，如果 λ 为负，说明当年有部分深圳人迁到外地。由二次指数平滑模型可知，深圳的非户籍人数在增加，因此在本案例中，λ 应该为正。

但是，由于缺乏这方面的数据，人口迁移率的具体数值无法知晓。然而，一般而言，中青年人更具迁移的活力，因此中青年人数占总人口数的比例将直接影响迁移率，从而间接地影响每一个年龄段的人数。根据深圳人口增加规律，近 10 年的外力人口数量逐年增加，且增加的幅度在增大，做保守估计，假设以后 10 年每年新增的外来人口数量 N_{add} 为每年 32 万人，且新增人口的年龄段分布满足正态分布 $N(28,25)$，其分布规律为

$$f(x) = \frac{1}{5\sqrt{2\pi}}e^{-\frac{(x-28)^2}{50}},\ x \geqslant 0 \tag{42}$$

我们设定 28 岁者的迁移能力最强，因此第 j 个年龄段的迁移的概率为

$$F_j = \int_{5(j-1)}^{5j} \frac{1}{5\sqrt{2\pi}}e^{-\frac{(x-28)^2}{50}}\,\mathrm{d}x,\ j = 1,2,\cdots,21 \tag{43}$$

因此，最终的年龄结构状态模型为

$$N'_{ij} = N_{ij} + N_{add} \cdot F_j, i = 2014, 2015, \cdots, 2020; j = 1, 2, \cdots, 21 \quad (44)$$

6.3.2 模型的求解与实例分析

通过查找 2013 年深圳市卫生统计年鉴，可以得到每一个年龄段的死亡率，见表 11。

表 11 深圳市死亡率统计

年龄/岁	死亡率	年龄/岁	死亡率
0～4	0.00352	50～54	0.00209
5～9	0.000131	55～59	0.00318
20～24	0.000093	60～64	0.0049
25～29	0.000109	65～69	0.005719
30～34	0.000155	70～74	0.012165
35～39	0.000321	75～79	0.02662
40～44	0.000638	80～84	0.035353
45～49	0.001704	≥85	0.055984

利用表 11 的死亡率数据和公式 (44)，可以求出每一年中每个年龄段的人数，由于篇幅较长，这里只列出 2020 年的结果，见表 12。

表 12 2020 年各年龄段预测人数

年龄/岁	人数/万人	比例	年龄/岁	人数/万人	比例
0～4	35.9560	0.025438	55～59	59.4167	0.042035
5～9	36.5923	0.025888	60～64	37.0773	0.026231
10～14	36.1420	0.025569	65～69	22.5733	0.01597
15～19	45.7284	0.032351	70～74	13.6495	0.009657
20～24	98.2238	0.06949	75～79	8.1245	0.005748
25～29	184.5659	0.130574	80～84	4.7678	0.003373
30～34	229.8837	0.162635	85～89	2.6825	0.001898
35～39	211.7930	0.149836	90～94	1.3990	0.00099
40～44	168.3889	0.119129	95～99	0.6516	0.000461
45～49	125.9077	0.089075	≥100	0.4276	0.000303
50～54	89.5459	0.063351	—	—	—

若我们把 60 岁以上（含 60 岁）定义为老年阶段，则 2020 年老年人所占的比例为 6.46%，相比于 2013 年的 2.9% 增加了许多，说明深圳市的老龄化趋势确实存在。

6.4 营养素的评估与分析

首先，要算出深圳对于主要果蔬的消费量。深圳 2013 年的人口普查数据显示，2013 年深圳市的总人口是 1035.7754 万人，我们不妨假设当年全国总人口有 13 亿人，那么深圳市的主要果蔬消费量大约是全国的 0.008。于是 2013 年深圳市香蕉、梨、苹果、葡萄、柿子、胡萝卜、冬瓜、西红柿、茄子的消费量分别是 7.65 万吨、12.04 万吨、26.61 万吨、6.84 万吨、2.30 万吨、12.95 万吨、76.94 万吨、37.01 万吨、20.86 万吨，记为 $T_1 \sim T_9$。

然后，由表 12 可以分出要研究的类别。我们取每个年龄段的中间年龄作为研究对象，因此研究类别可分为婴幼儿组（2 岁）、儿童组（7 岁）、少年组（15 岁）、青年组（32 岁）、中年组（52 岁）、六旬组、七旬组、八旬组，分别记为 1 ~ 8 组。通过表 12，可以算出每个组的人数（男女比例按 1.18 计算）。

接着，确定研究的营养素。题目要求我们探讨矿物质、维生素和膳食纤维的摄入量是否合理，故要选择具有代表性的指标进行分析。矿物质可以分为常量元素和微量元素，常量元素中较为重要的元素是钙，微量元素中较为重要的元素的锌，因此钙和锌作为我们的研究对象；维生素可分为脂溶性维生素和水溶性维生素，不妨选取维生素 A 和维生素 C 作为研究对象。

最后，确定各组别的主要果蔬消费量。这里要考虑不同年龄段的人会有不同的饮食量，婴幼儿组（2 岁）、儿童组（7 岁）、六旬组、七旬组、八旬组会吃得比较少，少年组（15 岁）、青年组（32 岁）、中年组（52 岁）会吃得比较多。

对于吃得少的组别，有

$$Q_{ij} = \begin{cases} T_i \times (a_j - 2b), & i = 1,2,\cdots,9; \, j = 1 \\ T_i \times (a_j - b), & i = 1,2,\cdots,9; \, j = 2,6,7,8 \end{cases} \tag{45}$$

式中，Q_{ij} 表示第 j 年龄组对第 i 种果蔬的消费量，T_i 表示深圳市对第 i 种果蔬的消费总量，a_j 表示第 j 年龄组的比例，b 表示由于吃得少而导致消费量减少的比率。由于婴幼儿吃的量很少，因此减少的比率为 $2b$。

对于吃得多的组别，有

$$Q_{ij} = T_i \times (a_j + 2b), \quad i = 1,2,\cdots,9; \, j = 3,4,5 \tag{46}$$

式中，b 表示由于吃得多而导致消费量增加的比率。

由深圳统计年鉴可知，2013 年各年龄段的人口数见表 13。

表 13　2013 年各年龄段预测人数

年龄/岁	人数/万人	比例	年龄/岁	人数/万人	比例
0～4	42.5772	0.041107	55～59	20.0181	0.019327
5～9	31.1133	0.030039	60～64	11.9565	0.011544
10～14	28.6440	0.027655	65～69	7.1275	0.006881
15～19	77.2535	0.074585	70～74	5.3912	0.005205
20～24	197.1893	0.190378	75～79	3.2054	0.003095
25～29	182.1735	0.175881	80～84	1.5247	0.001472
30～34	134.5087	0.129863	85～89	0.6914	0.000668
35～39	118.2094	0.114126	90～94	0.2965	0.000286
40～44	91.0525	0.087908	95～99	0.1414	0.000137
45～49	56.3269	0.054381	≥100	0.0070	0.00000676
50～54	26.3674	0.025457	—	—	—

由二次指数平滑模型和年龄结构的状态模型，取 $b = 0.001$，可以得到各年龄段主要果蔬消耗量，见表 14。

表 14　深圳市各年龄段主要果蔬消耗量

单位：万吨

年龄组	香蕉	梨	苹果	葡萄	柿子	胡萝卜	冬瓜	西红柿	茄子
婴幼儿	0.29917	0.47085	1.04064	0.26749	0.08995	0.50644	3.00889	1.44735	0.81577
儿童	0.22215	0.34963	0.77273	0.19863	0.06679	0.37606	2.23426	1.07473	0.60575
少年	0.79744	1.25505	2.77383	0.71300	0.23975	1.34991	8.02023	3.85792	2.17445
青年	5.35619	8.42988	18.63115	4.78907	1.61036	9.06702	53.87000	25.91277	14.60525
中年	0.77391	1.21803	2.69200	0.69197	0.23268	1.31009	7.78364	3.74412	2.11030
六旬	0.13330	0.20980	0.46368	0.11919	0.04008	0.22565	1.34068	0.64490	0.36349
七旬	0.05585	0.08789	0.19425	0.04993	0.01679	0.09454	0.56166	0.27017	0.15228
八旬	0.00872	0.01373	0.03034	0.00780	0.00262	0.01476	0.08771	0.04219	0.02378

由附件 1 可得这 9 种主要果蔬的钙、锌、维生素 A、维生素 C 和膳食纤维的含量，见表 15。

表 15   9 种主要果蔬的营养素含量（每 100 克含量）

营养素	香蕉	梨	苹果	葡萄	柿子	胡萝卜	冬瓜	西红柿	茄子
钙/mg	32	3	11	11	9	32	19	10	24
锌/μg	0.17	0.1	0.01	0.02	0.08	0.23	0.07	0.13	0.23
维 A/μg	56	100	100	5	20	688	13	92	8
维 C/mg	3	4	8	4	20	13	18	19	5
膳食纤维/g	0	0	0	0	0	1.1	0.7	0.5	1.3

由表 14 和表 15 可以求得各年龄段钙、锌、维生素 A、维生素 C 和膳食纤维的日摄入量，这 5 种营养素分别记为 1～5，其计算公式为

$$K_{kj} = \frac{\sum_{i=1}^{9} Q_{ij} \cdot q_{ki}}{365 r_j}, \quad k = 1,2,3,4,5; j = 1,2,\cdots,8 \tag{47}$$

式中，K_{kj} 表示第 j 个年龄段第 k 种营养素的人均日摄入量，q_{ki} 表示第 i 种水果第 k 种营养素的含量，r_j 是第 j 个年龄段的人数。

8 个年龄组摄入这五种营养素结果见表 16。

表 16   深圳市 2010 年人均各营养素摄入

年龄组	婴幼儿	儿童	少年	青年	中年	六旬	七旬	八旬
钙/mg	85.98	87.36	92.14	90.63	92.19	85.47	79.49	48.15
锌/μg	0.12	0.12	0.13	0.13	0.13	0.12	0.11	0.07
维 A/μg	4.20	4.27	4.50	4.43	4.50	4.17	3.88	2.35
维 C/mg	2.62	2.67	2.81	2.77	2.81	2.61	2.43	1.47
膳食纤维/g	0.68	0.69	0.73	0.72	0.73	0.68	0.63	0.38

6.5   各年龄段人口营养素摄入的评估

由表 16 和表 17 数据，若将其与附件 4 的中国居民膳食营养素参考日摄入量进行对比，发现远比参考值低，这是因为人除了要摄入果蔬，还要摄入粮食类、肉奶类、豆类和脂类等其他食物，如图 12 所示。

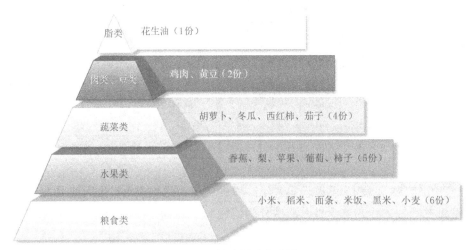

图 12　健康膳食金字塔

　　因此，我们需要考虑所选择的 9 种果蔬钙、锌、维生素 A、维生素 C 和膳食纤维占这份食谱的比重，然后将附件 4 的标准值乘以这个比值，将得到的数据与表 15 和表 16 的预测值对比，才能较为准确地评估当今中国深圳居民摄入的各营养素水平是否合理。

　　对于脂类，我们选取花生油作为代表进行分析；肉类和豆类分别选取鸡和黄豆作为研究对象；粮食类则选取了小米、稻米、面条、米饭、黑米和小麦六种进行分析。表 17 是这些食物中钙、锌、维生素 A、维生素 C 和膳食纤维的含量。

表 17　主要食物的营养素含量

种类	食物	钙/mg	锌/μg	维 A/μg	维 C/mg	膳食纤维/g
脂类	花生油	12	8.48	0	0	0
肉类、豆类	鸡	9	1.09	48	0	0
	黄豆	169	3.04	28	0	0
蔬菜类	胡萝卜	32	0.23	688	13	1.1
	冬瓜	19	0.07	13	18	0.7
	西红柿	10	0.13	92	19	0.5
	茄子	24	0.23	8	5	1.3

续表17

种类	食物	钙/mg	锌/μg	维 A/μg	维 C/mg	膳食纤维/g
水果类	香蕉	32	0.17	56	3	0
	梨	3	0.1	100	4	0
	苹果	11	0.01	100	8	0
	葡萄	11	0.02	5	4	0
	柿子	9	0.08	20	20	0
粮食类	小米	41	1.87	0	0	0
	稻米	13	1.7	0	0	0
	面条	8	1.5	0	0	0
	米饭	6	0.47	0	0	0
	黑米	12	3.8	0	0	0
	小麦	0	3.51	0	0	0

由表17数据，根据食物金字塔，香蕉、梨、苹果、葡萄、柿子、胡萝卜、冬瓜、西红柿和茄子中钙、锌、维生素 A、维生素 C 和膳食纤维这 5 种营养素的含量占金字塔中食物的总含量的 0.359、0.039、0.934、1、1，在附件4钙、锌、维生素 A、维生素 C 和膳食纤维这 5 列中乘上这个比例，得到的结果方能和表15、表 16 进行对比。

我们从 3 个角度评价深圳居民目前矿物质、维生素和膳食纤维摄入量水平是否合理，分别是年龄段、性别和工作强度。

若从年龄段的角度分析，2013 年深圳居民营养较为均衡，但每个年龄段对这 5 种营养素的摄入量均偏低，相比而言，青年组、七旬组和八旬组的情况较好，只缺 1 种营养素，而儿童组最为严重，缺 3 种营养素，其他组缺两种营养素。结果详见表18。

表18 深圳市 2013 年人均各营养素评估

年龄组	婴幼儿	儿童	少年	青年	中年	六旬	七旬	八旬
钙	正常	偏低	正常	正常	偏低	偏低	正常	正常
锌	正常	正常	偏低	正常	正常	正常	偏低	偏低
维 A	偏低	正常	偏低	正常	正常	正常	正常	正常
维 C	正常	偏低	正常	正常	偏低	偏低	正常	正常
膳食纤维	偏低	偏低	正常	偏低	正常	正常	正常	正常

从性别的角度来分析，由于钙、锌、维生素 C 和膳食纤维的摄入量男女相同。维生素 A 摄入标准不同。通过计算，男性维生素 A 摄入量偏低，女性维生素 A 摄入量正常。

从工作强度的角度来探讨，对于青年组，无论男女，重劳动者和极重劳动者这 5 种营养素摄入均偏低；对于中年组，男性重劳动者和女性中度劳动者营养素摄入偏低；对于六旬组，无论男女，中度劳动者营养素摄入偏低；对于七旬组，营养素摄入正常。

附件 4 中钙、锌、维生素 A、维生素 C 和膳食纤维这 5 种营养素的含量乘上比例，得到的结果与表 16 进行对比，结果见表 19。

表 19　深圳市 2020 年人均摄入各营养素评估

年龄组	婴幼儿	儿童	少年	青年	中年	六旬	七旬	八旬
钙	正常	偏低	正常	正常	偏低	正常	正常	正常
锌	正常	正常	正常	正常	正常	正常	正常	正常
维 A	正常	正常	正常	正常	正常	正常	正常	正常
维 C	正常	正常	正常	正常	正常	偏低	正常	正常
膳食纤维	正常	正常	正常	偏低	正常	正常	正常	正常

对比表 18 和表 19，可知深圳市 2020 年人均摄入各营养素都趋于正常，婴幼儿组、少年组、七旬组、八旬组对钙、锌、维生素 A、维生素 C 和膳食纤维的摄入量均正常，其余组别也只有一项营养素摄入量偏低。相比 2013年有很大的提高，说明深圳居民的人体健康状况是趋于好转的。

7　年人均消费量及生产战略寻优
（问题三、问题四）

7.1　基于线性规划的年人均消费量寻优模型

7.1.1　模型的分析

由于我国南北方气候差异，不同区域、不同季节的水果和蔬菜价格高低不一。但是，不同的蔬菜、水果所含营养素种类大致相近，它们在营养学角度在一定程度上可以相互替代和补充。在价格方面，本文主要通过查询广州市价格信息网和北京市价格监测中心网，得到问题一筛选出的 9 种主要果蔬，即胡萝卜、冬瓜、茄子、西红柿、苹果、梨、香蕉、柿子和葡萄。广州市和北京市 2013 年 6 月和 12 月的零售价格数据见表 20，以此来代表南方北方和夏季冬季的果蔬价格趋势。

表 20　南北方冬夏季果蔬价格

单位：元/千克

果蔬种类	北京 6 月价格	北京 12 月价格	广州 6 月价格	广州 12 月价格
胡萝卜	2.32	1.87	5.57	5.42
冬瓜	3.58	2.52	3.29	3.09
茄子	4.72	7.14	5.63	8.44
西红柿	2.26	3.95	6.53	7.41
苹果	7.3	8.5	12	12
梨	3	4.1	10	10
香蕉	6	5	5.5	4.88
柿子	0	6	0	10
葡萄	15	0	14	0

数据来源：北京市价格监测中心网、广州市价格信息网。

根据附件 1 中常见水果和蔬菜的营养成分表及附件 4 中营养素参考日摄入量表，将最低购买成本作为目标函数，将矿物质和维生素中的一部分元素及膳食纤维作为约束条件建立模型。

7.1.2　最基本的优化模型

考虑果蔬价格在当季持续不变，并且人体每日营养素摄入量完全依赖于果蔬的情形。本文基于广州市 12 月的果蔬价格来建立模型。

（1）筛选典型营养素作为约束条件。果蔬中含有膳食纤维、多种矿物质和维生素，最终，我们选取具有代表性的维生素 E、钙和膳食纤维的年摄入量作为约束条件。

（2）建立单目标规划模型。设各种果蔬的年人均购买成本为 P，胡萝卜、冬瓜、茄子、西红柿、苹果、梨、香蕉、柿子和葡萄的年人均消费量为 x_i［单位：千克/（人·年）］。因为冬季没有葡萄，所以只有 8 个变量。

$\min P = 5.42x_1 + 3.09x_2 + 8.44x_3 + 7.41x_4 + 12x_5 + 10x_6 + 4.88x_7 + 10x_8$

s. t.

$$\begin{cases} 4.1x_1 + 0.8x_2 + 10.13x_3 + 5.7x_4 + 14.6x_5 + 14.6x_6 + 5x_7 + 11.2x_8 \geqslant 5110 \\ 320x_1 + 240x_2 + 190x_3 + 100x_4 + 110x_5 + 30x_6 + 320x_7 + 90x_8 \geqslant 292000 \\ 1.1x_1 + 0.7x_2 + 1.9x_3 + 0.5x_4 + 1.2x_5 + 1.1x_6 + 1.2x_7 \geqslant 10950 \\ x_i \geqslant 0, i = 1,2,3,\cdots,8 \end{cases}$$

(48)

（3）模型求解。使用 MATLAB 编程，求解得到以下结果：$x_1 = 2.60$，$x_2 = 3.59$，$x_3 = 4.80$，$x_4 = 5.81$，$x_5 = 5.06$，$x_6 = 9.41$，$x_7 = 9125$，$x_8 = 3.28$。在这种情况下，最低的年人均购买成本为 44831.77 元。

（4）结果分析。本模型的结果不太符合实际情况，可能由于人体每日所需的营养素不仅由蔬菜和水果提供，还有很大一部分依赖于肉、蛋、奶。因此，我们需要对约束条件中不等式右边的数值（每人每年维生素 E 和钙的摄入量）作合理化计算，而膳食纤维主要由叶菜类蔬菜提供，因此膳食纤维的约束也有相应改变改变。

7.1.3 约束条件处理

由于人体所需营养不会全部由果蔬提供，肉类、蛋类、奶类和主食等食物也不容忽视。因此，我们依据生活实际又选取了多种食物，分别是大白菜、鸡肉、鸭肉、草鱼、鸡蛋、牛奶、大豆、大米和花生油。这 9 种食物与 8 种主要的果蔬一起构成了人体营养素的摄入源，即我们认为每人每日（或每年）所需的维生素 E 和钙均由这 17 种食物提供。

计算果蔬提供的维生素 E 和钙占人体所需量的百分比，见表 21 和表 22。

表 21　果蔬营养素含量（每 100 g 含量）

食物种类	维生素 E/mg	百分比	钙/mg	百分比	膳食纤维/mg	百分比
胡萝卜	0.41		32		1.1	
冬瓜	0.08		19		0.7	
茄子	0.2		55		1.9	
西红柿	0.57	6.77%	10	22.36%	0.5	31.43%
苹果	2.12		4		1.2	
梨	0.31		4		1.1	
香蕉	0.24		7		1.2	
柿子	1.12		9		0	

表 22　其他食物营养素含量（每 100 g 含量）

食物种类	维生素 E/mg	百分比	钙/mg	百分比	膳食纤维/mg	百分比
大白菜	0.92		69		0.6	
鸡肉	0.67		9		0	
鸭肉	1.98		6		0	
草鱼	2.03		38		0	
鸡蛋	2.29	93.23%	44	77.64%	0	68.57%
牛奶	0.21		104		0	
大豆	18.9		191		15.5	
大米	0.46		13		0.7	
花生油	42.06		12		0	

综上所述，本小节的优化模型为

$$\min P = 5.42x_1 + 3.09x_2 + 8.44x_3 + 7.41x_4 + 12x_5 + 10x_6 + 4.88x_7 + 10x_8$$

s. t.

$$\begin{cases} 4.1x_1 + 0.8x_2 + 10.13x_3 + 5.7x_4 + 14.6x_5 + 14.6x_6 + 5x_7 + 11.2x_8 \geqslant 345.947 \\ 320x_1 + 240x_2 + 190x_3 + 100x_4 + 110x_5 + 30x_6 + 320x_7 + 90x_8 \geqslant 65291.2 \\ 1.1x_1 + 0.7x_2 + 1.9x_3 + 0.5x_4 + 1.2x_5 + 1.1x_6 + 1.2x_7 + \geqslant 3441.585 \\ x_i \geqslant 0, i = 1,2,3,\cdots,8 \end{cases}$$

$$(49)$$

使用 MATLAB 编程，求解得到 $x_1 = 2.46, x_2 = 1.38, x_3 = 1.53, x_4 = 4.40, x_5 = 3.42, x_6 = 4.60, x_7 = 2867.99, x_8 = 2.35$。在这种情况下，最低的年人均购买成本为 14169.00 元。

根据计算结果，我们发现最低的年人均购买成本较上一模型降低，结果趋于合理，这是因为考虑了其他食物对营养素的提供。然而，我们把果蔬的价格设成常值，这与实际不符，因此有必要考虑价格浮动导致购买成本的不同。

7.1.4　价格变动处理

价格变动会导致目标函数的改变，因此要考虑不同时段物价的变动，且在不同季节，上市果蔬的品种也会有出入，因此我们引入 0 - 1 变量。此时，目标函数变为

$$\min P = [5.42m_1x_1 + 3.09m_2x_2 + 8.44m_3x_3 + 7.41m_4x_4 + 12m_5x_5$$
$$+ 10m_6x_6 + 4.88m_7x_7 + 10m_8x_8 + 14m_9x_9] \times (1.2 + \sin t) \quad (50)$$

式中，$m_1 \sim m_9$ 是 $0-1$ 变量，代表第 i 种果蔬在该季节是否上市，0 表示不上市，1 表示上市；由于价格在一年中会波动起伏，具有一定的周期性，因此在此引入波动因子，即 $1.2 + \sin t$。

综上所述，本小节的优化模型为

$$\min P = [5.42m_1x_1 + 3.09m_2x_2 + 8.44m_3x_3 + 7.41m_4x_4 + 12m_5x_5$$
$$+ 10m_6x_6 + 4.88m_7x_7 + 10m_8x_8 + 14m_9x_9] \times (1.2 + \sin t)$$

s. t.

$$\begin{cases} 4.1x_1 + 0.8x_2 + 10.13x_3 + 5.7x_4 + 14.6x_5 + 14.6x_6 + 5x_7 + 11.2x_8 \geqslant 345.947 \\ 320x_1 + 240x_2 + 190x_3 + 100x_4 + 110x_5 + 30x_6 + 320x_7 + 90x_8 \geqslant 65291.2 \\ 1.1x_1 + 0.7x_2 + 1.9x_3 + 0.5x_4 + 1.2x_5 + 1.1x_6 + 1.2x_7 + 0.4x_9 \geqslant 3441.585 \\ x_i \geqslant 0, i = 1,2,3,\cdots,9 \\ m_1, m_2, \cdots, m_9 \in \{0,1\} \\ 0 \leqslant t \leqslant 365 \end{cases}$$

$$(51)$$

使用 MATLAB 编程，求解得到以下结果：$x_1 = 2.25, x_2 = 1.08, x_3 = 1.95, x_4 = 6.34; x_5 = 8.42, x_6 = 3.78, x_7 = 1896.37, x_8 = 1.77, x_9 = 7.93$。即每一种果蔬均有购买，此时，由于价格具有波动性，在离初始日期 90 天时，最低的年人均购买成本为 21121.79 元，为一年最高；在离初始日期 270 天时，最低的年人均购买成本为 1920.16 元，为一年最低。

三个优化模型的结果均与实际情况有差距，根本原因在于我们只讨论了筛选出的 9 种果蔬的消费量，也就是说，我们认为人体所需营养素主要由它们提供，这显然不合理。在生活中，水果、蔬菜、肉、蛋、奶、油脂、豆制品和主食都对人体营养的摄入起了关键作用，均衡饮食很重要。

7.1.5 果蔬的 K 均值聚类模型

由于不少果蔬营养素的种类大致相近，存在着食用功能的相似性，因此水果与水果之间、蔬菜与蔬菜之间、水果与蔬菜之间从营养学角度在一定程度上可以相互替代、相互补充。这样在满足营养素摄入量的前提下，选取便宜的果蔬能降低年人均购买成本。因此，我们需要找出营养素接近的果蔬，并将其分类。

现从附件 1 的数据选出 30 种果蔬进行聚类，它们是从 14 个类中选出，分别是白萝卜、红萝卜、蚕豆、荷兰豆、番茄、黄瓜、大葱、韭菜、大白菜、油菜、菠菜、生菜、慈姑、藕、山药、姜、百里香、刺楸、苹果、梨、桃、李子、哈密瓜、西瓜、菠萝、荔枝、橙、芦柑、葡萄和柿子。

7.1.5.1 数据的转化

针对 K 均值聚类中需要用到的指标数据中同时含有极大型指标、极小型指标、居中型指标和区间型指标，在进行聚类分析前，我们需要先将不同类型的指标作一致化处理，将其转化为同一类型的指标。在本文中，我们将数据全部化为极大型指标，具体转化方法如下：

（1）极小型化为极大型。对于极小型指标 x_j，即 x_j 的取值越小越好。要将其化为极大型指标，只需做平移变换 $x_j' = M_j - x_j$，其中 $M_j = \max\limits_{1 \leqslant i \leqslant n} x_{ij}$。

（2）居中型化为极大型。对于居中型指标 x_j，x_j 取中间值 $\dfrac{M_j + m_j}{2}$ 最好。要将其化为极大化指标，令

$$x_j' = \begin{cases} \dfrac{2(x_j - m_j)}{M_j - m_j}, & m_j \leqslant x_j < \dfrac{M_j + m_j}{2} \\[3mm] \dfrac{2(M_j - x_j)}{M_j - m_j}, & \dfrac{M_j + m_j}{2} \leqslant x_j \leqslant M_j \end{cases} \tag{52}$$

式中，$M_j = \max\limits_{1 \leqslant i \leqslant n} x_{ij}, m_j = \min\limits_{1 \leqslant i \leqslant n} x_{ij}$。

（3）区间型化为极大型。对于区间型指标 $x_j \in [a_j, b_j]$，x_j 的值介于区间 $[a_j, b_j]$ 内是最好的，越远离该区间就越不好。要将其化为极大型指标，令

$$x_j' = \begin{cases} 1 - \dfrac{a_j - x_j}{c_j}, & x_j < a_j \\[3mm] 1, & a_j \leqslant x_j \leqslant b_j \\[3mm] 1 - \dfrac{x_j - b_j}{c_j}, & x_j > b_j \end{cases} \tag{53}$$

式中，$c_j = \max\{a_j - m_j, M_j - b_j\}$，$a_j, b_j$ 为区间型指标 x_j 的最稳定区间的下界和上界值，M_j, m_j 的意义同上。

除了上述的将指标类型一致化，各评价指标之间由于各自的度量单位及数量级的差别，而存在着不可公度性。为了消除各指标之间的单位的差别，以及数值量级之间差别的影响，我们还需要对各指标做无量纲化处理。在这里，我们选取标准化方法来进行无量纲化处理。

将 n 个被评价对象的 m 项指标的指标值 $x_{ij}(i = 1, 2, \cdots, n; j = 1, 2, \cdots, m)$ 归一化，则新的标准化指标值为

$$x_{ij}^* = \dfrac{x_{ij} - \bar{x}_j}{s_j} \in [0, 1] \tag{54}$$

式中，

$$\bar{x}_j = \dfrac{1}{n} \sum_{i=1}^{n} x_{ij} \tag{55}$$

为第 j 项指标关于 n 个被评价对象的平均值，

$$s_j = \sqrt{\frac{1}{n} \sum_{i=1}^{n} (x_{ij} - \bar{x}_j)^2} \tag{56}$$

为第 j 项指标关于 n 个被评价对象的均方差。

故 $x_{ij}^* (i = 1, 2, \cdots, n; j = 1, 2, \cdots, m)$ 为无量纲的指标值。

7.1.5.2 模型的建立与求解

K 均值聚类法的引入。为消除理化指标间数量级的差异导致的比较困难，更直观地分析数据，这里使用上一小节归一化和极大化处理后的调整指标数据。K 均值聚类法的步骤如下：

第一步，初始化。给定类的个数 m，同时置 $j = 0$，从样本向量中任意选定 m 个向量 $k_1^j, k_2^j, \cdots, k_m^j$ 作为聚类中心，其中 $k_i^j = [k_{i1}^j, k_{i2}^j, \cdots, k_{in}^j] (i = 1, 2, \cdots, k)$，$n$ 为输入向量的维数，并将中心为 k_i^j 的聚类块记为 K_i^j。

第二步，样本归类。将每个样本向量 $x_l = [x_{l1}, x_{l2}, \cdots, x_{ln}]^T$，按照下列欧几里得距离计算式

$$\|x_l - k_i^j\| = \min_{1 \leq h \leq m} \|x_l - k_h^j\| \tag{57}$$

归入中心为 k_i^j 的类中。

第三步，中心调整。重新调整聚类中心，新的聚类中心 k_i^j 由下式计算得到：

$$k_{ih}^{j+1} = \frac{\sum_{x_{l_i} \in K_i^j} x_{l,h}}{N_i} \tag{58}$$

式中，N_i 表示聚类块 K_i^j 中的向量数。

第四步，条件判断。构建迭代目标函数 J：

$$J = \sum_{m=1}^{n} \sum_{x_m \in K_i} |x_k - k_i| \tag{59}$$

将第一步中的数据代入式（59），判断函数值 J。若 J 不再明显改变，则迭代终止；否则 $j = j + 1$，转第一步。

使用 SPSS 求解，得到如图 13 所示的树状图。

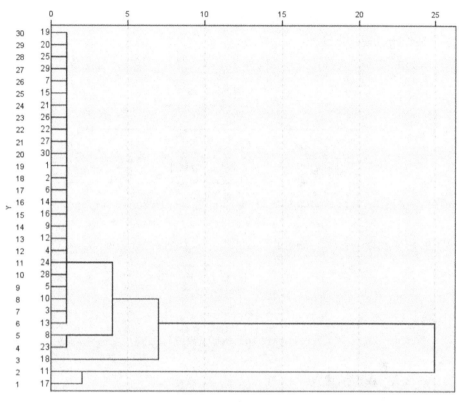

图 13　聚类树状图

　　由图 14 可知, 若阈值取 3, 则这 30 种果蔬可以分为 4 类: 韭菜和李子可分为一类, 刺楸为一类, 菠菜和百里香可分为一类, 其余剩下的为一类。也就是说, 当某一时段, 韭菜的价格较高时, 可以买李子, 这样既可达到营养素的要求, 也可以降低购买成本。

7.2　基于多目标规划的生产战略寻优模型

7.2.1　模型的分析

　　本题需要我们依据最优的年人均消费量, 针对国家的果蔬生产规模提出合理的调整战略。对于国家来说, 一方面, 要考虑使消费者摄入的营养素在合理范围之内, 实现营养均衡; 另一方面, 要考虑到果蔬种植者的利益, 使利益尽可能最大化。

　　我们不妨延续问题三的思路, 以 9 种果蔬的年人均消费量作为决策变量, 上述两个方面作为目标函数, 人体需摄入营养素及消费量和产量的供需关系作为约束条件，建立模型（图14）。接下来，利用问题一预测出的2020年的人均消费、果蔬的进出口量及果蔬种植面积，对国家的果蔬生产规模调整策略作出合理的定性分析。

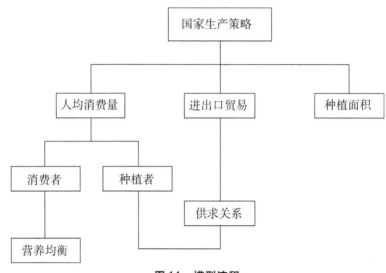

图14　模型流程

7.2.2　模型的建立

7.2.2.1　决策变量的设定

本题最终要寻找最优的年人均消费量，因此我们设9种果蔬的年人均消费量为$x_i(i = 1,2,3,\cdots,9)$。

7.2.2.2　目标函数的分析

（1）对于消费者，需要用尽可能少的钱买到富有营养的水果来满足自身营养素的摄入。

由于果蔬价格在一年内的不同季节会有变动，具有一定的周期性，因此引入波动因子，即$1.2 + \sin t$，t表示离初始研究日期的天数。我们用下式表示某种果蔬的购买成本：

$$P_i = (p_i \times x_i) \times (1.2 + \sin t) \tag{60}$$

在不同季节，上市果蔬的品种也会有出入，因此我们引入$0-1$变量，这里$m_i(i = 1,2,3,\cdots,9)$是$0-1$变量，代表第i种果蔬在该季节是否上市，0表示不上市，1表示上市，式（60）变为

$$P_i = (p_i \times m_i \times x_i) \times (1.2 + \sin t) \tag{61}$$

因此，9种果蔬的总购买成本为

$$P = (5.42m_1x_1 + 3.09m_2x_2 + 8.44m_3x_3 + 7.41m_4x_4 + 12m_5x_5 \\ + 10m_6x_6 + 4.88m_7x_7 + 10m_8x_8 + 14m_9x_9) \times (1.2 + \sin t) \tag{62}$$

（2）对于种植者，需要通过寻找最优的消费量尽可能使收益最大化。

由于各种果蔬的种植成本受到多种因素的影响，不便于收集于统计，我们不妨将其设为常数 $a_i(i = 1,2,3,\cdots,9)$。根据收益为售价与成本之差以及一年内价格的波动及果蔬上市的季节性，我们用下式表示某种果蔬的收益：

$$P_i = \left[(p_i - a_i) \times m_i \times x_i\right] \times (1.2 + \sin t) \tag{63}$$

因此，9 种果蔬的总收益为

$$P = \left[(5.42 - a_1)m_1x_1 + (3.09 - a_2)m_2x_2 + (8.44 - a_3)m_3x_3 + (7.41 - a_4)\right.$$

$$m_4x_4 + (12 - a_5)m_5x_5 + (10 - a_6)m_6x_6 + (4.88 - a_7)m_7x_7 + (10 - a_8)$$

$$m_8x_8 + (14 - a_9)m_9x_9\left.\right] \times (1.2 + \sin t)$$

$$\tag{64}$$

7.2.2.3 约束条件的分析

对于约束条件，我们要从两个角度考虑。

（1）果蔬中所含维生素、矿物质和膳食纤维的量要满足人体的需求。

维生素 E：

$$4.1x_1 + 0.8x_2 + 10.13x_3 + 5.7x_4 + 14.6x_5 + 14.6x_6 + \\ 5x_7 + 11.2x_8 + 7x_9 \geqslant 345.947$$

钙：

$$320x_1 + 240x_2 + 190x_3 + 100x_4 + 110x_5 + 30x_6 + 320x_7 + \\ 90x_8 + 50x_9 \geqslant 65291.2$$

膳食纤维：

$$1.1x_1 + 0.7x_2 + 1.9x_3 + 0.5x_4 + 1.2x_5 + 1.1x_6 + 1.2x_7 + 0.4x_9 \geqslant 3441.585$$

（2）9 种果蔬的实际消费量不能超过它们的总消费量。

由于果蔬消费量 = ［生产量 ×（1 − 折损率）− 出口量 + 进口量］，我们计算得到 9 种果蔬的人均总消费量为 125.58 kg，故约束条件如下：

$$x_1 + x_2 + x_3 + x_4 + x_5 + x_6 + x_7 + x_8 + x_9 \leqslant 125.58$$

综上所述，我们建立的多目标非线性规划模型如下：

$$\min P_{消费者} = (5.42m_1x_1 + 3.09m_2x_2 + 8.44m_3x_3 + 7.41m_4x_4 + 12m_5x_5 \\ + 10m_6x_6 + 4.88m_7x_7 + 10m_8x_8 + 14m_9x_9) \times (1.2 + \sin t)$$

$$\max P_{种植者} = \left[(5.42 - a_1)m_1x_1 + (3.09 - a_2)m_2x_2 + (8.44 - a_3)m_3x_3 \\ + (7.41 - a_4)m_4x_4 + (12 - a_5)m_5x_5 + (10 - a_6)m_6x_6 + (4.88 - a_7)m_7x_7 + \\ (10 - a_8)m_8x_8 + (14 - a_9)m_9x_9\right] \times (1.2 + \sin t)$$

$$\begin{cases} 4.1x_1 + 0.8x_2 + 10.13x_3 + 5.7x_4 + 14.6x_5 + 14.6x_6 + 5x_7 + 11.2x_8 + \\ 7x_9 \geqslant 345.947 \\ 320x_1 + 240x_2 + 190x_3 + 100x_4 + 110x_5 + 30x_6 + 320x_7 + 90x_8 + \\ 50x_9 \geqslant 65291.2 \\ 1.1x_1 + 0.7x_2 + 1.9x_3 + 0.5x_4 + 1.2x_5 + 1.1x_6 + 1.2x_7 + 0.4x_9 \geqslant 3441.585 \\ x_1 + x_2 + x_3 + x_4 + x_5 + x_6 + x_7 + x_8 + x_9 \leqslant 125.58 \\ m_1, m_2, \cdots, m_9 \in \{0,1\} \\ x_i \geqslant 0, i = 1,2,3,\cdots,9 \end{cases}$$

(65)

7.2.3　模型的求解

使用 MATLAB 编程，求得以下结果：$x_1 = 17.7, x_2 = 28, x_3 = 11.4, x_4 = 11.9, x_5 = 9.7, x_6 = 8.5, x_7 = 21.8, x_8 = 8.5, x_9 = 7.2$。

由于价格具有波动性，在离初始日期 90 天时，最低的年人均购买成本为 1720.9 元，最高的果蔬收益为 $1720.9 - 35.4a_1 - 56a_2 - 22.8a_3 - 23.8a_4 - 19.4a_5 - 17a_6 - 43.6a_7 - 17a_8 - 14.4a_9$，为一年最高；在离初始日期 270 天时，最低的年人均购买成本为 172.1 元，最高的果蔬收益为 $172.1 - 3.54a_1 - 5.6a_2 - 2.28a_3 - 2.38a_4 - 1.94a_5 - 1.7a_6 - 4.36a_7 - 1.7a_8 - 1.44a_9$，为一年最低。

7.2.4　灵敏度分析

一个模型的好坏不仅取决于模型的准确性，模型的稳健性也是一个必不可少的因素。灵敏度分析的成功应用要有较好的判断力，通常不可能对模型中的每个参数都计算灵敏度分析。我们需要选择那些有较大不确定性的参数进行灵敏度分析。对灵敏度系数的解释还要依赖于参数的不确定程度，主要问题是数据的不确定程度影响答案的置信度。

对多目标规划模型，我们对不同参数分别进行了横向跟纵向的灵敏度比较。首先，对茄子的消费量 x_4 进行了纵向的灵敏度分析，见表 23。

表 23　茄子消费量 x_4 的灵敏度分析

组别	茄子消费量	购买成本/元	购买成本改变/%
原始值	x_4	1720.9	0
组 1	$1.02\,x_4$	1724.3418	0.20
组 2	$1.04\,x_4$	1726.5790	0.33
组 3	$1.1\,x_4$	1754.1134	1.93

对 x_4 的灵敏度分析结果表明，购买成本对茄子消费量的变化不是非常敏感，基本符合线性关系。对茄子消费量的灵敏度分析的意义在于，探讨茄子价格波动的时候，是否会对购买成本产生巨大影响。

然后，我们还分别对 $x_1, x_2, \cdots, x_9$ 进行了横向的灵敏度对比，结果见表 24。

表 24 $x_1, x_2, \cdots, x_9$ 增加 10% 的灵敏度分析

常量	增加 10% 的值	购买成本改变/%
x_1	19.47	8.3
x_2	30.8	4.2
x_3	12.54	12.15
x_4	13.09	10.86
x_5	10.67	16.7
x_6	9.35	13.74
x_7	23.98	6.23
x_8	9.35	13.2
x_9	7.92	17.8

通过对 $x_1, x_2, \cdots, x_9$ 分别增加 10% 的情况下分析购买成本改变的百分比，可以发现在小幅度变化范围内，冬瓜的消费量对购买成本最不敏感，因为它的单价最低。通过横向的灵敏度分析，可发现该多目标规划模型的稳健性较高，能控制在 15% 以内。

7.2.5 国家生产战略调整

为实现人体营养均衡满足健康需要，国家需要根据实际的人均消费量对各种主要果蔬的种植规模做出调整。本文以 2020 年的调整战略为例进行叙述，假设人口为 13 亿。

首先，由问题一的表 9 得到 2020 年各种果蔬的总消费量（表 25），除以人数可得年人均消费量（表 26）。

表 25　各种果蔬的总消费量

单位：万吨

年份	香蕉	梨	苹果	葡萄	柿子	胡萝卜	冬瓜	西红柿	茄子
2020	1229.80	1755.35	4008.72	1123.69	335.00	985.44	5883.09	2833.58	1761.07

表 26　各种果蔬的人均消费量

单位：kg

年份	香蕉	梨	苹果	葡萄	柿子	胡萝卜	冬瓜	西红柿	茄子
2020	9.46	13.66	30.84	8.64	2.58	7.58	45.25	21.80	13.55

　　其次，由表 15 得到 9 种果蔬中每 100 g 所含 5 种营养素（钙、锌、维A、维C、膳食纤维）的量，结合表 26，一年按照 365 天计算，运用 Excel 得到每人每天从 9 种果蔬中获取的 5 种营养素的量（表 27），再与附件 4 "每人日均需摄入的营养素"进行比对（表 28）。

表 27　每人日均营养素摄入量

营养素	香蕉	梨	苹果	葡萄	柿子	胡萝卜	冬瓜	西红柿	茄子
钙/mg	8.3	1.1	9.3	2.6	0.6	6.6	23.6	6.0	8.9
锌/μg	0.0	0.0	0.0	0.0	0.0	0.0	0.1	0.1	0.1
维 A/μg	14.5	37.4	84.5	1.2	1.4	1428.8	16.1	54.9	3.0
维 C/mg	0.8	1.5	6.8	0.9	1.4	2.7	22.3	11.3	18.6
膳食纤维/g	0.0	0.0	0.0	0.0	0.0	0.2	0.9	0.3	0.5

表 28　与标准摄入量对比结果

营养素	实际摄入	标准摄入	是否充足
钙/mg	67.0	800	否
锌/μg	0.4	0.015	是
维 A/μg	1641.8	800	是
维 C/mg	66.3	100	否
膳食纤维/g	1.9	30	否

　　由表 28 可知，钙、维 C 和膳食纤维的摄入量均不足，考虑到我国耕地面积紧缺，因此，要选取摄入量最不足的营养素（膳食纤维），通过扩大果蔬种植面积来提高其供给量。接下来我们考虑到膳食纤维主要由蔬菜提供，

在 9 种主要果蔬中，冬瓜的膳食纤维含量最高，因此，国家应该扩大冬瓜的种植面积以适应生产调整战略的需要。

8 基于研究成果的相关部门政策建议（问题五）

随着人民生活水平的提高和国际贸易的发展，果蔬市场的需求发生了深刻变化，该产业为适应新的形势需要，已由"产量型"迅速向"安全、优质、方便型"发展，果蔬消费趋向多元化。一般而言，生产结构在一定程度上决定着消费结构，只要居民的食物消费结构与消费数量确定下来，居民营养素的消费量也就相应地确定下来。但是，收入的提高未必会带来营养水平的改善，随着收入的提高，人们可能更注重食物的口感与档次等，消费价格高的、加工程度高的同类食品或是价格高但营养价值未必高的食品。因此，目前在我国营养不良与营养过剩问题同时存在。对果蔬现状的认识将进一步为产业结构调整完善理论及实践意义。

根据相关的研究，我们发现，果蔬类食物在居民日常饮食中的作用日益关键，根据对主要果蔬的深入研究，结合数据分析可知，近年我国产业结构调整较快，居民生活水平及质量有显著的提升，居民营养摄入量逐步接近健康合理范围，且营养素含量较全面，能正常满足人们日常营养的需要。但是，基于其产业结构发展与时代接轨的要求，该生产策略不能仅满足居民营养提供的局限性需要，而必须兼顾营养合理摄入、低成本高营养收益的果蔬选取、种植者收益优化的要求及国家宏观战略的需要。这无疑给其生产策略的完善提供了较大的约束，如何合理优化资源及配置，统筹兼顾是果蔬产业创新性高效发展的一大课题。

一般来说，果蔬产业结构调整的步骤是产业分化、调整技术、形成特色、扩大规模和争取效益。其中，产业分化是结构调整的前提，保持现有的小而全且毫无特色的一般种植模式，产业不可能升级；技术调整是保证，且在产业分化时就应确定其技术路线；产品的特色必须立足于较高的技术含量与较强的市场竞争力；一旦形成了具有市场竞争力的产业，就必须有较大的发展规模，才能获得较大而持久的规模效益，从而进一步发展。

针对果蔬生产调整战略，需要大力提倡果蔬产业的进一步发展，但在支持其产业不断升级及优化的过程中，同时必须兼顾促进其他食物产业的发展；抑制不可估计的负面因素带来的影响，尽量保全结构的完整与外延的广泛性。中国是人口大国，粮食的供应问题是考验中国农业不断面对挑战的能力与决心，合理优化配置这个过程自然也成了国家宏观策略的需要。基于上述考虑，第一，我们应该从更高的角度和以更多的要求来科学指导农业生产，加强农业产品结构调整，制定科学的膳食模式和合理的营养结构，为我国居民营造健康的食物供需环境。加强乡村的市场基础设施建设，改善当地的交通条件，使农民有更良好的市场和生产条件，实现生产结构的调整，融入区域、全国和国际农产品大市场。第二，需要政府和非政府组织共同为农民组织提供资金的支持、培训农民领导人和提高其参与市场的能力，帮助其完善职能和改善内部管理及运行机制。第三，低收入的农户在生产结构调整中的步伐相对较慢，因此政府在引导生产结构调整的过程中要特别关注贫困农户，为他们提供所需要的资金和技术等支持，使其能够与相对富裕的农户共同把握市场变化带来的机遇，分享市场需求扩张带来的利益，实现收入的共同提高，避免贫富差距的扩大。第四，一些针对性较强的政策（如"菜篮子工程"）对农业生产结构的调整产生了积极的影响。政府未来应继续促进这些政策的实施，并对贫困地区和贫困农户给予更多的关注。

9　模型评价

9.1　模型的优点

（1）BP 神经网络的非线性映射能力强、自学能力强、还具有一定的容错能力。

（2）Mult-GM-BP 动态模型，采用多元线性回归方法弥补这两种动态模型的不足，由于包含灰色动态模型，因此其精度受原始数据的影响，对于含增长趋势的光滑数据序列，其预测可靠性很高。

（3）主成分分析可消除评价指标之间的相关影响，各主成分的权数反映了该主成分包含原始数据的信息量占全部信息量的比重，这样确定权数是客观的、合理的，它克服了某些评价方法中人为确定权数的缺陷。

（4）单目标及多目标决策模型在复杂约束条件制约的前提下，得到的结果更为精确。

（5）二次指数平滑法优化了使用简单移动平均法和加权移动平均法来预测所会出现的滞后偏差。

（6）动态聚类（K 聚类）分析相比传统系统聚类分析简化了距离矩阵的运算过程，适用性更广，优势较为突出。

9.2　模型的局限性

（1）BP 神经网络算法收敛速度慢、结构选择不一、对样本的依赖性大。

（2）在回归模型中，如果把主成分作为自变量，其系数的解释多少带点模糊性，不像原始变量的含义那么清楚、确切，这是变量降维过程中不得不付出的代价。

（3）灰色预测模型一般适用于具有良好光滑性的数据，有时即使原始数据满足该要求，还会引起一定的误差。另外，灰色预测公式从理论上还存在一定的缺陷，会引起理论误差，使预测可靠性不高。

（4）二次指数平滑模型的结果会趋向无穷大，不符合实际。

参考文献

［1］房少梅.数学建模理论方法及应用［M］.北京：科学出版社，2014.

［2］王学民.应用多元分析［M］.3 版.上海：上海财经大学出版社，2009.

［3］张德丰.MATLAB 神经网络应用设计［M］.北京：机械工业出版社，2009.

［4］运筹学教材编写组.运筹学［M］.3 版.北京：清华大学出版社，2005.

［5］吴祈宗.运筹学与最优化 MATLAB 编程［M］.北京：机械工业出版社，2009.

［6］汪晓银.中国蔬菜生产消费与贸易研究［D］.武汉：华中农业大学，2004.

［7］高素芳，刘凤莲，马玉香.灰色预测模型的改进在城市需水量预测中的应用［J］.价值工程，2010，29（22）：95－96.

［8］陈小强，胡向红，袁铁柱，等.BP 神经网络在灌区需水量预测中的应用［J］.地下水，2009，31（6）：174－176.

［9］王赛芳，戴芳，王万斌，等.基于初始聚类中心优化的 K 均值算法［J］.计算机工程与科学，2010，32（10）：105－107.

2012 年全国大学生数学建模夏令营
A 题　深圳人口与医疗需求预测

深圳是我国经济发展最快的城市之一, 30 多年来, 卫生事业取得了长足发展, 形成了市、区及社区医疗服务系统, 较好地解决了现有人口的就医问题。

从结构来看, 深圳人口的显著特点是流动人口远远超过户籍人口, 且年轻人口占绝对优势。深圳流动人口主要是从事第二、第三产业的企业一线工人和商业服务业人员。年轻人身体强壮, 发病较少, 因此深圳目前人均医疗设施虽然低于全国类似城市平均水平, 但仍能满足现有人口的就医需求。然而, 随着时间推移和政策的调整, 深圳老年人口比例会逐渐增加, 产业结构的变化也会影响外来务工人员的数量。这些都可能导致深圳市未来的医疗需求与现在的存在较大的差异。

未来的医疗需求与人口结构、数量和经济发展等因素相关, 合理预测能使医疗设施建设正确匹配未来人口健康保障需求, 是保证深圳社会经济可持续发展的重要条件。然而, 现有人口社会发展模型在面对深圳的情况时, 却难以满足人口和医疗预测的要求。为了解决此问题, 请根据深圳人口发展变化态势以及全社会医疗卫生资源投入情况（医疗设施、医护人员结构等方面）, 收集数据、建立针对深圳具体情况的数学模型, 预测深圳未来的人口增长和医疗需求, 解决下面几个问题:

（1）分析深圳近十年常住人口、非常住人口变化特征, 预测未来十年深圳市人口数量和结构的发展趋势, 以此为基础预测未来全市和各区医疗床位需求。

（2）根据深圳市人口的年龄结构和患病情况及所收集的数据, 选择预测几种医疗情形（如肺癌及其他恶性肿瘤、心肌梗死、脑血管病、高血压、糖尿病、小儿肺炎、分娩等）在不同类型的医疗机构就医的床位需求。

注: 附件 1 至附件 4 中有一些人口信息供参考, 从深圳统计年鉴等可得到更多的数据; 从 http：//www.szhpfpc.gov.cn/view? fid = view&id = 1&oid = menunews&ntyp = A10B032 可获得一些医学数据。

摘　要

本文基于深圳市卫生统计年鉴中的人口数据, 选取户籍状况和年龄段分布这两个侧面，使用二次指数平滑法和状态转移分析法，从不同的角度预测深圳未来 10 年的人口数量，进而预测 2020 年深圳全市和各区医疗床位的需要。最后，针对恶性肿瘤、呼吸系统疾病和分娩这三种医疗情形，预测它们在不同类型的医疗机构就医的床位需要。

模型 I——人口增长的二次指数平滑模型。为了预测未来 10 年的户籍人口和非户籍人口，首先分析 2001—2010 年深圳市两类人口的数量，得出人口数量直线增长趋势的结论。为了减少预测的滞后性，我们对数据进行两次修匀，分别预测了 2011—2020 年两类人口的数量。到 2020 年，深圳市的户籍人口有 367.2 万人，非户籍人口有 1086.5 万人，总人口为 1453.7 万人，非户籍人口约是户籍人口的 3 倍，说明深圳是一个人口迁入城市。

模型 II——关于年龄结构的状态模型。为了预测各年龄段的人口数量，我们首先确定死亡率、人口的迁移率及中青年人口占总人口的比例这三个影响人口数量的主要因素，进而假设迁到深圳的人口的年龄满足正态分布，利用动态预测的方法，预测 2011—2020 年各年龄段的人口数量。到 2020 年，60 岁以上的老年人所占的比例为 10.7%，相比于 2010 年的 2.9% 增加了许多，说明深圳市的老龄化趋势确实存在。最后利用神经网络算法，根据 2020 年的人口结构，预测当年全市所需要的病床数为 3.349 万张，再根据各区的人数比例，确定每一个小区所需的病床数，罗湖区到坪山新区所需的病床分别是 0.299 万张、0.426 万张、0.351 万张、1.299 万张、0.65 万张、0.068 万张、0.156 万张、0.1 万张。

模型 III——病床分配模型。由于影响病床需求的因素主要是患者人数和住院天数，在预测因恶性肿瘤、呼吸系统疾病和分娩而在不同类型的医疗机构就医的床位需要时，我们需要对它们进行机理分析，得到最终的床位分配模型为 $n_{ij} = \dfrac{m_{ij} \times d_i}{365}$，从而求出床位需求结果。

本文的特色主要在于对问题的讨论层层深入，环环相扣，前一模型的结果成为后面模型求解的依据，使文章的结构更为紧凑，也更具层次感。

1 问题的重述

1.1 背景的介绍

深圳是我国经济发展最快的城市之一，30 多年来，其卫生事业取得了长足发展，形成了市、区及社区医疗服务系统，较好地解决了现有人口的就医问题。

从结构来看，深圳人口的显著特点是流动人口远远超过户籍人口，且年轻人口占绝对优势。深圳流动人口主要是从事第二、第三产业的企业一线工人和商业服务业人员。年轻人身体强壮，发病较少，因此深圳目前人均医疗设施虽然低于全国类似城市平均水平，但仍能满足现有人口的就医需求。然而，随着时间推移和政策的调整，深圳老年人口比例会逐渐增加，产业结构的变化也会影响外来务工人员的数量。这些都可能导致深圳市未来的医疗需求与现在有较大的差异。

未来的医疗需求与人口结构、数量和经济发展等因素相关，合理预测能使医疗设施建设正确匹配未来人口健康保障需求，是保证深圳社会经济可持续发展的重要条件。然而，现有人口社会发展模型在面对深圳情况时，却难以满足人口和医疗预测的要求。

1.2 要解决的问题

（1）分析深圳近10年常住人口、非常住人口变化特征，预测未来10年深圳市人口数量和结构的发展趋势，以此为基础预测未来全市和各区医疗床位需求。

（2）根据深圳市人口的年龄结构和患病情况及所收集的数据，选择预测几种医疗情形（如肺癌及其他恶性肿瘤、心肌梗死、脑血管病、高血压、糖尿病、小儿肺炎、分娩等）在不同类型的医疗机构就医的床位需求。

2 问题的分析

2.1 问题（1）的分析

问题（1）是典型的预测类问题，影响人口数量和结构的因素众多，归结起来主要有人口基数、育龄女性的比例、人口迁移率、经济的发展状况等方面，如图1所示。但因为这方面的数据比较缺乏，所以我们只能按户籍情况和年龄段这两个方向来预测人口结构。对户籍情况的分析，我们只从数据结构来进行预测，即根据2001—2010年的数据，使用二次指数平滑法来预测未来10年的户籍和非户籍人口数，进而将其加总即为深圳市的人口数量。对于年龄段人数的预测，我们考虑了死亡率和人口迁移率的影响，使用状态模型进行动态预测，使其结果更加精确。

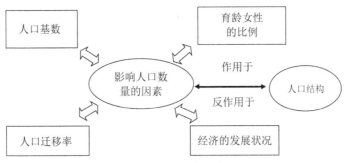

图 1　影响因素示意

在此基础上，我们利用 2020 年深圳市的人口结构来构建神经网络，预测全市和各区的医疗床位需求。

2.2　问题（2）的分析

问题（2）仍然是对医疗床位的预测问题，不过侧重点有所变化，这里要预测某种疾病在不同医疗机构就医的床位需求。不难知道，影响病床需求的因素主要是患者人数和住院天数，我们结合机理分析和对人口增长的评估，粗略地预测几种医疗情形的床位需求。

3　模型的假设

（1）深圳市卫生统计年鉴提供的数据真实可靠。

（2）深圳未来 10 年没有发生重大的天灾人祸。

（3）深圳的育龄女性的生育能力不会发生实质性的改变。

（4）假设迁移到深圳的人口年龄满足正态分布规律。

（5）假设患者只在综合医院、妇幼保健院和专科疾病防治院这 3 种医疗机构就医。

（6）深圳的经济保持健康发展，对医疗不会造成大的影响。

（7）未来 10 年死亡率保持稳定。

（8）忽略由于就医价格升高对就诊人数的影响。

4　符号的说明

符号的说明见表 1。

表 1　符号说明

符号	说明	符号	说明
m_{ij}	第 i 类疾病入住第 j 类医院的人数	n_{ij}	第 j 类医院为第 i 类疾病准备的病床数
a_j	第 j 个阶段的死亡率	α	加权系数
N	2010 年新生儿的数量	n_i	第 i 类疾病共需要的病床数
N_{ij}	第 i 年第 j 个年龄段的人数	m_i	第 i 类疾病的患者数
λ	人口迁移率	d_i	第 i 类疾病所需的住院天数
F_j	第 j 年龄段的迁移的概率	N_{add}	每年新增的外来人口数量

由于本文使用的符号数量较多，故这里只给出了部分比较重要的符号，其他符号在行文中出现时会加以说明。

5　模型的建立

5.1　模型 I——人口增长的二次指数平滑模型

据分析可知，深圳市人口数量由常住人口和和流动人口两部分组成，因此要分别预测出这两部分的人口，才能得出深圳市的总人口。

将附件 1 中 32 年的户籍人口和非户籍人口制成散点图，如图 2 所示。可以看出，人口的总体增长态势呈递增状况，并且在第 25 年之后（1995 年后），呈直线上升趋势，这是由于改革开放后大量外地人口涌入深圳淘金所造成的。

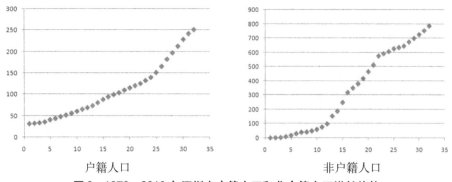

户籍人口　　　　　　　　　非户籍人口

图 2　1979—2010 年深圳市户籍人口和非户籍人口增长趋势

结合当今深圳的发展形势，未来 10 年仍然会保持人口增长的势头，如果此时使用简单移动平均法和加权移动平均法来预测就会出现滞后偏差，因此可以考虑使用二次指数平滑法来分别预测户籍人口和非户籍人口数。

5.1.1 模型的建立

当增长趋势为直线增长时，如果仅仅使用一次指数平滑法进行预测，仍然会产生滞后性，因此在一次指数平滑的基础上再进行修正，便是二次指数平滑法。其计算公式为

$$S_t^{(1)} = \alpha y_t + (1 - \alpha) S_{t-1}^{(1)} \tag{1}$$

$$S_t^{(2)} = \alpha S_t^{(1)} + (1 - \alpha) S_{t-1}^{(2)} \tag{2}$$

式中，$S_t^{(1)}$ 为一次指数的平滑值，$S_t^{(2)}$ 为二次指数的平滑值。当时间序列 $\{y_t\}$，从某时期开始具有直线趋势时，可用以下的直线趋势模型进行预测：

$$\hat{y}_{t+T} = a_t + b_t T, T = 1, 2, \cdots$$

$$\begin{cases} a_t = 2S_t^{(1)} - S_t^{(2)} \\ b_t = \dfrac{\alpha}{1 - \alpha} [S_t^{(1)} - S_t^{(2)}] \end{cases} \tag{3}$$

5.1.2 参数与初始值的讨论

由直线趋势模型的式（3）可以发现，参数 α 与初始值 $S_0^{(1)}$ 是未知的，而且它们数值的选取与所预测的结果有密切的关系。因此，它们的选取是否合理将决定最终的结果的准确性。

由公式 $\hat{y}_{t+1} = \alpha y_t + (1 - \alpha)\hat{y}_t$ 可以看出，加权系数 α 的取值范围是 [0，1]，它的大小规定了在新预测值中新数据和原预测值所占的比重。α 值越大，新数据所占的比重就越大，原预测值所占的比重就越小，反之亦然。一般而言，α 值的选择可以遵循以下规则：①若数据的波动不大，比较平稳，则 α 应取小一点，如 0.1～0.5，以减少修正幅度，使预测模型能包含较多早期数据的信息；②若数据具有迅速且明显的变动倾向，则 α 应取大一点，如 0.6～0.8，使预测模型的灵敏度高一些，以便迅速跟上数据的变化。

相对而言，初值 $S_0^{(1)}$ 的选取相对次要一些。一般而言，当时间序列的数据较多，如在 20 个以上时，初始值对以后的预测值影响很小，可选用第一期数据为初始值；如果时间序列的数据较少，在 20 个以下时，初始值对以后的预测影响较大，这是要认真确定初始值了，可以以最初几期实际值的平均值作初始值。

5.1.3 对两种人口数量的预测

由图 2 可以看出，从 1995 年开始两类人口数都呈直线上升，因此不妨取加权系数 $\alpha = 0.75$。由于有 32 期的数据，因此不妨将初始值取为 $S_0^{(1)} =$

31.26（固定人口），$s_0^{(1)} = 0.15$（流动人口）。根据式（3）的直线趋势模型，使用 MATLAB 软件，我们得到固定人口、流动人口及总人口的预测数量，见表 2。

表 2　各类人口预测数量

单位：万人

年份	2011	2012	2013	2014	2015	2016	2017	2018	2019	2020
固定人口	262.9	274.5	286.1	297.7	309.3	320.9	332.5	344.1	355.6	367.2
流动人口	815.9	845.9	876.0	906.1	936.1	966.2	996.3	1026.3	1056.4	1086.5
总人口	1078.8	1120.4	1162.1	1203.8	1245.4	1287.1	1328.8	1370.4	1412.0	1453.7

进一步地，我们根据已知数据，作出户籍人口和非户籍人口的预测线，如图 3 所示。可以看出，数据经过两次修匀，所得到的直线趋势模型能较好地拟合已有数据，并且可以看出未来的人口趋势仍是直线上升的。

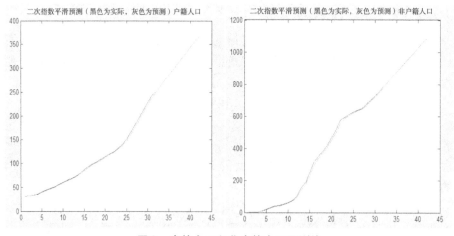

图 3　户籍人口和非户籍人口预测线

5.2　模型 Ⅱ——关于年龄结构的状态模型

影响每一个年龄段人数的因素众多，但归结起来主要有每个年龄段人口的死亡率、人口的迁移率及中青年人口占总人口的比例，如图 4 所示。一般而言，死亡率越低，人口迁移率越低，中青年人口占总人口的比例越低，该城市所需的病床数就越多。

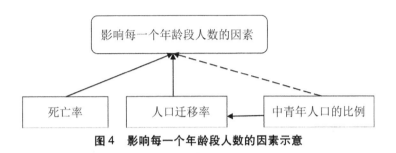

图 4　影响每一个年龄段人数的因素示意

5.2.1　模型的建立

我们仅仅考虑死亡率的影响。由于附件 2 给出的是每个年龄段的人数，我们假设每个年龄的人数均匀分布，即每个年龄的人数都占该年龄段总人数的 1/5。基于这个假设，2011 年各年龄段的人数为

$$N_{2011,1} = (1 - a_1)N_{2010,1} - 0.2(1 - a_1)N_{2010,1} + N = 0.8(1 - a_1)N_{2010,1} + N \tag{4}$$

$$N_{2011,j} = (1 - a_j)N_{2010,j} - 0.2(1 - a_j)N_{2010,j} + 0.2(1 - a_{j-1})N_{2010,j-1}$$
$$= 0.8(1 - a_j)N_{2010,j} + 0.2(1 - a_{j-1})N_{2010,j-1}, j = 2,3,\cdots,20 \tag{5}$$

$$N_{2011,21} = (1 - a_{21})N_{2010,21} + 0.2(1 - a_{20})N_{2010,20} \tag{6}$$

式（4）中，a_1 表示第一年龄段（0 ～ 4 岁）的死亡率，因此 $(1 - a_1)N_{2010,1}$ 表示 2010 年这个年龄段的人到了 2011 年还活着的人数；根据人数均匀分布假设，4 岁的人下一年将转入下一年龄段，$0.2(1 - a_1)N_{2010,1}$ 正是表示这部分人数；N 表示 2010 年新生儿的数量，经查阅相关资料，$N = 71371$，为了简化问题，之后十年的新生儿数量都取 N。式（5）中，其余部分不变，增加的人数是上一年龄段的转入部分。式（6）中，因为这是最后一个年龄段（100 岁及以上），所以没有转出部分。

根据归纳法原理，将式（4）至式（6）写成一般的形式：

$$N_{i,1} = 0.8(1 - a_1)N_{i-1,1} + N, i = 2011,2012,\cdots,2020 \tag{7}$$

$$N_{i,j} = 0.8(1 - a_j)N_{i-1,j} + 0.2(1 - a_{j-1})N_{i-1,j-1}, j = 2,3,\cdots,20 \tag{8}$$

$$N_{i,21} = (1 - a_{21})N_{i-1,21} + 0.2(1 - a_{20})N_{i-1,20} \tag{9}$$

式（7）至式（9）是只考虑死亡率影响下，每个年龄段的人数求解公式。为了引入人口迁移率，我们用 λ 表示人口迁移率，在这里规定，如果 λ 为正，说明当年有部分外地人迁入深圳，相反地，如果 λ 为负，说明当年有部分深圳人迁到外地。由模型 I 可知，深圳的非户籍人数在增加，因此在本案例中，λ 应该为正。

但是，由于缺乏这方面的数据，人口迁移率的具体数值无法知晓。然而，一般而言，中青年人更具迁移的活力，因此中青年人数占总人口数的比例将直接影响迁移率，从而间接地影响每一个年龄段的人数。根据深圳人口增加规律，近10年的外来人口数量逐年增加，且增加的幅度在增大，做保守估计，假设以后10年每年新增的外来人口数量 N_{add} 为每年32万人，且新增人口的年龄段分布满足正态分布 $N(28,25)$，其分布规律为

$$f(x) = \frac{1}{5\sqrt{2\pi}}e^{-\frac{(x-28)^2}{50}}, x \geqslant 0 \tag{10}$$

我们设定28岁的迁移能力最强，因此第 j 个年龄段的迁移的概率为

$$F_j = \int_{5(j-1)}^{5j} \frac{1}{5\sqrt{2\pi}}e^{-\frac{(x-28)^2}{50}}\mathrm{d}x, j = 1,2,\cdots,21 \tag{11}$$

因此，最终的年龄结构状态模型为

$$N'_{ij} = N_{ij} + N_{\mathrm{add}}F_j, i = 2011,2012,\cdots,2020; j = 1,2,\cdots,21 \tag{12}$$

5.2.2　模型的求解与实例分析

通过查找2010年深圳市卫生统计年鉴，可以得到每一个年龄段的死亡率，见表3。

表3　深圳市死亡率统计

年龄/岁	死亡率	年龄/岁	死亡率
0～4	0.00352	45～49	0.001704
5～9	0.000131	50～54	0.00209
10～14	0.000154	55～59	0.00318
15～19	0.000085	60～64	0.0049
20～24	0.000093	65～69	0.005719
25～29	0.000109	70～74	0.012165
30～34	0.000155	75～79	0.02662
35～39	0.000321	80～84	0.035353
40～44	0.000638	≥85	0.055984

利用表3的死亡率数据和式(9)，可以求出每一年中每个年龄段的人数，由于篇幅较长，这里只列出2020年的结果，见表4。

表 4　2020 年各年龄段预测人数

年龄/岁	人数/万人	比例	年龄段/岁	人数/万人	比例
0～4	35.9560	0.025438	55～59	59.4167	0.042035
5～9	36.5923	0.025888	60～64	37.0773	0.026231
10～14	36.1420	0.025569	65～69	22.5733	0.01597
15～19	45.7284	0.032351	70～74	13.6495	0.009657
20～24	98.2238	0.06949	75～79	8.1245	0.005748
25～29	184.5659	0.130574	80～84	4.7678	0.003373
30～34	229.8837	0.162635	85～89	2.6825	0.001898
35～39	211.7930	0.149836	90～94	1.3990	0.00099
40～44	168.3889	0.119129	95～99	0.6516	0.000461
45～49	125.9077	0.089075	≥100	0.4276	0.000303
50～54	89.5459	0.063351			

如果我们把 60 岁以上定为老年阶段，则 2020 年老年人所占的比例为 6.46%，相比于 2010 年的 2.9% 增加了许多，说明深圳市的老龄化趋势确实存在，如果不提升医疗条件，将产生严重后果。

5.2.3　医疗床位的预测

我们假设所需病床只是与人口结构有关，再简化一点就是与人口各年龄段的比例有关，因此可以建立一个以年龄比例为自变量，而每千人病床数为因变量的模型。因为所找到的数据是 2000—2010 年这 11 年的，若以每隔 5 年作为比例，则有 21 个自变量，大于数据量了，不利于构建合理、较为准确的模型，故需要减少自变量的个数。所采用的方法如下：重新划分年龄段为 5 段，分别是 0～9 岁、10～39 岁、40～54 岁、55～69 岁、70 岁以上，这样划分是参考了各年龄段的死亡率的，让同段年龄的死亡率尽量接近。对于模型的选取，我们尝试了多元线性回归分析，但得到的结果并不好，不可用来进行预测。接着，我们考虑非线性的模型，BP 神经网络模型是具有很强的非线性能力的，选取其得到的结果较好。

具体的过程如下：以各年的 5 段人口比例为输入项，对应的各年床位数为输出项，建立一个 $5 \times 8 \times 1$ 的网络，8 是代表中间的隐层有 8 层，网络各层间的函数分别为 "tansig" "logsig" 和 "purelin"，训练方法为 "traingdx"，最后设定误差和最大迭代次数，经过训练就完成了神经网络模型。

由上一小节的内容，我们预测出了未来 10 年各年龄段的人口比例，只需要将其再分为 5 段，代入得到的神经网络模型即可得到未来 10 年深圳市每千人所需要的病床位数，结果是：2.2481，2.2519，2.2578，2.2654，2.2745，2.2843，2.2938，2.3015，2.3055，2.3041。有了这整体的数字，再根据 5.1 小节预测未来 10 年得到的人口数，即可得到全市所需要的总的床位数。对于各区的情况，我们假设其人口比例与 2010 年一样，这样，再按此比例去分配各区床位，得到未来 10 年的病床数，结果见表 5。

表 5 深圳市及各区医疗床位预测值

单位：万张

地区	2011年	2012年	2013年	2014年	2015年	2016年	2017年	2018年	2019年	2020年
深圳市	2.425	2.523	2.624	2.727	2.833	2.940	3.048	3.154	3.255	3.349
罗湖区	0.216	0.225	0.234	0.243	0.253	0.262	0.272	0.281	0.290	0.299
福田区	0.308	0.321	0.334	0.347	0.360	0.374	0.388	0.401	0.414	0.426
南山区	0.255	0.265	0.275	0.286	0.298	0.309	0.320	0.331	0.342	0.351
宝安区	0.941	0.978	1.018	1.058	1.099	1.140	1.182	1.223	1.262	1.299
龙岗区	0.471	0.490	0.509	0.529	0.550	0.571	0.592	0.612	0.632	0.650
盐田区	0.049	0.051	0.053	0.055	0.057	0.059	0.061	0.063	0.065	0.068
光明新区	0.113	0.117	0.122	0.127	0.132	0.137	0.142	0.146	0.151	0.156
坪山新区	0.072	0.075	0.078	0.081	0.084	0.088	0.091	0.094	0.097	0.100

5.3 模型Ⅲ——病床分配模型

根据国家统计局的分类，医疗机构包括医院、基层卫生机构、专业公共卫生机构和其他机构四大类。其中，医院的整体医疗条件较优，科室齐全，包括各种级别的地方医院；基层卫生机构是方便街区居民治疗小病的地方，包括社区卫生服务中心、卫生院等机构；专业公共卫生机构是专门治疗和研究某一疾病的地方，如妇幼保健中心；其他机构则包括疗养院、养老院等机构。具体分类如图 5 所示。

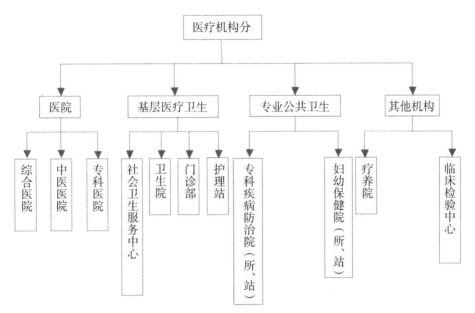

图 5　医疗机构分类树状图

在本案例中，根据所得到的数据，我们对恶性肿瘤、呼吸系统疾病和分娩这 3 种医疗情形进行分析，并假设患者只在综合医院、妇幼保健院和专科疾病防治院这 3 种医疗机构就医。

为了便于分析与说明，记 n_{ij} 表示第 j 类医院为第 i 类疾病准备的病床数，m_{ij} 表示第 i 类疾病入住第 j 类医院的人数，恶性肿瘤、呼吸系统疾病和分娩这三种医疗情形分别记为 1，2，3，综合医院、妇幼保健院和专科疾病防治院这三种医疗机构分别记为 1，2，3。据分析，我们得到以下关系式：

$$n_{ij} = n_i \times \frac{m_{ij}}{m_i}, i = 1,2,3 ; j = 1,2,3 \qquad (13)$$

$$n_i = m_i \times \frac{d_i}{365}, \ i = 1,2,3 \qquad (14)$$

式中，$n_i = n_{i1} + n_{i2} + n_{i3}$ 表示第 i 类疾病总共需要的病床数，m_i 表示第 i 类疾病的患者数，d_i 表示第 i 类疾病所需的住院天数。

将式（14）代入式（13），得到最终的床位分配模型：

$$n_{ij} = \frac{m_{ij} \times d_i}{365} \qquad (15)$$

式（15）表明，第 j 类医院为第 i 类疾病准备的病床数等于第 i 类疾病入住第 j 类医院的人数乘上一个时间比例。

根据 2010 年深圳市卫生统计年鉴，恶性肿瘤、呼吸系统疾病和分娩这三种医疗情形的平均住院时间及住院人数见表6。

表6 医疗数据统计

统计项目	恶性肿瘤	呼吸系统疾病	分娩
平均住院时间/天	15.9	6.5	5.1
住院人数/人次	(11706, 0, 1304)	(110866, 0, 12347)	(178866, 23855, 19921)

注：不同的医疗机构由于医疗水平不同，实际上的住院时间不应相同。由于缺乏数据，我们把住院时间统一化。在最后一行中，从左到右的三个数据分别表示综合医院、妇幼保健院和专科疾病防治院这三种医疗机构的住院人数。

将数据代入式（15），求得在2010年的恶性肿瘤、呼吸系统疾病和分娩这三种医疗情形而在不同类型的医疗机构就医的床位需求，结果见表7。

表7 2010年病床分配情况

单位：张

医疗机构	恶性肿瘤	呼吸系统疾病	分娩
综合医院	510	1974	2499
妇幼保健院	0	0	333
专科疾病防治院	57	220	278

如果要预测2020年的病床需求，就要根据人口与经济的发展情况来分析。首先分析人口增长带来的影响。由于2020年时深圳市的预测人口为1453.6897万人，比2010年深圳的人口1037.2万人增长了40.2%，如果其他条件不变的情况下，各类医院对这三种医疗情形都要增加40.2%的床位。然而，随着医学的发展，人们的免疫力正逐步提高，而且将进入低生育时代，因此各类医院对这三种医疗情形可以减少10个百分点的床位。因此，结合以上的情况，2020年因恶性肿瘤、呼吸系统疾病和分娩这三种医疗情形而在不同类型的医疗机构就医的床位需求将增加30.2%，见表8。

表8 2020年病床分配情况

单位：张

医疗机构	恶性肿瘤	呼吸系统疾病	分娩
综合医院	664	2570	3254
妇幼保健院	0	0	434
专科疾病防治院	74	286	362

6　模型的评价

6.1　模型的优点

首先，针对两个模型共有的优点，由于本文查阅了较多的官方数据，数据有一定的可靠性；另外，建立的两个模型十分简练，思路十分清晰。

其次，对于模型Ⅰ人口增长的二次指数平滑模型，由于当增长趋势为直线增长时，如果仅使用一次指数平滑法进行预测，仍然会产生滞后性，因此本文在一次指数平滑的基础上再进行修正，便是二次指数平滑法，它可以很好的拟合数据，而且简单方便，仅需要年份这一输入量即可。

接着，对于模型Ⅱ关于年龄结构的状态模型，本文对影响年龄段人数的因素进行了简要的分析，并归结为三方面，这在一定程度上简化了模型，使复杂问题简单化。

最后，针对医疗床位的预测，本文采用了 BP 神经网络的方法，由于 BP 神经网络模型具有很强的非线性能力，其求解出的结果也远比采用多元线性回归分析和灰色预测求解的结果要好。在模型Ⅲ病床分配模型中，采用的是按比例分配的方法，此法简单易操作，加上有查阅到的可靠的官方数据作为支撑，使病床分配的结果具有一定的可靠性。

6.2　模型的局限性

本文建立的 3 个模型仍然具有局限性。一方面，由于某些数据收集不到，导致没办法采用更加精确的预测方法进行预测；另一方面，模型Ⅰ二次指数平滑模型的结果会趋向无穷大，不符合医疗机构饱和这一客观实际，也忽略了除年份之外的其他影响因素。此外，模型Ⅲ中，按比例分配的方法相对比较粗糙，缺乏技术含量。

7　模型的推广

通过本文的模型，可以依据前 10 年的各种影响因素来预测下一年的所需的床位数。其中，BP 神经网络作为一种非线性的计算模型，可以逼近任意的非线性函数，拓展了计算非线性系统的可能性概念和途径，其模拟人脑的基本原理及其高维布氏存储和处理，自组织、自适应和自学习能力，能够真实地反映数据间的非线性关系，是一种更为科学的预测模型。三层 BP 神经网络，不需要考虑模型的内部结构，不需要假设前提条件，不需要人为的确定因子权重，可以作为一个黑箱综合地映射出研究对象的整体性，只要隐节点数足够多，就具有模拟任意复杂的非线性映射的能力。因此，BP 神经网络不仅可以作为医疗机构床位需求的预测模型，还可以应用到旅游需求的预测中。

参考文献

［1］姜启源，谢金星，叶俊. 数学模型［M］. 4 版. 北京：高等教育出版，2011.

［2］GIORDANO，WEIR，FOX. 数学建模：第 3 版［M］. 叶其孝，姜启源，等译. 北京，机械工业出版社，2005.

［3］杨居义，易永宏. 基于 BP 神经网络的地震预测研究［J］. 微电子学与计算机，2008，25（10）：129 – 132.

［4］刘洪海，陈晨. 基于 BP 神经网络的地震预测［J］. 中国科技信息，2009（7）：36 – 37.

［5］闻新，周露. MATLAB 神经网络应用设计［M］. 北京：科学出版社，2007.